整机电子装联技术

汪方宝 著

電子工業出版社
Publishing House of Electronics Industry
北京·BEIJING

内 容 简 介

本书全面地总结了整机电子装联技术，内容涵盖整机装联的各个方面。从工程应用角度，全面、系统地对整机装联的装配环境及所需材料进行了详细的描述，如焊料、焊剂、胶黏剂等。介绍了整机装配中使用的电缆组件、连接器等的电装工艺，如电缆及连接器的选型、电缆的绑扎和走线注意事项、元器件的装配工艺等。着重对基础知识进行了讲解，同时结合实际的应用，突出机理和实际操作，对理解整机电子装联技术原理有很大帮助。最后，从印制板组件装配、电缆组件装配以及整机装配三个方面展示实际生产中涉及的工艺技术，对指导实际生产亦有很大帮助。

本书内容集知识性、工程性、可操作性于一体，适合电子装联技术人员、检验人员以及相关管理人员阅读及借鉴。

未经许可，不得以任何方式复制或抄袭本书之部分或全部内容。
版权所有，侵权必究。

图书在版编目（CIP）数据

整机电子装联技术 / 汪方宝著. —北京：电子工业出版社，2017.5

ISBN 978-7-121-31297-7

Ⅰ. ①整…　Ⅱ. ①汪…　Ⅲ. ①电子装联　Ⅳ. ①TN305.93

中国版本图书馆 CIP 数据核字（2017）第 071338 号

责任编辑：徐蕾薇　　　　特约编辑：劳嫦娟
印　　刷：涿州市般润文化传播有限公司
装　　订：涿州市般润文化传播有限公司
出版发行：电子工业出版社
　　　　　北京市海淀区万寿路 173 信箱　　邮编：100036
开　　本：787×1092　1/16　印张：17　字数：414 千字
版　　次：2017 年 5 月第 1 版
印　　次：2023 年 2 月第 12 次印刷
定　　价：89.80 元

凡所购买电子工业出版社图书有缺损问题，请向购买书店调换。若书店售缺，请与本社发行部联系，联系及邮购电话：（010）88254888，88258888。

质量投诉请发邮件至zlts@phei.com.cn，盗版侵权举报请发邮件至dbqq@phei. com.cn。

本书咨询联系方式：xuqw@phei.com.cn。

前　言

自 20 世纪 80 年代以来，我国的电子工业得到了突飞猛进的发展，我国现已成为世界上最重要的电子产品制造中心之一，由电子工业延伸形成的电子信息产业也已成为我国国民经济中重要的支柱型产业。随着电子技术的发展，电子产品已广泛应用于国防、科技、工业、生活等各个领域，并体现出体积更小、重量更轻、应用更广等特点。

整机装联是电子产品生产过程中的关键环节，也是满足设计各项电气指标性能的基础，并决定了电子产品使用的最终水平。整机电子装联技术逐渐向着高频化、微型化、低功耗、高精度、多功能、智能化等方向发展，前景非常广阔。

整机电子装联技术的发展趋势是技术要求、质量可靠性要求和工艺过程控制要求不断提高。整机电子装联技术有效地把设计要求的质量体现在电子产品上，从而使产品获得稳定的质量。无论是一台还是多台整机构成的电子产品，其电讯设计除了电路总体方案论证、电路功能设计、电原理设计外，更多地需要整机电子装联技术的支持，在设计之初即充分考虑可制造性和可靠性。而整机电子装联技术的工艺手段、流程设计、过程控制、检测评估等各个方面正是为了给电子产品提供全面的“六性”保障。

随着科技的发展趋势以及社会市场对电子产品的需求转变，电子产品的使用范围越来越广，使用条件越来越复杂，质量要求越来越高，整机电子装联技术也在不断更新升级，其使用材料、设计以及工艺、设备等技术呈现出更大的相互依赖关系，各个技术间相互配合程度更高。同时，日益提高的组装密度带来更多的焊点和焊点形式，对电磁屏蔽、宽温域处理、三防防护和热处理提出了更高的要求，可靠性检测和评估及其控制措施也需要进一步提升。此外，前端和后端工艺进一步融合，工艺流程进一步压缩，分系统微型化，整机系统小型化，新技术在产品上的应用周期缩短，都促使整机电子装联技术根据产品需求快速更新和实现，也对技术人员和操作者提出了更高的技术要求。

因此，整机的布线等外在质量因素和接地、电磁兼容等潜在动态质量因素，均需要大量技术储备积累，以及工艺师在工程实践中积累的工艺技术经验，而后者对于实际产品开发具有更重要的指导和现实意义，更能代表一个企业的生产能力和工艺水平。“十年磨剑终成锋”。当前，电子信息产业中普遍存在人才“青年化”现象，更需要认真学习和继承前人经验，“知其然”而后“知其所以然”。

本书就整机电子装联技术中的整机电子装联技术概述、环境、材料、连接方法、工艺等方面进行了全方位的描述，构建了整机电子装联技术的系统脉络，并对部分实际操作中的技术点进行了深入剖析，其目的除了就技术层面给予基础技术和最新技术传达，也是多年工艺技术经验的传承。

本书在编写过程中得到了同事们的大力支持。感谢徐光跃、孙晓伟、陈该青、邹嘉佳、赵丹、徐幸、闵志先、霍绍新、王田、倪靖伟、邱颖霞、殷东平等同志对本书所作的贡献。

由于时间仓促，作者水平有限，又缺少编著经验，书中难免存在不足之处，衷心希望读者批评指正。

目　　录

第一部分

整机电子装联技术概述

在电子产品中，整机可以是一个模块，可以是一个机箱，也可以是一个雷达或者飞机的整个系统，在这些不同的整机中，电子装联技术贯彻其中，无处不在。每一个元器件、每一个焊点的可靠性构成了整机的质量可靠性，因此一个合格的设计人员必然要对整机电子装联技术中涉及的工艺有着全面的掌握。

第1章 整机电子装联

1.1 电子产品发展及应用

随着电子技术的不断发展，电子设备正广泛地应用于人类生活的各个领域，如国防、科技、工业、日常生活等。当前电子产品呈现如下特点：体积越来越小、质量越来越轻；可靠性越来越高、寿命越来越长、应用越加广泛；精度高、控制系统越复杂；技术综合性强，多学科交叉越明显，涉及电气、电子、精密机械、材料、化学等学科；产品更新周期越短。现在的电子产品日新月异，发展前景非常广阔，逐渐向着高频化、微型化、低功耗、高精度、多功能、智能化等方向发展，并逐步在相应领域得到应用。

1．发展趋向微型化

随着电子产品的迅速发展，对电子产品的生产也提出了更高的要求，为了便于人们携带或者达到航空航天电子产品的硬性指标，更轻、更小、更薄的电子产品逐渐成了研究的主要方向，减重、减小体积、模块化的电子产品是电子产品研究的重要内容。

电子产品集成化的发展，推动芯片的规模不断扩大，只有在芯片制造中，合理控制封装大小和封装密度，才能控制芯片的体积。另外，封装技术也在不断发展，封装的密度得到提高，封装的尺寸也有所缩小，进而有利于提高封装空间的利用率，提高电性能和稳定性，这也是在保证电子产品性能的条件下，有效缩小芯片体积的保障。KINGMAX推出的超棒系列闪存盘，采用的是 PIP 封装，具有防水、防尘、耐高低温等性能，其体积也极为轻薄；三星公司也在为电子产品的体积缩小而进行不断研究和实践，改进手机等产品的闪存芯片封装技术，将圆片的切割工艺进行改善，提高闪存容量，使电子产品更小、更轻薄，却拥有更大的内存；苹果公司在电子产品工业设计上具有重要的地位，该公司生产的消费类电子产品可称为微型化之作，比如生产的世界上最薄的笔记本电脑，最薄处仅为 4mm，创下当时的世界纪录。

2．发展趋向节能、低耗

随着电子产品的发展，对电子产品又提出了节能、低耗化要求，就是在保证电子产品各项性能的同时，还要达到降低能耗的需要，尤其对一些移动型、携带式的电子产品，长时间的待机功能显得尤为重要，达到节能降耗的功能，不仅满足消费者的要求，也符合世界节约能源的发展潮流。

在这方面做得较好的当数英特尔推出的双核心、四核心酷睿2系列处理器，它采用比较先进的45nm、高K电介质制程工艺，不仅提升了性能，还降低了功耗，单位频率性能及电力性能都得到了提高，远远优于前代产品。另外，Atom处理器及平台是面向超小型笔记本电脑等终端CPU产品，运行时具有较低的功耗，因此，非常适合应用在小型电脑等设备中。

3．发展趋向环保绿色化

随着经济的高速发展，对环境的破坏也日益加剧，对环境的保护已成为全世界比较关注和重视的问题，因此，体现在电子产品中就是要尽量保证产品的环保绿色化。半导体产业的迅猛发展，造成每年报废的电子垃圾数量巨大，而这些电子产品中含有有害物质，报废或丢弃后，对环境和人们的身体健康均会造成一定的危害，因此，电子产品制造行业也开始研究环保绿色的制作工艺，将环保绿色作为生产电子产品的重要目标。

如何做才能达到环保绿色化是研究的重要内容，其一，禁止采用含铅的有毒金属，尽最大努力将铸模混合物含有的毒卤化物去掉；其二，制造电子产品的外壳和包装时，要使用可自然降解的环保材料；其三，在集成电路生产线上采用无铅焊料。现阶段也有很多公司使用无铅焊料进行生产，并将其运用在电子产品中。无论是军品、民品，在寻求绿色化发展的前提下，都需要采用相应的技术方法，例如，采用回收率100%的特殊材料来制造包装外壳等，避免传统塑料外壳对环境造成的污染和破坏。

4．发展趋向跨界融合

随着电子产业的不断发展，跨界融合也将成为发展的趋势。现阶段，在电子产品中进行跨界融合的典型就是手机，手机是经过有效融合的产物，不仅融合了PDA掌上电脑，还融合了数码相机的摄像功能。对于融合度较低的音乐播放功能，手机早已经可以取代。军用电子产品中的雷达产品也逐渐产生跨界融合，比如现在的预警机、汽车电子雷达等。电子产品的跨界融合对基础设计、制造工艺等都提出了更高的要求，要想使电子产品具有更多的功能，就要提高内部芯片的集成度和多功能性，这也是跨界融合的关键。

通过上述电子产品的发展特点可以看出，随着电子设备的使用范围越来越广，使用条件越来越复杂，质量要求越来越高，对电子产品生产和装配的要求也越来越高。

1.2　电子装联技术

在电子产品制造过程中，电子装联技术作为关键技术之一，在整个电子产品研制过程中有着举足轻重的地位。

关于电子装联技术的定义有许多种，其中航天QJ2828中对电子装联技术定义为：电子电气产品在形成中采用的装配和电连接的工艺过程。从定义中可以看出，电子装联重点强调的是装配和电连接，即电子组装和电气互联，强调的是一种工艺技术。

电子装联技术随着电子产品的发展而发展，大致经历了如下四个阶段，如表 1.1 所示。

表 1.1　电子设备发展过程与装联工艺发展概况

发 展 阶 段	电子设备特点	装配工艺概况
第一阶段	以分立阻容元件、真空电子管为主，设备体积大、重量重、故障率高、维修困难	以手工接线装配和机械装配为主，装配工艺简单，装配要求不高
第二阶段	设备采用半导体晶体管和中小规模集成电路；单双面印制板，但印制板组件装配密度不高；各设备按独立整机设计，每个整机对应一个特定功能，尚未形成分系统概念	装配工艺、工具和设备有了很大发展，元器件引脚成形、插装工艺、锡焊工艺日趋成熟，已形成半自动装配生产线，但手工装配仍是常用装配方式
第三阶段	设备采用了超大规模集成电路、存储器、多层印制板，印制板组件装配密度高；电子分系统、功能模块开始应用，提高了电子设备的可靠性和可维护性	以自动插装机、贴片机、回流炉等自动化设备为依托的高密度组装技术；焊接成为影响装配可靠性的关键环节
第四阶段	MCM、SoP、SiP、SOC 等高集成、立体三维器件/组件开始应用；电子设备多功能、高密度集成；进一步向模块化、微型化方向发展	继续沿用第三阶段的高密度组装技术，同时许多新技术开始应用，如立体组装、虚拟装配、并行工程、纳米级的精密焊接

从电子装联技术的发展可以看出，电子装联技术是衡量一个国家综合实力和科技发展水平的重要标志之一，是电子产品实现小型化、轻量化、信息化、多功能化和高可靠性的关键技术。

1.3　整机电子装联工艺

电子产品装联等级按照全过程分解为不同的阶段，划分阶段或分级标准如表 1.2 所示。

表 1.2　电子产品装联等级

等级	名称	范　　围	例　　子
0	芯片级	芯片内部和表面上的互联	IC 芯片、RC 芯片
1	器件级	芯片与外部互联或装到外壳上	各种集成电路、晶体管、芯片载体
2	电路级	多个 1 级器件装联	PCB 组装件、混合电路件
3	组件级	多个 1、2 级器件进行电气和机械的联结	微模组件、多块 PCB 插件的母板
4	分机级	若干 3 级组件装在机架上	插入单元整件功能分机
5	主机级	多个 1、2、3、4 级组装件的装配、调试包括控制面板或机柜	整机、成套设备、功能系统

在整个电子产品装联等级中，常将 3 级，即组件级以后的装联统称为整机电子装联技术，它主要是指将机械和电气零件、部件或组件或导线按预定的设计要求相互进行组装联接的一种工艺技术。

整机电子装联工艺在整机装配中占有重要地位，主要表现如下：

装联工艺是电子设备研究、试制、生产技术的基础之一，它是实现电子设备技术方案不可缺少的一个环节，亦是保证设备质量的重要手段之一。

工艺技术水平的高低，直接影响到设备的生产周期和质量，是电子设备研制、生产组织管理工作的重要依据；是实现优质、低耗、节能、高效益研制的重要保证，是促进科研、生产现代化的重要途径。

整机电子装联工艺基本上可分为三大类：电装装配、机械装配、其他装配。电装装配工艺主要指软钎焊工艺，可应用于印制板组件装配、电气组件装配和整机装配中的电连接装配；机械装配工艺主要指螺纹连接、熔焊、铆接，可应用于机械结构件的装配以及印制板组件、电气组件、整机装配中的机械构件的装配；其他装配工艺主要指胶接装配、压接装配、绕接装配，可应用于印制板组件装配、电气组件装配和整机装配。

整机电子装联工艺发展特点如下：

（1）连接工艺的多样化。电子设备在生产制造中有许多装联方法，实现电气连接的工艺主要是焊接（手工和机器焊接）。除焊接外，压接、绕接、胶接等连接工艺也越来越受到重视。压接可用于高温和大电流接点的连接、电缆和电连接器的连接；绕接可用于高密度接线端子的连接，印制电路板接插件的连接；胶接主要用于非电气焊点的连接，如金属或非金属零件的粘接，采用导电胶也可实现电气连接。

（2）工装设备的精细化。电子设备的小型化，大大促进了组装工具和设备的不断改进，采用小巧、精密和专用的工具和设备，使组装质量有了可靠的保证。例如，采用手动、电动、气动成形机，集成电路引线成形模具等，可提高成形质量和效率。

（3）检测技术的自动化。电子设备组装质量的检查和电气性能的测试，正在向自动化方向发展。例如，焊接质量的检测，用可焊性测试仪，预先测定引线可焊性水平，达到要求的元器件才能安装焊接。逐渐得到广泛使用的润湿称量法就是一种先进的自动化测量方法。焊点自动检测的设备已经产生，逐渐会在生产中得到应用。

检查电气连接是否正确，人工检查不但效率低，而且容易出现错检和漏检，特别是小型化器件高密度组装的印制电路板组件。因人工检查方法的局限性，故采用可进行编程设计的在线检测测试仪进行检查。该方法可以根据预先设置的程序，快速、正确地判断连接的正确性和装联后元器件表征参数的变化，以判定电气连接的质量。

对于整机性能的测试，因通用测试仪测试速度慢、精度低，多用计算机辅助测试（CAT）取代之，以提高测试精度及测试速度。

（4）新工艺技术的应用：为提高产品质量，在组装过程中，新工艺、新技术、新材料正不断地被采用。例如，焊接材料采用活性氢化松香焊锡丝代替传统使用的普通松香焊锡丝，抗氧化焊料在波峰焊和搪锡中也得到应用。表面防护处理，采用气相沉积及其他绝缘工艺，提高了产品防潮、防盐雾、防霉菌等能力。新型连接导线、如氟塑料绝缘导线、镀膜导线在产品中得到越来越多的应用，对提高连接的可靠性、减轻重量和缩小体积起到了一定的作用。

1.4　整机电子装联工艺过程

整机电子装联工艺过程可分为装配准备、部件装配（安装和焊接）、整机装配、调试、检验、包装、入库或出厂几个环节（见图 1.1）。

（1）装配准备：装配前对所有装配件、紧固件等从配套数量和质量合格两个方面进行检查和准备，同时做好整机装配及调试的准备工作。在该过程中，元器件分类是极其重要的，处理好这一工作，是避免出错、迅速装配高质量产品的首要条件。在大批量生产时，一般采用流水线作业法进行装配，元器件的分类也应落实到各装配工序。

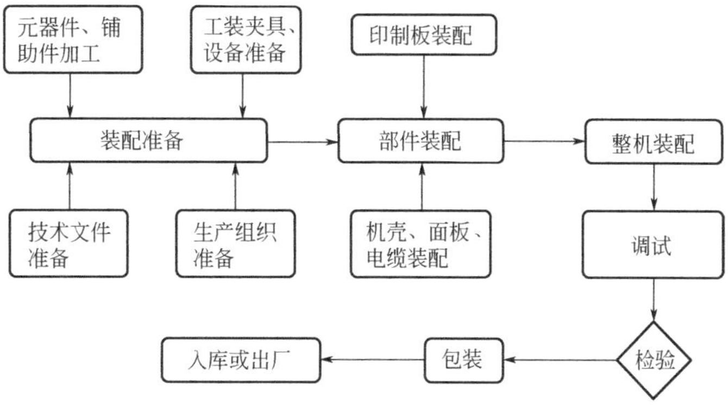

图 1.1　整机电子装联工艺过程

（2）部件装配：包括各部件的安装、焊接、连接等内容，都应在部件装配中加以实施。

（3）整机装配：整机装配就是将组成整机的各个部分，经检验合格后，进行总装合成和连接。整机在装配完毕后，必须进行整机调试、使整机达到规定技术指标的要求，保证产品能稳定、可靠地工作。

（4）调试：整机调试包括调试和测试两部分工作，各类电子整机在装配联接完成后，一般在最后都要经过调试，才能达到规定的技术指标要求。

（5）检验：整机检验应遵循产品标准（或技术条件）规定的内容进行。在生产过程中，通常有交收试验、新产品的定型试验和定型产品的定期试验（又称例行试验）三类试验。

（6）包装：包装是整机装配过程中保护和美化产品及促进销售的环节。电子产品的包装通常着重于方便运输和储存两个方面。

（7）入库或出厂：合格的电子产品经过合格的包装后，就可以入库储存或直接出厂，从而完成整个装配过程。

由于产品的复杂程度、设备条件、生产场地条件、生产批量、技术力量及操作工人技术水平等情况的不同，生产的组织形式和工序也并非一成不变，要根据实际情况进行适当调整。例如，小批量生产可按工艺流程主要工序进行，若大批量生产，则其装配工艺流程中的印制板装配、机座装配及线束加工等几个工序，可并列进行。在实际操作中，要根据生产人数、装配人员的技术水平等条件来编制最有利于现场指导的工序。

第二部分

整机电子装联环境

电子装联的环境条件直接影响整个电子产品的质量与可靠性，为了满足电子产品在整个电子装联全流程中的环境要求，在工作场所中建立一个良好的环境非常重要，因此必须重视电装环境的建设，包括用电、防静电、净化、温度、湿度、光照度、噪声等。

第2章 装配用电

在现代社会生活中，电能的应用非常广泛，它高效、环保，便于转换、传输、控制和分配，为人类生活和生产带来太多的便利，奋力推动着人类社会的发展。“水能载舟，亦能覆舟”，电能若使用不当，也可能造成安全事故，带来巨大的经济损失，甚至造成人身伤亡事故，所以掌握正确的用电知识，意义重大。建立安全用电工作制度，减少电气系统故障发生率，是保证工作效率和工作质量的基础措施。

2.1 安全用电的概念

安全用电是用电过程中，既要保证输电线路、用电设备的长期正常工作，更要确保人身安全。

触电是指人体直接或者间接的接触带电体，电流通过人体而造成的局部伤害甚至死亡的现象。触电的方式一般分为直接接触触电、间接接触触电、感应电压触电和剩余电荷触电等几种。

对于触电伤害，最主要的原因是有电流流过人体，所以无论是哪一种触电方式，伤害程度如何，主要由通过人体的电流情况决定。

（1）电流强度：触电时通过人体的电流越大，危险程度就越大。

（2）电流的持续时间：通过人体的电流持续时间越长，对人体的伤害越大。

（3）电流的频率：在直流和高频情况下，人体可能承受更大的电流，常用的频率在50～60Hz的交流电流对人体的伤害程度最严重。

（4）电流通过的途径：电流由怎样的途径通过人体，直接决定伤害程度；电流流经大脑、心脏、呼吸系统及中枢神经时，危险性最大；实践证明，从左手到脚是最危险的电流路径。

除了以上因素外，人体电阻、人体健康状况、环境状况等也可能影响触电伤害程度。

常见安全措施如下：

（1）熔断器保护。根据电流的热效应原理进行保护。正常情况下，熔体相当于导线，当发生短路或过载时，因电流很大使熔体过热熔断而切断电路。使用时应注意合理选择熔体，特别是更换已经熔断的熔体前一定要先排除故障后再更换，不可以粗铜丝等导线代替熔体。熔断器保护，可以将火线和零线都接熔体的方式改为只有火线接熔体的方式，这样可以避免出现零线熔体熔断后供电线路及电器上带电的情况，确保安全。

（2）自动开关保护。自动开关既作开关，又起到保护作用，是利用电磁感应和电流的热效应原理，当电源电压或者电流值不正常时自动切断电路，具有动作后可复位、不需要更换元件、动作电流可调整、工作可靠、分断力较高等优点。

（3）接地和接零保护。接地保护的基本原理是限制漏电设备对地的泄漏电流，使其一旦超过某一整定值保护器就能自动切断电源；接零保护的原理是借助接零线路，使设备在绝缘损坏后碰壳形成短路时，利用短路电流促使线路上的保护装置迅速起作用。

（4）安全电压。安全电压是指使通过人体的电流不超过允许范围的电压值，其保护原理是通过对线路中可能作用于人体的电压进行限制，从而使触电时流过人体的电流受到抑制，将触电控制在无危险范围内。我国安全电压额定值的等级规定为42V、36V、24V、12V、6V（工频有效值）。

（5）防雷避雷措施。对直击雷的防护采用装设避雷针、避雷网等措施；对于感应雷的防护要借助更专业的技术和设备，如电磁屏蔽和过电压保护器等。更重要的是要具备更多的防雷常识。

2.2　供电线路设施的维护和管理

切实做好供电线路设施的维护和管理工作，这是一项经常性、及时性、持久性的工作，职能部门人员应定期分析用电安全管理存在的薄弱环节，制定加强管理和消除用电安全隐患的措施。电工维修人员要尽最大能力把安全隐患降到最低限度。

要做好供电线路设施的维护和管理，应做好以下工作：

（1）加强日常维护与检查。对用电设备、供电设施、线路等进行经常性巡视、检查，及时发现和消除隐患，并建立维修工作记录，应记载维修时间、地点、设备、内容、技术措施、处理结果、维修人员、验收人员等内容，发现问题应立即整改。

（2）建立安全检测制度。定期对用电设备、供电线路设施等的绝缘性进行检测，不能满足安全使用要求的应立即停止使用，并及时进行维修或更换，事后要做好检测记录。定期进行检测的主要内容为接地电阻值、电气设备绝缘电阻值、漏电保护器动作参数等，以监视用电设施是否安全可靠。

（3）建立完善的用电档案。电工班组要设专人管理，主要内容应包括专项用电设计施工、接地电阻绝缘电阻遥测记录、电工巡视维修记录等内容。

（4）坚持持证上岗制度。电气设备的操作与维修人员必须经过培训后取得上岗证书才能上岗，严禁无证上岗。

（5）停电检修时，按照停电安全操作规程断开电源。停电后在主开关上悬挂警示牌“有人工作，严禁合闸”。用验电设备确认要检修的线路或设备无电，在维修线路或设备的电源侧装接地线。注意接地线时，先接地端然后接线路或设备端。检修线路或设备，一般在停电状态下进行。如果必须部分停电检修设备，则应给带电设备按照安全间距设防护栏。线路和设备检修完毕后应拆除接地线。先拆线路或设备的一端，然后拆接地端。摘掉警示牌，按照合闸操作规程接通电源恢复供电。

2.3 电工安全操作制度

国家电力部门规定了《电业安全操作规程》，各地区电业部门也对安全用电有明确规定。电业人员和电工必须认真学习，坚决执行。下面介绍电工安全操作的基本要点。

（1）工作前检查工具。检查使用工具和仪表及防护用具的完好性。

（2）电气设备或线路未亲自验明无电时，视作有电处理。

（3）检查线路或设备时要在断电状态下进行。验明无电后，电源开关处悬挂请勿合闸警示牌。

（4）在低压母线或总配电盘上工作前，断开电源后必须按规定挂接地线，然后才能工作。

（5）临时工作中断或每个班工作前，必须重新检查电源断开情况。

（6）维修结束时，要清点工具和用具，防止遗失在设备内造成事故。

（7）低压设备必须带电工作时，要做好防护。经领导批准后，在有监护人在场情况下进行。带电工作人员，要穿绝缘鞋、戴绝缘手套，穿长衣裤使用绝缘工具进行工作。

（8）严禁带电操作高压隔离开关和低压动力箱中的低压刀开关。

（9）电气设备的外壳必须接符合要求的接地线。

（10）单相设备的开关必须装在火线上。

（11）挂接临时线路时，先接地线后接火线；拆除时先拆火线，后拆地线。

（12）各种变配电设备附近不准堆放易燃、易爆物品和其他影响操作及安全的物品。

（13）高空作业时必须系好安全带；使用扶梯时，要有防滑措施。

（14）维修电气设备使用喷灯时，油量不能超过容积的3/4。不使用漏油的喷灯，不在易燃易爆物品附近使用喷灯。

（15）使用手电钻等电动工具时，要戴绝缘手套、穿绝缘鞋，并站在绝缘垫片或绝缘站台上工作。

（16）使用的电热器具不能放置到易燃物附近。使用人员离开或用完后要关掉电源。

（17）电气设备着火时，不能用水灭火。要使用“1211”干粉灭火器或二氧化碳灭火器，并根据火情及时打119报警电话。

2.4 触电与急救知识

1. 电流对人体的伤害

人体是导电的，人的身体状况不同时人体的电阻值也不同。当人接触带电体时，就有电流通过人体。带电体的电压越高，通过人体的电流越大，人受到的电伤害也越严重。我国规定通过人体的电流为30mA（交流50Hz），触电时间不超过1s人体是安全的，该值常称为30mA·s。当通过人体的电流超过30mA·s时，就会对身体产生伤害。所以30mA·s称为安全电流。如果通过人体的电流超过 50mA·s 时，就会有生命危险。当通过人体的电流超过 100mA·s 时，一般会致人死亡。

2. 安全电流

安全电流与触电时间、电流性质、电流路径及人体健康状况有关。

（1）触电时间对安全电流的影响：触电时间越长，安全电流就越低。我国曾报道过，电热毯漏电致人死亡的例子。使用电热毯时，由于电热毯的质量问题而漏电，有一个较小电流通过人体，因电流较小人并无感觉。但是人处于长时间通电状态，使用电热毯的第二天早晨发现人已经死亡。

（2）电流性质对安全电流的影响：人体对 50～60Hz 的电流比较敏感，所以在通过的电流大小相同时，50～60Hz 的电流对人体的危害最大，或者说 50～60Hz 电流的安全值最低。

（3）电流路径对安全电流的影响：电流通过人体的路径不同，对人体的伤害程度也不同。当电流路径是左手到右脚时，人体受伤最严重。这是因为电流从左手流入，经心脏流入右脚入地，所以经心脏的安全电流最小。

（4）人体健康状况对安全电流的影响：人体的健康状况越差，心理状态越差，受到电流的伤害也就越严重，安全电流的值也就越低。

3. 安全电压

安全电压是指不会使人死亡或使人致残的电压。前面讲过安全电流是 30mA·s。通过人体的电流和人体的电阻乘积就是人体电压。当人体承受的电压低于 30mA 和人体电阻乘积时，就应该是安全的。

人体电阻与人体的状况有关。人体皮肤干燥时电阻大，湿润时电阻小。通常认为人体电阻的下限值是 1700Ω。

安全电压就是：

$$U \leqslant 30\text{mA} \times 1700\Omega \approx 50\text{V}$$

为确保安全，将安全电压留有裕量。通常取 36V 为安全电压。

4. 常见的触电方式

人们违规用电或用电知识不足，或绝缘损坏时就会引发触电事故的发生。触电方式主要有三种。

（1）垮步电压触电：由于风暴等使高压电线断裂落到地面时，在导线落地点附近 20m 的范围内会产生地电位差。当人在该区域内时，两脚之间会有电位差，也就有电流通过人的两腿，使人触电。

（2）单相触电：指人体接触一相电源火线的触电方式。此时人体承受的是三相对称电源的相电压。

（3）两相触电：人体接触两相火线的触电方式。此时人体承受的是三相对称电源的线电压，是相电压的 $\sqrt{3}$ 倍。两相触电比单相触电更危险。

5. 触电急救

触电产生的伤害与触电时间、通过人体的电流大小、人体的健康状况等诸多因素有关。但救援人员能改变的就是触电时间。救援人员应设法使触电者迅速脱离电源，然后再作急救处理。

（1）脱离电源：使触电者脱离电源，就是让触电者与带电体隔离开。触电者周围有电源开关时，应马上断开开关。注意救援人员不能用身体直接接触触电者，否则救助者也会触电。

① 低压触电时的脱离电源。

触电者接触的是低压带电体时，在附近无电源开关的情况下，救援人员可以拽住触电者干燥宽松的衣服将其拉开或用干燥的木棒将带电体挑开。

② 高压触电时的脱离电源。

触电者接触的是高压带电体时，在附近无电源开关的情况下，救援人员必须用符合该电压等级的绝缘工具使触电者脱离电源。另外，救援人员要保持与带电体之间的安全间距。

（2）触电急救：触电者脱离电源后，救援人员应视触电者的伤势情况进行急救处理。

① 触电者伤势较轻。如触电者头脑清醒，应使其就地平躺，观察伤势变化。若神智、心跳、呼吸都正常，一般休息一会儿即可。

② 触电者伤势较重。如触电者头脑不清醒，但有呼吸和心跳，应将触电者移至干燥、宽敞和通风的地方，使其平躺并将衣裤放松后，立即请医生进行救治。

③ 触电者伤势严重。如触电者头脑不清醒，呼吸和心跳停止，应立即进行人工呼吸和心脏按压，并立即拨打急救电话，请医生诊断。

第3章 静电防护

随着微电子工业制造技术的飞速发展，集成电路的集成度不断提高，CMOS（金属氧化物半导体）和 GaAs（砷化镓）器件被广泛使用，其耐击穿电压下限通常只有 50～100V。有着更高集成度的超高速、高频 IC 器件，采用了特殊的制造工艺，如薄膜技术、浅 PN 结、GaAs 材料、微小封装等，其对 ESD（静电放电）、电浪涌等更为敏感，有的 VMOS（功率场效应管）器件耐压只有 30V。这就给含有上述静电敏感器件产品的生产制造过程提出了更严格的静电防护要求。

3.1 静电的基本概念

1．静电及其与工业用电的区别

静电就是物体表面过剩或不足的相对静止电荷，它是电能的一种表现形式。静电是正负电荷在局部范围内失去平衡的结果，是通过电子转移而形成的。这些不平衡的电荷，就产生了一个可以衡量其大小的电场，称为静电场，它能影响一定距离内的其他物体，使之感应带电，影响距离之远近与其电量的多少有关。

静电并不是静止不动的电，而是指电荷在空间稍缓慢移动，其磁场效应比起电场的作用可以忽略的电。由于电荷和电场存在而产生的一切现象均称为静电现象。

从电的本质及一般所具有的特性、规律来看，静电与工业用电是一样的，但二者具有明显的区别。

（1）起电方式不同：一般工业用电是由电磁感应原理产生的，而静电，除静电技术应用和少数情况例外，大量的是因接触、摩擦、分离而起电的。

（2）能量相差很大：静电在空间积蓄的能量密度（$1/2\varepsilon_0 E^2$）一般最大不超过 $45J/m^3$，而电磁机器空间积蓄的能量密度（$1/2\mu_0 H^2$）却很容易达到 $10^6J/m^3$，二者能量相差可达 10^5 倍。

（3）表现形式不同：静电电位往往高达几千伏，甚至几万伏，而工业用电常用相电压 220V，线电压 380V。静电电流很小，常为毫微安（10^{-9}A）数量级，工业用电则常用安培，几十安培数量级。

（4）欧姆定律的适用性不同：工业用电的电路符合欧姆定律，即 $R=U/I$，然而静电释放电路则很难适用欧姆定律，因为静电的泄漏和释放的途径，除物体内部和表面外，还可以向空间释放泄漏，故无法准确计测静电泄漏电流和泄漏电阻。

2. 静电的产生方式

静电产生的方式主要有摩擦、接触（传导）、分离、感应、冲流、辐射、压电、温差、电解等，固体、液体、粉末流体等也可能产生静电。

1）按起电的方式分

接触摩擦分离起电：两种不同的物体相互接触摩擦分离，各自产生数量相同、极性相反的电荷，此类起电方式大量出现在各行各业和日常生活中。

静电感应起电：当一个中性物体靠近带电体，或带电体移近一个中性物体时，由于带电物体电场作用，中性物体在靠近带电物体的一端出现与带电物体所带电荷极性相反的电荷，而远离的一端出现与带电物体所带电荷极性相同的电荷。这类起电方式也是大量存在的。

电磁感应起电：现代工业和日常生活中用的动力电、照明电等都是利用电磁感应发电原理起电的。静电技术应用也都是利用电磁感应发电原理的低压电变换成高压电的新技术应用。

射线电离空气起电：空气、绝缘体在放射性同位素 α、β、γ 射线的照射下，会使其中性分子电离起电。

物质三态变化起电：水是静电的良导体，液态水变成水蒸气成为气态是带电的。水蒸气遇冷凝结成水珠、雪或冰雹等，也是带电的。

分子分裂起电：物体的变形、破碎、断裂等都会使其中性分子分裂而带电，突然断裂、破碎的瞬间甚至出现放电火星。

极化起电：在电场中，一些不带电的电介质的正负偶极子电荷，在电场力的作用下，会相互向反方向微小地变位，而对多数极化性分子来说，其偶极子会定向排列，因此，出现一端为负电性，另一端为正电性，通称为介电极化。一些电介质当施加一定压力后，会发生电极化，当施加电场时会发生偶极距倾斜，前者为压电效应，后者为压电热效应，通称为压电极化。而一些介质在外电场不存在的情况下，将永久地保存着电极化，会在周围形成电场，这样的物体叫驻极体。驻极体因制取方法不同，又可分为热驻极体、电驻极体、光驻极体、放射性驻极体和电磁驻极体，等等。

场致发射起电：粒子在任意电场中，会变为一个电偶极子，若电场强度很高，粒子中的电子可能被高电场作用从负端引出，称电子场致发射，或者粒子中的正离子可能被从正端引出，称正端子场致发射。此种方法能在短时间内获得大量电子，利用电子场致发射的脉冲系统作为 X 射线的短脉冲，以及高速摄影中的曝光。

2）按带电体分类

固体带电：塑料、橡胶、胶片、纸张、薄膜、布匹、化纤等在挤出、脱模、烘压、辊压、刮胶、收卷、传送、切割等作业生产过程中的带电现象。

液体带电：各种绝缘油品、绝缘试剂、污油水等在装卸、喷出、搅拌、清洗、运输作业过程中的带电现象。

气体带电：压力气体的排放、泄喷的气体、水蒸气喷出、蒸汽雾云、管道中流动气体的带电现象。

粉体带电：塑料粉、医药粉、农药粉、火药粉、粮食粉、巧克力、奶粉等粉碎、筛分、气流输送等作业的带电现象。

人体带电：人体生理变化或运动，身体各器官组织也表现出电性，如人体细脆膜的静止电位约有 100mV。

生物带电：自然界许多生物都带电。例如，蜜蜂脚上带有 6～7V 的静电，将花粉吸住。海里还有一种带电的电鱼，这种电鱼能产生几百伏的电位，而它的发电器官只有数微米大小的细胞。听说非洲还有一种电树。

3）按电荷性质分类

按电荷性质可分为单极性电荷、双极性电荷、正电荷、负电荷。

3. 摩擦带电机理

工业生产和日常生活中，到处存在摩擦带电现象，然而两种物体摩擦如何起电，有必要作一简明、扼要、通俗叙述。

（1）带电的三个过程：任何物体摩擦带电都脱离不了这三个过程。

接触——电荷转移：两种物体接触，界面间距达到 10^{-8}cm（埃）数量级时，就会发生两物体间的电荷转移，在界面形成所谓的“双电层”，在液体中有形成“电偶离子层”之说。这“双电层”或“电偶离子层”的厚薄大小随材料电阻率而异，较小的油液因电传导大，电偶离子层被缩到距管壁约 10^{-8}cm 的范围，而对于电阻率大的油液，可以扩散到距离固体面约数毫米的液体内部。

摩擦——起电：两种物体接触，形成“双电层”或“电偶离子层”后，由于摩擦、机械力等作用，将扩散的一部分电子或离子从“双电层”或“电偶离子层”中剥离出来，随固体带走，或随液体一起流走，电荷平衡受到破坏，这样，摩擦的双方将各自带上极性相反的电荷。

分离——电荷积累、呈带电状态：分离时，极性相反的电荷会相互吸引、再结合、进行中和，另外，产生的电荷会从物体的表面，体内或空间泄漏、消散。对于一些物质，电荷的中和、泄漏是很快的，而有的物质却很慢，当产生的电荷比泄漏中和的电荷多时，就会引起电荷的积累，使物质带电。电荷积累持续时间取决于物体的性质和环境条件，如不同的油液静电消散时间为 1/1000s 至几小时。

（2）静电带电的本质：物体摩擦带电的本质是少量杂质的作用。严格地说，纯净的物质是不会产生静电的，更谈不上带电了。而物质含杂质很多，即使产生静电也会很快中和或消散掉，呈不带电状态。唯独含少量杂质的物质摩擦起电大，也不易中和泄漏，而积累起来成为带电的物体。国外许多资料报道显示，物质的电阻率在 10^{10}～10^{15}Ω·cm 范围容易产生静电，也不易泄漏。

溶剂、油品在管道中流动产生静电，必要条件是其内部要有一定的离子，如乙醚有微弱的电离性，易于产生静电。然而像苯、汽油、航空煤油等一些轻质油品都是不电离的，但也能产生很强的静电，就是这些油品内含有少量杂质的缘故，这一点在许多行业的静电测量和研究中，已为大家所证实。又如聚乙烯、聚氯乙烯、聚苯乙烯、聚四氟乙烯、聚丙烯、赛璐珞等塑料，其电阻率均在 10^{10}～$10^{15}\Omega\cdot cm$ 范围，易带静电。

从这一机理出发，便可想而知，油中混入少量的水，粉体带有少量的可燃性液滴，可燃性气体中混入少量的粉尘等，都极易产生危险性的带电，如国外有资料表明，轻油中含有 6%的水，静电发生量将增大 20 倍。

4．材料的划分和带电系列表

（1）材料的划分：从静电角度说，一般按各物质所具有的导电性（或电阻率大小），可分为静电导体、静电亚导体和静电非导体或者分为静电导电型材料、静电耗散型材料、静电屏蔽材料和不易带电型材料。

静电导体：在任何条件下，体电阻率等于或小于 $10^{6}\Omega\cdot m$（导电率等于或大于 $10^{-6}S/m$）的物料及表面电阻率等于或小于 $10^{7}\Omega$ 的固体表面。

静电非导体：在任何条件下，体电阻率等于或大于 $10^{10}\Omega\cdot m$（导电率等于或小于 $10^{-10}S/m$）的物料及表面电阻率等于或小于 $10^{11}\Omega$ 的固体表面。

静电亚导体：介于二者之间。

导静电型材料：①表面电阻率小于 $1\times10^{5}\Omega$ 或体积电阻率小于 $1\times10^{4}\Omega\cdot cm$ 的材料（YD/T 754—1995）；②该材料表面电阻、体积电阻应小于 $1\times10^{6}\Omega$（SJ/T 31469—2002）。

静电耗散型材料：①表面电阻率大于 $1\times10^{5}\Omega$ 且小于或等于 $1\times10^{12}\Omega$，或体积电阻率大于 $1\times10^{4}\Omega\cdot cm$ 且小于或等于 $1\times10^{11}\Omega\cdot cm$ 的材料（YD/T 754—1995）；②该材料表面电阻、体积电阻应为 1×10^{6}～$1\times10^{10}\Omega$（SJ/T 31469—2002）。

静电屏蔽材料：电阻率很低的导电体，表面电阻率≤$10^{2}\Omega$，一般摩擦不起静电。

不易产生静电材料：摩擦起电电压小于或等于 2kV 的材料。

导静电地板（ECF）：电阻为 2.5×10^{4}～$1\times10^{6}\Omega$。

耗散地板（DIF）：电阻为 1×10^{6}～$1\times10^{9}\Omega$。

不易产生静电的地板（ASF）：摩擦起电应小于 2kV。

可带电材料：体电阻大于 $10^{9}\Omega\cdot cm$（或 $10^{11}\Omega\cdot cm$），表面电阻大于 $10^{10}\Omega$（或 $10^{12}\Omega$）的固体。

不可带电材料：表面电阻率小于或等于 $10^{9}\Omega$（或 $10^{11}\Omega$），体电阻小于或等于 $10^{10}\Omega$（$10^{12}\Omega$）的固体。

（2）带电系列表：两种材料摩擦带电，必然是一种材料带正电，另一种材料带负电，而带电量大小，则取决于两种材料的性质、摩擦力大小、分离速度、表面粗糙度以及周围环境状况。表 3.1 的带电系列揭示的两个规律：两种材料摩擦带电，处于表中前面的材料带正电，处于表中后面的材料带负电；两种材料摩擦带电，处于表中相对位置错开越多，带电便越显著。

表 3.1 带电系列表

(+) 正极性	铅	镉	银	丙烯腈混纺品
人手	棉纱	铬	硫黄	
石棉	真丝	纸	黑橡胶	
玻璃	粘胶丝	黑硬橡胶	铂	碳化钙
兔毛				
毛发	皮肤	麻	维尼龙	聚乙烯、聚氨酯
云母	酪素	铁	聚苯乙烯	赛璐珞
尼龙	醋酸酯	铜	腈纶	玻璃纸、聚丙烯、聚氨乙烯
羊毛	铝	镍	沙兰树脂	聚四氟乙烯
皮毛				
人造丝	锌	黄铜	聚酯树脂	负极性 (–)

5. ESDS 元器件、组件和设备的分级

1 级：易遭受 0～1999V ESD 电压危害的电子产品；

2 级：易遭受 2000～3999V ESD 电压危害的电子产品；

3 级：易遭受 4000～15999V ESD 电压危害的电子产品。

大于 16000V ESD 电压危害的电子产品，则认为是非静电敏感产品。ESDS 产品还包括所有安装 ESDS 元器件的印制电路板，高于 1GHz 频率工作的半导体器件及微型计算机控制装置。

6. 常用有机化工材料缩写字

PE 聚乙烯　HDPE 高密度聚乙烯　LDPE 低密度聚乙烯

PP 聚丙烯　PVC 聚氯乙烯　PVAC 聚乙酸乙烯酯

PS 聚苯乙烯　PET 季戊四醇（聚酯）　PMMA 聚甲醛丙烯酸甲酯

ER 环氧树脂　PA6 尼龙　PC 聚碳酸酯

PU 聚氨酯　ABS 工程塑料

3.2 电气装联中的静电危害

1. 半导体和 IC 生产线的静电

（1）穿着尼龙衣、塑料基底鞋缓慢在清洁地板上走动，人身会带 7～8kV 电压。

（2）玻璃纤维制成的晶体装料盒滑过聚丙烯桌面时，易产生 10kV 静电。

（3）晶片装配线：晶片 5kV，晶片装料盒 35kV，工作服 10kV，桌面 10kV，有机玻璃盖 8kV，石英晶体 1.5kV，晶片托盘 6kV。

（4）光刻间塑料地面 500～1000V，扩散间塑料地面 500～1500V，瓷砖地面也是 500～1500V，塑料墙纸 700V，塑料顶棚 0～1000V，铝板送风口、回风口 500～1000V，金属活动皮革椅面 500～3000V。

2. 静电危害的表现

（1）静电库仑力的危害：元器件黏附粉尘、污物后增大泄漏风险造成短路，使性能受损，成品率大幅度下降。例如，粉尘粒径>100μm，铝线宽度约 100μm，薄膜厚度在 50μm 以下时，最易使产品报废，这种情形多发生在腐蚀清洗、光刻、点焊和封装等工艺过程中。

（2）静电放电引起的危害：当有数千、数万伏的高电位物体发生脉冲刷形放电或火花放电时，瞬间会有很高的放电电流流过，若人体带上 10kV（100pF）的电荷，其放电电流流向大地时形成的瞬间脉冲电流峰值为 20A，会造成不小的影响，ESD（静电放电）还伴随着电磁波发射，会引起种种危害。

MOS 场效应管栅极是从硅氧化膜引出的，栅极与衬底间隔着一层氧化膜，当栅极与衬底间的电压超过一定值时，氧化膜便被击穿，如果是 MOS IC，则全部报废了。当 SiO_2 耐压场强 $E=(5\sim10)\times10^6$V/cm，SiO_2 膜厚 1000～2000Å 时（取 D=1000Å），其施加电压大于 U_B=50～100V 氧化膜便会被击穿。栅极电容很小（约几个 pF），输入阻抗很高（约 $10^{14}\Omega$ 以上），这样，少量的电荷就会产生很高的电压，电荷也很难泄漏，只要电压大于 50V（无保护）就会烧毁，所以，只要人手一摸栅极，元件就坏了，因为人带电超过 50V 是平常事。各类绝缘膜耐压值如表 3.2 所示，各类元件典型耐静电压数值如表 3.3 所示。

表 3.2 各类绝缘膜耐压值

绝缘膜	绝缘耐压（MV/cm）	介电常数
SiO_2	10	4
Si_3N	10	7
Ta_2O_5	5～8	25
TrO_2	4	22
TiO_2	1	20～40
Nb_2O_5	5	30～100

表 3.3 各类元件典型耐静电压数值

类　型	击穿电压（V）	类　型	击穿电压（V）
V MOS	30～1800	无保护电路的 MOS 电路	10～20
MOS FET	100～200	MOS 电容器，场效应三极管 FET	0～1000
GaAs FET	100～300	带保护电路的 MOS（C MOS，P MOS）	1000～4000
EP ROM	100	小信号二极管 1W 以下	4000～15000
运算放大器	190～2500	小信号晶体三极管 5W 以下	4000～15000
J FET	140～700	肖特基 TTL	1000～2500
C MOS	250～3000	可控硅	680～1100
肖特基二极管	300～3000	双极型晶体管	380～7000
ECL	500～1500		

组装中静电放电的危害：组装中损坏器件，或造成电子仪器设备故障或误动作；静电放电损坏元器件使整块印制电路板失去作用，造成经济损失；静电放电的噪声引起机器设备的误动作或故障——间接放电影响，电容放电测得结果，除产生瞬间脉冲大电流外，还会产生跨越数兆赫兹，甚至数百赫兹的强大噪声。近年来，静电放电噪声引起计算机误动

作的基础研究取得很大进展；放电时产生的电磁波进入接收机后，会产生杂音，干扰信号，从而降低信息质量，或引起信息误码。

（3）静电感应的危害：受静电感应的物体与带电体完全等价，并有静电力学现象和放电现象的发生，如果感应物体的是电阻较小的良导体时，还会发生火花放电造成危害。

① 生产操作的车间里：高电压设备、线路附近，人员在操作焊接、摆弄 MOS 器件或 MOS IC 时，由于静电感应，极易引起人体对器件的静电放电，从而损坏器件。

② 管道输送的空调气流（离子流），对人体吹风时相当于充电，当带电人体接触敏感器件时，静电放电会击穿损坏器件。

归纳起来，静电引起的现象足以造成电子器件和电子仪器设备性能失调，其对电子器件及仪表的危害状况如表 3.4 所示。

表 3.4　静电对器件及仪表的危害状况

器件或仪器种类	危 害 状 况
半导体器件	施加超过耐压能力的电场导致器件击穿、半击穿、性能劣化
磁带录像机	由于静电吸附灰尘，促使磁头磨损，磁带运转不良，由于制造时混入灰尘而漏失信息，产生噪声、颤音
电子计算机	静电放电引起的噪声使系统停机、记录错误、漏失信息
计算机外围设备	由于静电使卡片难整理、磁鼓不良、机械性能不稳定
测量仪器类	零点变动，误信号

3. 半导体静电击穿现象

（1）静电击穿的部位。

器件静电击穿主要发生在 PN 结区域或氧化膜中，有时也发生焊（布）线膜部分的熔断现象。

查找故障发生的位置，可以从以下全过程去进行：

① 观察易于受到静电脉冲电流作用的地方，如输入或输出回路，阻抗较高的地方；

② 从器件结构上较弱的部位去查找，如热容量较小之处，场效应管的栅极氧化膜等耐压性能较差的地方；

③ 从电场较为集中的边缘部分去查找。

对于二极管、三极管等分流器件，发生故障的模式比较简单，但是，对于集成度较高的 IC、MSI、LSI、VSI 之类，发生故障部位查找判断就不那么容易。通常是通过实验，再现故障现象，将其与实际故障的模式进行分析对比，从而判断出静电的冲击来自何处。

（2）半导体器件静电击穿机理——一般考虑为热击穿的较多。

3.3　装联过程的静电防护措施

主要从元器件和整机的设计考虑静电防护、防静电环境设计、防静电安全操作规程三个方面。

1. 元器件和整机的防静电保护设计

静电保护设计要求：为使静电敏感器件、电子仪器及设备具有较强的抗静电能力，在新产品设计上要仔细考虑静电保护，要求如下：

（1）静电敏感器件的设计在满足技术性能的前提下，要尽量采用耐静电损坏的材料、器件，在线路设计中要考虑一定保险系数的保护电路。

（2）在整机产品设计中应选择不易受静电损坏的元器件，对于必须采用静电敏感元器件时，应将它们设置在受保护的位置上。

（3）随着电子产品的小型化使其元器件组装密度日趋提高，其他结构件在空间位置设计得合理与否将决定静电危害的大小，如机壳内部通风的散热问题，静电屏蔽，开关接地等静电抑制技术问题。

（4）为抑制静电噪声的影响，印制电路板的设计要尽量合理。

（5）采用静电敏感器件后，应在整机汇总表、组装配图上标有静电警告符号。

2. 电子产品、机器设计应考虑事项

（1）设计前应充分掌握所使用半导体器件耐静电击穿能力，安装在底板上时应考虑它们尽可能地不互相接触，且不让易带电的绝缘材料靠近器件。

（2）与外部相连的金属部分，例如，连接用的脚线等易受静电的作用，故不让它们靠近器件及其布线；尽量避免器件的输入端在开放状态下形成回路，万不得已需要形成开放回路时，则应在输入端与地之间加入适当的电阻，从而保护输入部分；不使用的端子或电路部分应使其接地或用适当的方法形成闭合回路。

（3）与器件输入连接线应尽量远离装置的机壳，且其输入信号应尽量使用屏蔽线；在器件的输入输出端布线的周围，不能放置电性能浮动的金属物体，以防静电感应对配线放电而击穿器件。

（4）尽量缩短布线长度，减小布线电容，以避免静电感应、电磁感应。

（5）印制电路板外围部分应布置接地线，使用器件的底板实行机架接地时，不仅要用接地线进行直流的连接，且要用高频电容器进行高频的连接，而机器外的金属部分应接地。

（6）机器外壳上实行静电屏蔽是有效的，如在塑料机壳表面涂上导电涂料并接地，或者在机壳与印制电路板的间隙上，加上导电性的屏蔽并接地。

3. 在输送、保管（储存）时应注意事项

（1）输送、储存半导体器件的容器应当使用在输送中不因振动而带电的材料，而具有导静电性能的金属容器，由于电阻太小，易于产生静电放电，应避免使用；

（2）使用涂刷有抗静电剂或可抗静电剂树脂的容器时，必须注意其有效时间；

（3）输送半导体器件时，为确保电极（出脚）端子等电位，应用短路环、铝箔等短路，或使用导电性泡沫塑料；

（4）使用皮带输送机之类输送装置时，或使用小推车时，必须进行防静电处理，让输送带或小推车不带电。

4．电子元器件和整机生产厂房防静电环境设计

（1）防静电环境的提出：归纳电子工业生产静电危害的特点和电子元器件静电击穿机理、特点等，显然可以从两个方面提出一个共识问题。一个是电子器件（包括 MOS、CMOS、PMOS、TTL、IC、MOS、IC、ECLIC、LSI、VLSI 等）及其组装整机生产厂房车间；另一个是计算机房、微波通信站机房、电台广播室，一些集中监控室以及精密电子仪器试验室等，都有一个共同的静电危害问题，其危害特点是：

① 造成电子元器件静电击穿，不是产品报废，便是使机器失灵，不能正常工作。

② 静电噪声引起机器的误动作。据报道，美国曾为此造成几十亿美元的集成电路损失。

静电是如何产生的呢？主要是厂房、车间、试验室、控制室等房内均大量采用高绝缘体建筑装饰材料，如地面、墙、台、车、椅、箱、盒等，这是产生静电的潜在因素；其二是人体步行或工作时，与不同物质材料摩擦产生的静电；其三是空气调节和空气净化引起的静电离子和静电问题。为此，这些场所便必须采用不易起静电，又容易使静电荷消散、可消除的良好环境，并解决人体带电等诸问题。

（2）防静电环境设计基础：如操作使用计算机及其外围设备时，经常会发生静电放电现象。当操作者直接采用人机接口方式时，人体储存的静电将会向大地放电，人体积累的静电荷对机器的放电有两条通路：一是对构成机器的金属部分直接放电；二是对放置的工作台等金属部位放电而使机器受到辐射电磁场的影响，称为间接放电。这样机房防静电环境设计就要认真考虑人体静电释放，整体具有避免一切产生静电危险源的良好环境，全部金属部位均要可靠接地。

（3）防静电环境设计的依据：电子器件生产车间和机房防静电环境设计是消除静电危害最主要的措施之一，不论是新厂基建，还是老厂改造，都应作为重要问题列入工程项目内容，从工艺设备、供电、净化、内装修设计中采取措施，且对元器件厂、电子仪器厂以及计算机机房分别采取不同的防静电措施，而防静电环境设计的主要依据有：

① 确定整机选用敏感器件的耐静电击穿电压。

② 整机设计和装配工艺中将防静电和电磁屏蔽结合考虑。

③ 各类计算机耐静电性能。

④ 把防静电措施纳入洁净室设计标准。

⑤ 确定元器件绝缘膜耐压值。

⑥ 防静电危害的计算公式及其极值。

⑦ 选用各类防静电材料的依据（静电释放半衰期 $\tau_{半}$<2s 或 0.1s，$10^4\Omega<R<10^9\Omega$）。

（4）防静电环境的设计。

防静电区域的划分：第一级防静电区域是静电最敏感的区域，静电位应<100V；第二级防静电区域是静电敏感度中等的区域，静电位应<500V；第三级防静电区域是静电敏感度较低的区域，静电位在 1000V 以下，可以根据车间或工段的器件耐静电敏感度决定其属于哪一级防静电区域。

防静电内装饰材料的设计：采用防静电材料的地板、墙面和顶棚，导静电地板材料体电阻、表面电阻为 $1\times10^4 \sim 1\times10^6\Omega$，静电释放半衰期小于 0.1s；静电耗散型地板材料体电阻、表面电阻为 $1\times10^6 \sim 1\times10^9\Omega$，静电释放半衰期小于 1s。此外，还要有耐久性、起尘小、耐水性、耐腐蚀性和阻燃性。目前使用的导静电地板材料大致有导静电橡胶、导静电塑料地面、导静电环氧树脂和聚氨酯地面装涂层以及自流坪，导静电地板又分为导静电贴面板和导静电活动地板。地板下要搞接地网格，并引出接地。塑料墙纸、墙面涂料、顶棚、窗帘和门等都要采用静电耗散材料制作并接地。

静电安全工作台设计：由抗静电台面垫、防静电地垫、防静电盘、接地电阻和接头，台子、座椅等组成，效果较好的桌子应设有两副腕带接头，工作台和台垫、地垫均要通过 1MΩ 接地。防静电工作台的接地方式如图 3.1 所示。

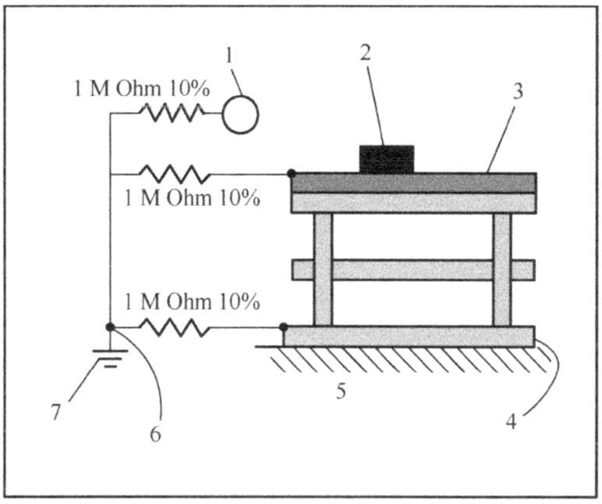

（a）并联接地

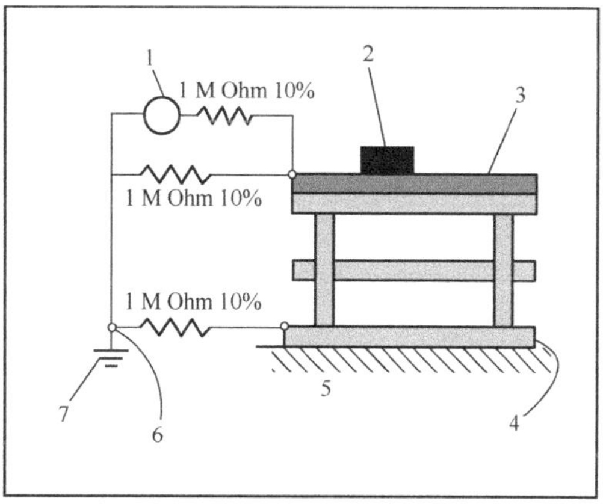

（b）串联接地

1—人员用防静电腕带；2—EOS防护盘、静电耗散容器等；3—EOS防护桌面；4—EOS防护地板、地垫；5—建筑物地面；6—公共接地点；7—大地

图 3.1 防静电工作台的接地方式

管道通风防静电材料设计：对环境进行空气调节和净化，降温的空气经初效过滤器、中效过滤器、高效过滤器、送风管道进入车间内，总管风速 8～10m/s，为此，送风管道和送风口应使用导静电涂料和导静电塑料，过滤材料应选用低电阻材料并接地。

小车、搬运、周转、包装箱盒的设计：搬运小车和防静电转运车的橡皮车轮应改为导静电车轮，印制电路板的周转箱，塑料包装袋，上下料架以及元器件存放盒和托盘等均采用导静电材料制作。

5. 静电安全操作一般措施

（1）接触 ESSD 及组件之前应戴好防静电腕带，保证腕带与皮肤接触良好，并接入防静电地线系统，在戴腕带的皮肤上不得涂护肤油、防冻油等油性物质。

（2）所有接触 ESSD 及组件的设备和工具（如被测整机、测试设备、装置和夹具、波峰焊机、电批、电烙铁、周转车等）都必须可靠连接防静电地线。

（3）所有 ESSD 及组件在其存储、转运过程中均必须采取合适的静电防护措施，使用防静电包装材料和容器、周转车，周转车必须可靠接地。拒绝接收不符合防静电包装要求的 ESSD 及组件。

（4）IC 类 ESSD 必须盛放在专用防静电容器（如管、座）中，严禁将 IC 类 ESSD 插放在泡沫上和装在不具防静电功能的容器或包装袋中。按需逐一取用，不得一次倒出一堆 IC 散乱地放在工作台面上。

（5）ESSD 及组件的配料、发料、转储过程，必须在防静电容器中进行。

（6）对于未采取防静电包装的零部件（如紧固件、电缆等），应先消除静电（导体部分接触一下防静电地线），再进入防静电工作区。

（7）手持 ESSD 及组件时应避免接触其导电部分，操作过程中应尽量减少对 ESSD 及组件的接触次数。

（8）已装焊有元器件的 PCB 板原则上不得裸露叠放，确需暂时叠放时必须用防静电材料隔离开。

（9）清洗 ESSD 及组件时，应用中性清洗剂或酒精清洗；手工清洗使用防静电毛刷；用清洗机清洗时，PCB 板应放在金属网架上，不得悬浮在清洗箱内。

（10）插拔单板之前必须断开电源，严禁带电插拔单板（有特殊操作说明者除外）。

第4章 净化环境

电气整机装联过程需要洁净的环境，必须对工作场地进行清洁。必要时整机装联过程需在洁净厂房内完成。洁净厂房设计必须做到技术先进、经济适用、安全可靠、确保质量，并应符合节约能源、劳动卫生和环境保护的要求。

4.1 净化概念及实施原则

所谓净化是指清除不好的或不需要的杂质，使物品达到纯净的程度。在一定的空间范围内，将空气中的微粒子、有害空气、细菌等污染物排除，并将室内温度、洁净度、压力、气流速度与气流分布、噪声振动及照明、静电控制在某一需求范围内的工程。

洁净厂房是根据需要对空气中尘粒、微生物、温度、湿度、压力和噪声进行控制的密闭空间，并以其空气洁净度级别符合有关规定为主要特征。我国《洁净厂房设计规范》中将空气洁净度划分为9个等级，表4.1为洁净室及洁净区空气洁净度整数等级。

表4.1 洁净室及洁净区空气洁净度整数等级

空气洁净度等级（N）	大于或等于要求粒径的最大浓度限值（pc/m^3）					
	0.1μm	0.2μm	0.3μm	0.5μm	1μm	5μm
1	10	2	—	—	—	—
2	100	24	10	4	—	—
3	1000	237	102	35	8	—
4	10000	2370	1020	352	83	—
5	100000	23700	10200	3520	832	29
6	1000000	237000	102000	35200	8320	293
7	—	—	—	352000	83200	2930
8	—	—	—	3520000	832000	29300
9	—	—	—	35200000	8320000	293000

无特殊要求时，控制温度在18℃～26℃，相对湿度45%～65%。空气净化技术是一项涉及各专业的综合性技术，要坚持三个原则：

（1）阻止尘粒和细菌进入；

（2）控制屏蔽尘粒和细菌产生；

（3）迅速排除或消除尘粒和细菌。

4.2　空气净化技术

空气净化技术主要包括机械过滤、吸附过滤、离子化技术、催化氧化技术等。

1. 机械过滤技术

机械过滤技术是指将周围的空气经过风机加压后，在通过设备内部放置的纤维过滤材料时，空气中的颗粒污染物因尘埃粒子的直径大于纤维材料的孔径而被捕获下来，以此来达到除尘净化的目的。此法只能除去直径较大颗粒污染物，对于较小的粒径以及气态而非固态的杂质无法收集到。这种较早出现的净化技术总体来讲性能不够完善，净化效果有限，只能达到初步过滤等级，具有一定的局限性。其优点是设计简单、使用方便，缺点是净化气态污染物——有害气体性能差，对超微固态颗粒的净化效果也差。

2. 吸附过滤技术

空气中的污染物存在形式有固态污染物和气态污染物两种，正因为上述机械过滤存在无法过滤气态颗粒的缺陷，随着净化技术的进一步发展，吸附过滤技术被开发设计出来。吸附过滤技术利用了活性炭对气体具有较强吸附能力的特点，所以其优点是提高了对气态污染物的净化效果，总体上改善了净化性能。但是它的缺点是活性炭的吸附具有饱和度，且一旦饱和就无法继续吸附下去，无法再生。虽然目前在空气过滤领域，活性炭过滤器使用广泛，但其缺陷是天生的，定期需要报废并更换新的活性炭，成本较高。

3. 离子化技术

此种技术采用的负离子能与空气中的颗粒物结合形成质量较大的粒子而被过滤层捕获，附着在过滤材料的表面，低温等离子具备的能量能使气态有机物中的化学键断裂，转化为无害物，负离子能够杀灭某些细菌，具有杀菌的作用。但是其缺点是化学反应产生臭氧，一定浓度的臭氧对人体健康有害，形成二次污染物。

4. 光催化氧化技术

光催化氧化是指以某种半导体材料作为光催化剂，在光电转换中进行氧化还原反应。光催化剂中使用最多的是 TiO_2，纳米 TiO_2 颗粒细化程度高，光催化活性较一般的催化剂（TiO_2、ZnO、CdS 等）进一步提高。在光化学反应中，TiO_2 在光照条件下，其表面生成空穴——电子对并与吸附在表面上的物质发生氧化还原反应，空穴具有较强的氧化能力，能够与水反应生成羟基自由基。电子具有还原性，与氧气反应生成氧自由基，生成的上述两种自由基均具有很强的化学活性，能与多数有机物发生氧化反应，生成二氧化碳和水，从而达到净化空气的作用。根据上述光催化氧化的基本原理，在常温常压条件下，利用空气中的氧气就能在光照一定时间后，将空气中有机污染物分解为水和二氧化碳无机物，净化效果好，纳米 TiO_2 作为催化剂，化学性质稳定，氧化还原能力强，成本低，不存在像活性炭的吸附饱和现象，使用寿命长。但是，这种催化氧化反应需要在一定的浓度条件下才有效，当空气中污染物浓度较低时，光催化降解速度较慢，会产生有害的中间产物，也会有二次污染的出现，所以，该技术不能直接使用，而是在市场上出现了活性炭—纳米 TiO_2 复合光催化过滤材料，综合两者各自的优点，才能提高净化效率。

5. 水洗空气技术

空气净化技术新方向——“水洗空气”。水洗空气是指采用先进的空气绕流技术，其原理是将室内污浊的空气通过风机运动吸入空气净化设备中，通过控制相对旋转的水帘对流组合，将空气切割旋转带入水中，空气顺着水帘对流组合的叠状微孔循环形成高速绕流，从而保持设备净化模块中的空气溶于水中，延长空气与水的接触时间和接触面积，使有害物质充分溶解于水，从而提高净化能力。水作为大自然的一种固、液、气形式同时存在的特性物质，其净化功能非常神奇，现在提倡要保护生态湿地，保护湖泊水源地，就是因为水无疑是自然界最好的净化剂载体，这些生态湿地、湖泊等是人类生活环境中的天然净化机。

空气中微小颗粒的过滤效果与滤材的间隙直接相关，传统的过滤网技术中，滤网都存在着间隙，网径再小、再密、滤层再多的滤网也得让空气通过才能够有效净化，只要有空隙，哪怕再小，也必然有微小悬浮物通过。然而，“水洗空气”净化理念的提出，较之于传统的滤网除尘技术，一层水幕仅存在的是水分子的距离，没有哪种滤网的网径能比液态分子间的距离更小了，对于空气中存在的大量细微颗粒，如烟尘、可入肺颗粒物 PM2.5，水的无缝隙黏性滤除效果会更好。水在无缝黏性滤尘的同时，气化加湿滋润空气，使得空气清新自然，并且空气中的有毒有害物质甲醛等极易溶解于水中，杀菌消毒，降解有害物质，无二次污染。

第5章 其他工作环境

5.1 温度

工作场所环境温度过高或过低，不仅会影响电子元器件技术参数，还会影响使用的仪器设备的测量精度，甚至会影响操作人员的情绪，容易产生急躁或不舒服的感觉，操作人员汗液排泄作用加强也会形成新的污染源。

电装车间工作场所温度一般控制在 25℃±5℃范围内。该温度是指干球温度测定值。有特殊要求时，按特殊控制要求执行。

5.2 湿度

为了确保电子装联质量，除了严格控制温度外，还应对环境的相对湿度进行控制。当相对湿度低于 30%时，则认为空气干燥；当相对湿度高于 70%时，则认为空气潮湿。而且，空气的湿度与温度有关，在绝对湿度不变的情况下，相对湿度随温度升高而降低，随温度降低而升高。在相对湿度保持不变的前提下，温度越高，空气中水汽对焊点的影响也越大，容易使焊点造成虚焊，使印制板组装件绝缘电阻下降。若空气非常干燥，操作时也易产生静电和静电放电，损伤静电敏感器件。

所以对工作场所相对湿度应加以控制。电装工作场所湿度标准规定为 30%～75% RH，一般最好控制在 30%～60% RH，有特殊要求时，按特殊控制要求执行。

5.3 元器件的存储环境

随着电子技术的不断发展，对电子产品的可靠性的要求也越来越高，促使电子装联生产工艺对元器件储存的关注程度不断上升。元器件朝着小型化和高集成化方向发展，塑料封装已经成为一项标准做法。确保潮湿气体在焊接前不进入元器件中，已经成为一项非常重要的事情。

塑料封装元器件湿度敏感危害产品可靠性的原理：暴露在大气中的过程中，大气中的水分会通过扩散渗透到元器件的封装材料内部。当器件经过贴片贴装到 PCB 上以后，要流到回流焊炉内进行回流焊接。在回流区，整个器件要在 183℃以上环境中放置 60～90s，最高温度可能在 210℃～235℃（SnPb 共晶），无铅焊接的峰值会更高，在 245℃左右。在回流区的高温作用下，器件内部的水分会快速膨胀，器件的不同材料之间的配合会失去调节，各种连接则会产生不良变化，从而导致器件剥离分层或者爆裂，于是器件的电气性能受到影响或者破坏。

1. 塑料封装表面安装器件的储存

（1）存储场地的环境要求：库房室温低于 40℃，相对湿度小于 60%。

（2）不贴装时不开封。塑料封装 SMD 出厂时，都被封装于带干燥剂的防潮湿包装袋内，并注明其防湿有效期为一年，不用时不开封。不要因为清点数量或其他一些原因将 SMD 零星存放在一般管子或口袋外，以免造成 SMD 塑壳吸湿。

2. 塑料封装表面安装器件的开封使用

（1）开封时先认真阅读包装后的说明书。规范的 IC 包装袋均印有（贴有）“使用说明书”，说明书上最醒目的标志是“防静电”以及“防湿”。通常塑封器件是湿敏感器件，吸湿率在 0.015%左右，器件在焊接时，受湿器件内部微量的水分会因受热而膨胀，内压升高从而导致内部芯片受损。此外，说明书还给使用者提供了很多信息，包括 IC 型号、数量、生产日期以及生产中注意事项。例如，IC 在不拆封的情况下可以存放一年，拆封后根据湿敏感度标号，应在规定时期内贴完，如若湿敏感度为 4，应在 72 小时内用完。湿敏感度数字越大，则 IC 可贴日期越短，湿敏感度的依据是 IPC/JEDEC J-STC—020 标准。当 IC 用不完时，应存储在干燥箱内。烘干处理说明书中均提供了烘干的温度和时间参数。此外，还规定 IC 器件在焊接时的最高温度（峰值温度）。

（2）观察包装袋内附带的湿度指示卡。在开封启用时，也应先观察包装袋内附带的湿度指示卡，当所有黑圈都显示蓝色时，说明所有 SMD 都是干燥的，可放心使用；当 10%和 20%的圈变成粉红色时，也是安全的；当 30%的圈变成粉红色时，表示干燥剂已经变质，SMD 已经有吸湿的危险；当所有的圈都变成粉红色时，即表示所有的 SMD 已严重吸湿，装焊前一定要对该包装袋中所有的 SMD 进行驱湿烘干处理。湿度指示卡有许多品种，但基本上可归纳为六圈式和三圈式。六圈式的可显示湿度为 10%、20%、30%、40%、50%、60%；三圈式的只有 20%、30%、40%，其所指示的某相对湿度是介于粉红色圈与蓝色圈之间的淡紫色圈所对应的百分数。

3. 已吸湿 SMD 的驱湿烘干

所有塑封 SMD，当开封时发现湿度指示卡的湿度为 30%以上或开封后的 SMD 未在规定时间内装焊完毕，以及超期存储的 SMD 等，在装贴前一定要事先进行驱湿烘干。烘干方法有低温烘干法和高温烘干法。

（1）低温烘干法。

烘箱温度：（40±2）℃；

相对湿度：＜5%；

烘干时间：192h。

（2）高温烘干法。

烘箱温度：（125±5）℃；

烘干时间：5～48h；

注意事项：

（1）凡采用塑料管包装的 SMD（SOP、SOJ、PLCC、QFP、BGA 等），其包装管不耐高温，不能直接放进烘箱烘烤，应另行放在金属管或金属盘内才能烘烤；

（2）QFP 的包装塑料盘有不耐高温和耐高温两种，耐高温的（注有 T_{max}=135℃，150℃或 180℃等几种）可直接放入烘箱内进行烘烤，不耐高温的不可直接放入烘箱烘烤，为防止发生意外，应另放在金属盘内进行烘烤。转放时应防止损伤引脚，以免破坏其共面性。

4．剩余 SMD 的保存方法

（1）配备专用低温吸湿存储箱。将开封后暂时不用的 SMD 或连同送料器一起存放在箱内。但配备大型专用低温吸湿存储箱费用较高。

（2）利用原有完好的包装袋。只要袋子不破损且内装干燥剂良好（湿度指示卡上所有的黑圈都呈蓝色，无粉红色），就仍可将未用完的 SMD 重新装回袋内，然后用胶带封口。

5.4 光照度

工作场所应该具有良好的照明条件，电子装联和调试操作人员要识别电子元器件、导线的线径和颜色，工艺文件中图形和文字内容，仪器、设备上各种开关、指针、旋钮上字符，贴片操作中元器件极性、位置等。若没有良好的照明条件，是比较困难的。光照度对生产率、差错率及操作人员疲劳度，均有影响。标准中规定操作人员工作台上的光照度一般不应低于 1076lx，故常有 1100lx，即相当于两支 40W 日光灯安装在距离工作台面为 0.8m 处，照射到工作台上的光照度。

5.5 噪声

操作人员需要安静的工作环境，只有在安静的环境下，才能使人精力集中，操作准确及时，控制噪声的目的在于防止操作人员听力损伤和噪声诱导应力，以提高生产率，避免差错率。控制噪声的方法是隔离噪声源和切断噪声的传递途径，即进行隔离、减振、吸音或消音处理。工作场所的噪声值一般应控制在 45dB 以下。

第三部分

整机电子装联材料

在电子产品制造过程中，完整的电子产品基本由大量的基础材料构成，而这些材料是实现电子产品小型化、轻量化、装配机械化和自动化的重要基础部件。目前此类基础材料主要分成两部分：一部分是主料，如印制板、元器件、电缆等；另一部分则是起辅助作用的辅料，如焊料、焊剂、导电胶、黏合剂等。

第6章 印制板

6.1 印制电路板的定义

印制线路板（Print Wiring Board，PWB）是指按照预先设计的电路要求，采用印刷法，在绝缘基板的表面或者其内部形成的用于元器件之间连接的导电图形的技术，但不包括印制元器件的形成技术。

印制电路板（Print Circuit Board，PCB）是指在印制线路板的一定位置组装上电子元件或电子组合元器件（如芯片），然后将元件类的引线焊接在印制线路板表面的焊盘或过孔上互联成为印制电路板。

由于习惯和其他方面的原因，并未严格区分印制线路板和印制电路板的概念，而将它们统称为印制电路。随着印制电路板的发展，印制线路板的客户要求线路板厂商在完成的印制线路板上贴装部分元器件，所以一般印制线路板厂也不严格区分印制线路板和印制电路板的概念，常将印制线路板称为印制电路板或印制板。

印制电路板是电子工业的重要部件之一。几乎每种电子设备，小到电子手表、计算器，大到计算机、通信电子设备、军用武器系统，只要有集成电路等电子元器件，为了它们之间的电气互连，都要使用印制板。在较大型的电子产品研究过程中，最基本的成功因素是该产品的印制板的设计、文件编制和制造。印制板的设计和制造质量直接影响到整个产品的质量和成本，甚至导致商业竞争的成败。

印制电路板在电子设备中提供如下功能：

（1）提供集成电路等各种电子元器件固定、装配的机械支撑。

（2）实现集成电路等各种电子元器件之间的布线和电气连接或电绝缘。提供所要求的电气特性，如特性阻抗等。

（3）为自动焊锡提供阻焊图形，为元件插装、检查、维修提供识别字符和图形。

6.2 印制电路板的组成和结构

印制电路板的设计和制造与基材有着密切的关系，基材是指可以在其上形成导电图形的绝缘材料，这种材料就是各种类型的覆铜箔层压板，简称覆铜板。常用的印制板材由铜箔、增强材料、树脂和助剂组成。

1．铜箔

铜箔分为电解铜箔和压延铜箔，前者用电镀的方式形成，产能高，成本低；后者用机械压延的方式形成，具有良好的延展性，但产能低、成本高，很难形成大尺寸。

铜箔厚度的常用表达方式是盎司，盎司是重量单位，1 盎司=28.35g。1 盎司铜箔是指 1 平方英尺的铜箔重量为 1 盎司，此时对应铜箔厚度是 35μm。常用铜箔厚度有 70μm、35μm、18μm；超薄铜箔有 12μm、9μm、5μm；超厚铜箔有 105μm、140μm、175μm、210μm。铜箔背面经过粗化和耐热处理，从而保证其结合力，粗化方式有镀黄铜（土黄色）、镀锌（灰色）、镀镍（赤灰色）；依据其处理的粗糙度分为高粗糙度和低粗糙度。铜箔的主要技术指标如下：

厚度误差：±10%；

延伸率：6～27（电解铜箔 10～20）；

质量电阻系数：0.154Ωg/m^2；

粗糙度：0.1～0.2μm（电解铜箔 1～3μm）。

2．增强材料

常用的增强材料有纸、玻璃纤维布、玻纤非织布等。

纸：常用制作覆铜板的纸是木浆纤维纸和棉浆纤维纸。

玻璃纤维布：常用的有 E 型玻璃纤维布，其成分是铝硼硅酸盐，其金属氧化物含量低于 1%，所以称无碱玻璃布，介电常数为 6.2～6.6。

玻纤非织布：是用玻璃纤维经过类似造纸工艺制成非常均匀的纸制品，厚度通常在 300～800μm。

3．树脂

树脂是覆铜板的主体成分，常用树脂有酚醛树脂、环氧树脂、聚酰亚胺树脂、聚四氟乙烯树脂等。

（1）酚醛纸基覆铜箔板。它是用浸渍过酚醛树脂的绝缘纸或纤维板作为基板，两面加无碱玻璃布，并在一面或两面覆以电解紫铜箔，经热压而成的板状层压制品。此类层压板价格低廉，但机械强度低，易吸水，耐高温性能差（一般不超过 100℃），主要用于低频和一般民用产品中。标准厚度有 1.0mm、1.5mm 和 2.0mm 三种，一般应优先选用 1.5mm 和 2.0mm 厚的层压板。

（2）环氧酚醛玻璃布覆铜箔板。这是无碱玻璃布浸以环氧树脂经热压而成的层压制品，一面或两面覆以电解紫铜箔。这类层压板的电气和机械性能良好，加工方便，可以用于恶劣环境和超高频电路中。

（3）环氧玻璃布覆铜箔板。这类层压板由玻璃布浸以双氰胺固化剂的环氧树脂经热压而成。这类层压板的透明度良好，与环氧酚醛覆铜板相比，具有较好的机械加工性能，防潮性良好，工作温度高。

（4）聚四氟乙烯玻璃布覆铜箔板。这是以无碱玻璃布浸渍聚四氟乙烯分散乳液为基材，覆以经氧化处理的电解紫铜箔，经热压而成的层压板，是一种耐高温和高绝缘的新型材料。具有较强的耐高温性能（230℃～260℃），在200℃下可长期工作，并可在300℃下间断工作。它主要用在高频和超高频电路中。

此外，还有聚苯乙烯覆铜箔板、软性聚酯覆铜箔板等。

4．助剂

助剂包括改善覆铜板特性的一些添加组分，如阻燃剂、阻紫外光成分、着色填充物等。

5．半固化片

半固化片：是增强材料浸渍树脂后使之半固化，是制作覆铜板和多层板的中间材料。热固性树脂有三种固化状态。A阶段：未固化状态，液态；B阶段：部分分子交联，半固化状态，低温为固态，高温为液态；C阶段：树脂固化反应的最终阶段，树脂不溶也不熔。

印制电路板按结构可分为刚性印制板、挠性印制板、刚—挠印制板。

（1）刚性印制板（见图6.1）。这种板具有一定的机械强度，用它装成的部件具有一定的抗弯能力，在使用时处于平展状态。主要在一般电子设备中使用。酚醛树脂、环氧树脂、聚四氟乙烯等覆铜箔板都属刚性板。

（2）挠性印制板（见图6.2）。挠性板也称柔性板，它是以软质绝缘材料（聚酰亚胺）为基材而制成的。其铜箔与普通印制电路板相同，使用黏合力强、耐折叠的黏合剂压制在基材上，表面用涂有黏合剂的薄膜覆盖，防止电路和外界接触引起短路和绝缘性下降，并能起到加固作用。使用时可以弯曲，一般用于特殊场合。

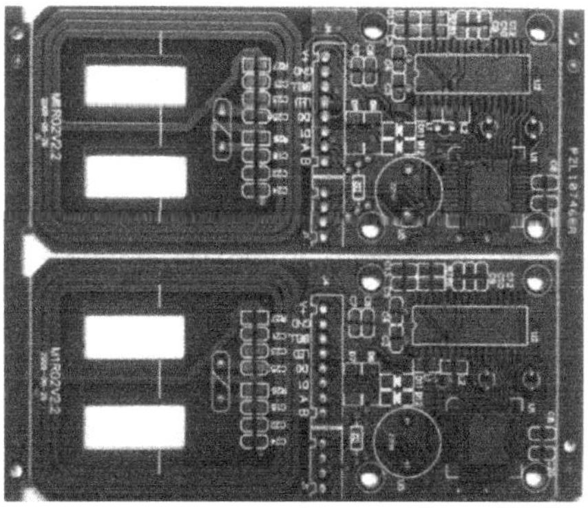

图6.1 刚性印制板

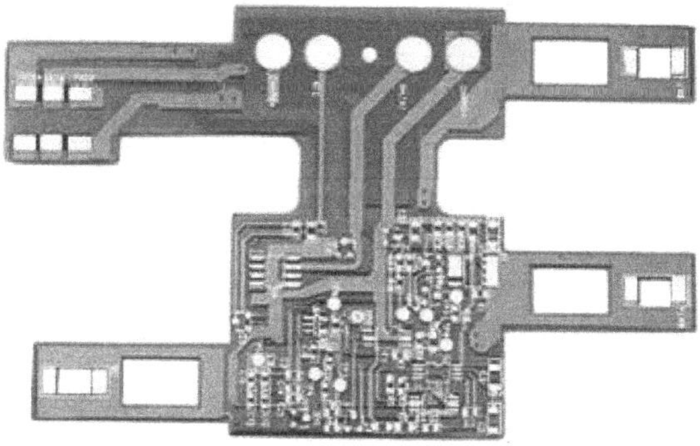

图6.2 挠性印制板

（3）刚—挠印制板（见图6.3）。用挠性基材并在不同区域与刚性基材结合而制成的印制板。在刚挠结合区，挠性基材与刚性基材上的导电图形通常都是进行互连的。刚—挠印制板又称为刚柔结合板。

印制电路板按用途分可分为民用印制板、工业用印制板和军用印制板。如电视机用印制板、电子玩具印制板等属于民用印制板；计算机主板、通信用计算机和仪表用印制板属于工业用印制板；变频电路印制板、功分器印制板等属于军用印制板。目前，电子设备中有许多既可民用又可工业用，很难反映出印制板的性能特点，以民用和工业用来区分印制板的方式有淘汰的可能。

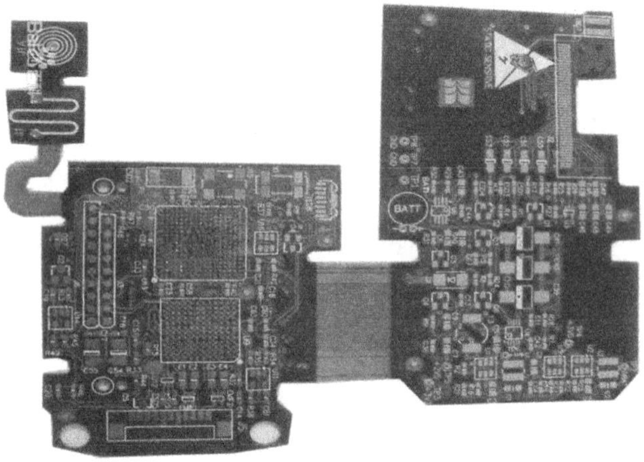

图 6.3　刚—挠印制板

印制电路板按基板材料可分为纸基印制板、环氧玻纤布印制板、复合基材印制板和特种基材印制板。

印制电路板按电路层数可分为单面板、双面板和多层板。常见的多层板一般为 4 层或 6 层，复杂的多层板可达十几层。

（1）单面板：在最基本的 PCB 上，零件集中在其中一面，导线则集中在另一面。因为导线只出现在其中一面，所以这种 PCB 称为单面板（Single-sided）。因为单面板在设计线路上有许多严格的限制（因为只有一面，布线间不能交叉而必须绕独自的路径），所以只有早期的电路才使用这类的板子。

（2）双面板（见图 6.4）：这种电路板的两面都有布线，不过要用上两面的导线，必须要在两面间有适当的电路连接才行。这种电路间的“桥梁”叫做导孔（via）。导孔是在 PCB 上，充满或涂上金属的小洞，它可以与两面的导线相连接。因为双面板的面积比单面板大了一倍，双面板解决了单面板中因为布线交错的难点（可以通过导孔通到另一面），它更适合用在比单面板更复杂的电路上。

图 6.4　双面板

（3）多层板（见图 6.5）：为了增加可以布线的面积，多层板用上了更多单或双面的布线板。用一块双面作内层、两块单面作外层或两块双面作内层、两块单面作外层的印制线路板，通过定位系统及绝缘黏结材料交替在一起且导电图形按设计要求进行互连的印制线路板就称为四层、六层印制电路板了，也称为多层印制线路板。板子的层数并不代表有几层独立的布线层，在特殊情况下会加入空层来控制板厚，通常层数都是偶数，并且包含最外侧的两层。大部分的主机板都是 4～8 层的结构，不过技术上理论可以做到近 100 层的 PCB 板。大型的超级计算机大多使用相当多层的主机板，不过因为这类计算机已经可以用许多普通计算机的集群代替，超多层板已经渐渐不被使用了。因为 PCB 中的各层都紧密结合，一般不太容易看出实际数目，不过如果仔细观察主机板，还是可以看出来的。

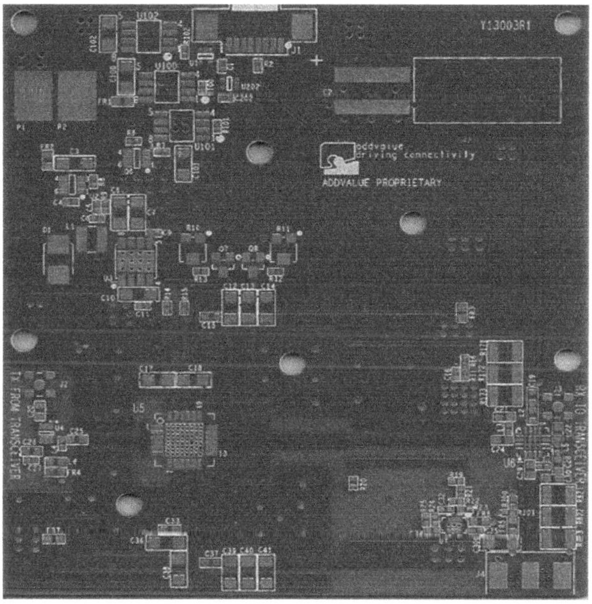

图 6.5 多层板

6.3 特种印制板

现代电子设备要求性能好、体积小、重量轻，特别是机载、星载电子设备对体积、重量、性能、可靠性提出了更高的要求。传统的基板，因基板本身材料和工艺的限制，难以适应电子设备小型化、多功能化、高密度安装以及高灵活性的要求。特种基板的出现，满足了电子设备发展的需要，使基板的制造技术向着高精度、高可靠性、异型化方向发展，为设备的小型化、轻量化提供关键技术支撑。

特种基材印制板是指在结构或功能上不同于传统基板的具有特殊结构或功能的基板。特种基板大体包含以下类别的基板：金属基印制板、微波高频基板、微波数字复合基板和光电印制板等。这些特种基板的出现，克服了传统基板高频特性差、导热性低、热膨胀高、平面布线等缺陷，解决了基板安装时的电特性、散热及热匹配问题，同时实现了三维布线。

6.3.1　金属基印制板

金属基印制板是由金属层（铝、铝合金、铜、铁、钼、矽钢等金属薄板）、绝缘介质层（改性环氧树脂、PI 树脂、PPO 树脂等）和铜箔（电解铜箔、压延铜箔等）三位一体复合制成的金属基覆铜板（Metal Base Copper Clade Laminates），并在金属基覆铜板上制作印制电路的一种特殊印制电路板，它被称为金属基印制电路板，简称为金属芯基板（MCPCB）。

金属芯基板内嵌了高导热的金属芯板，热导率比普通 PCB 板大两个数量级以上，在大功率组件上具有很大优势。良好的机械加工性能使金属基覆铜板具有高机械强度和韧性，此点大大优于刚性树脂类覆铜板和陶瓷基板。为了保证电子电路的性能，电子产品中的一些元器件需防止电磁波的辐射、干扰，金属基板可充当屏蔽板起到屏蔽电磁波的作用。铁基覆铜板的基板材料是由具有磁性能的铁系元素的合金构成，利用它的这一特性将其应用于磁带录音机、软盘驱动器、伺服电机等小型精密电机上，既可起到 PCB 的作用，又可起到小型电机定子基板之功能。

按照构造讲，仅在金属板表面形成绝缘层，并在其上的导电层形成电路图形（单面电路图形）的，称为金属基印制电路板（简称金属基板）。而在金属板表面和背面全部形成绝缘层，并在两面绝缘层上的导电层都形成电路图形（双面电路图形）的，称为金属芯印制电路板（简称金属芯基板），金属芯基板根据金属材料的不同，一般分为铝金属芯 PCB 电路基板、铜金属芯 PCB 电路基板、铁金属芯 PCB 电路基板和碳纤维芯 PCB 电路基板。近年来在金属基板的基础上，又派生出不少种类的复合基板。例如，树脂—陶瓷复合基板、树脂—多孔陶瓷复合基板、树脂—硅复合基板、金属基—包覆绝缘层复合基板等。

随着产品向大功率、小型化、使用环境要求苛刻的方向发展，对微波组件散热能力、集成度和气密性方面提出了更高的要求。线路板作为微波组件中的基本零件，在散热、集成度和气密性方面起着关键作用。金属芯 PCB 作为一种特种 PCB，主要用于有散热、增强与控制温升要求的大功率元件和高产热重量元件的载体。在某型号雷达电源上应用金属芯 PCB，从而完全省却了元件散热附件，大大缩减了 PCB 电路基板尺寸，进而使机柜尺寸和机柜重量大幅度缩减成为现实。同时，发热元件的传热与温升得到极大改善和控制，增加了电源工作时间与可靠性，取得了较好的综合效益。

金属芯印制板作为印制板的一个门类，20 世纪 60 年代初在国外开始采用，美国 Vesierm Electrico 公司首创了铁基夹芯印制板，在继电器上应用。1969 年日本三洋公司首先发明了铝基覆铜板的制造技术，1974 年开始应用于 STK 系列功率放大混合集成电路上。日本 20 世纪 60—70 年代经过大量调查认为：PCB 使用面临的难题是高密度组装时，元器件装配密度高，散热性是个大问题。普通的纸质、玻璃布、环氧覆铜板热传导效率小，不宜作散热用，多层板层数多、密度高、功率大时热量必然排不出去，因此，必须使用金属芯印制板。80—90 年代金属芯印制板在全球各国被广泛采用。国外已知的典型工艺样件应用是欧洲战机上的相控阵用 T/R 组件，生产厂商是意大利电子公司（ELT）。该 T/R 组件使用了内嵌金属芯板的混合基板工艺技术，整个组件体积比其前一代 T/R 组件（传统工艺）缩小 1/2 以上。图 6.6 为金属芯基板的一些应用实例。

图 6.6 金属芯基板应用实例

1986 年，国内开发了铝基版。图 6.7 为国内生产的铝基金属芯基板。

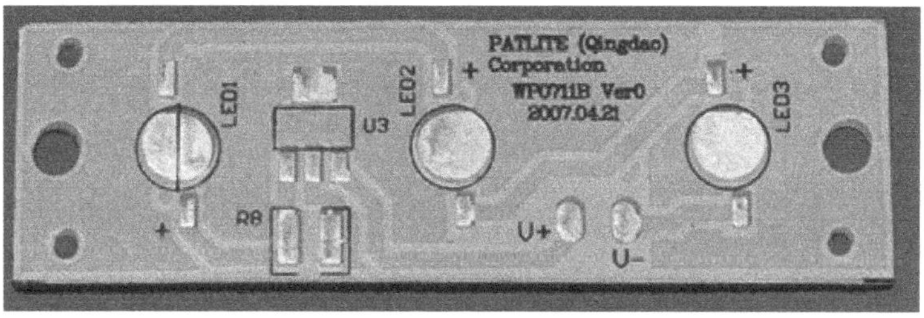

图 6.7 国内生产的铝基金属芯基板

金属芯基板以其优异的散热性能、机械加工性能、电磁屏蔽性能、尺寸稳定性能、磁力性能及多功能性能，在混合集成电路、汽车、摩托车、办公自动化、大功率电器设备、电源设备等领域，得到了越来越多的应用，特别是在 LED 封装产品中作为底基板得到了广泛的应用。图 6.8 是金属基板作为 LED 的封装基板的应用与安装结构。

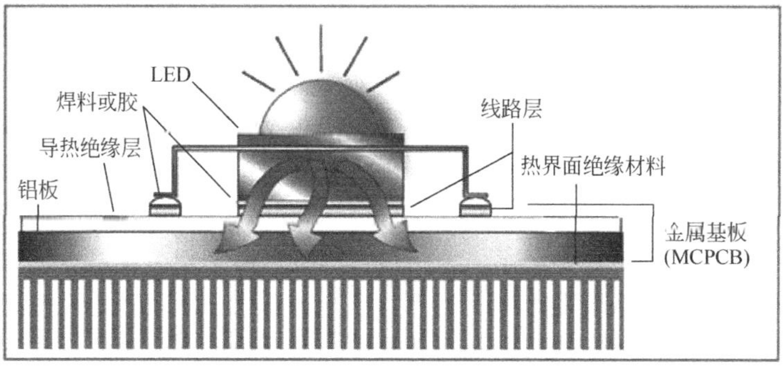

图 6.8 金属基板作为 LED 的封装基板的应用与安装结构

6.3.2 微波高频基板

随着无线通信和宽带网络的发展，PCB 已不再是简简单单地在一些绝缘的基材上面布上金属导线，实现互联。在很多情况下，基材和金属导体已经成为功能元件的一部分。尤其是使用频率在 300MHz 以上的高频微波电路的应用中，其元件与基材相互作用，基材表面的部分导体本身就是一个具有一定功能的元器件。低成本的 FR-4、BT 树脂在基站功放上的应用表明，较高的损耗使得它们在微波频段上几乎无法使用。PTFE 树脂材料和其他增强材料（如玻纤、陶瓷、SiO_2 等）按照不同比例混合生产的复合材料，满足了许多领域的应用需求，无论军事装备还是商业领域的应用，都使得微波印制板进入了一个全新的发展阶段。微波特种基板如图 6.9 所示。

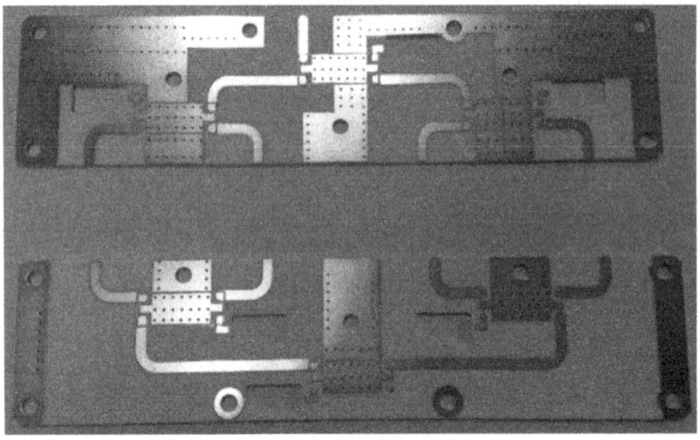

图 6.9　微波特种基板

微波板除了提供电路互连，提供系统的电器和机械平台外，与普通的印制板的最大不同之处在于微波频率下，微波板已经变成一个集总元件，它更多的是扮演功能器件的角色，所以基材的性能对于提供系统合适的功能是非常重要的，其中最重要的性能是介电常数、介质损耗角正切值、热膨胀系数 CTE、吸湿率等。

目前，高性能的微波复合介质基板板材主要由欧美垄断，主要供应商为 Rogers、Arlon、Taconic、Metclad 等。其中，美国 Rogers 公司领先于微波高频基板的技术领域，其生产的微波高频印制板品种全、质量优，长期垄断全球市场。Rogers 公司的微波复合介质板按材料构成大体来说可分为三个体系：PTFE+陶瓷体系（RT 系列和 RO 系列），碳氢化合物 1+陶瓷体系（如 TMM 系列），碳氢化合物 2+陶瓷体系（RO4000 系列）。体系不同，性能及应用方向不同。例如，PTFE 树脂的高频微波电路传输特性非常好，具备低介电常数和低损耗，这是微波电路传输的最关键和最重要的指标；由 PTFE+陶瓷构成的复合介质板材料能实现低损耗下的各种介电常数，是目前最主流和最重要、也是使用量最大的微波复合介质板材料，能实现大多数微波电路的功能。而碳氢化合物 1 + 陶瓷体系（TMM 系列）构成的是一种温度变化时微波介电特性稳定的介质板，适合于环境温度变化范围很大的特定场所应用（如卫星的正反面、向太阳面和背太阳面，白天和黑夜）。碳氢化合物 2 + 陶瓷体系（如美国 Rogers 公司的 RO4000 系列）适用中低频的介质板材料，性能一般，价格便宜，加工工艺性能好，适合于中低频的民用电路和低端军用电路。美国 Rogers 微波复合介质板材料特点及适用范围如表 6.1 所示。

表 6.1　美国 Rogers 微波复合介质板材料特点及适用范围

材料体系		具体型号构成	性能特点	适用范围
PTFE +陶瓷	+玻纤	RT5880、RT5870	低损耗、高性能	军用及高端需求
		ULTRALAM2000	低损耗、可靠性差	商用
		RT6002、RT6006、RT6010LM	低损耗、高性能	军用及高端需求
		RO3000 系列	较低损耗、性能好	商用

续表

材 料 体 系		具体型号构成	性 能 特 点	适 用 范 围
碳氢化合物 1 +陶瓷		TMM 系列	宽温度范围介电性能高稳定性	特殊需求（如星载、钻探）
		XT8000		
碳氢化合物 2 +陶瓷	+玻纤	RO4000 系列	较低损耗、性能一般、价格低	属于低端材料，商用

6.3.3 数字/微波混合电路基板

数字/微波混合电路基板（又称混压板）采用低介电常数的聚四氟乙烯类层压板和其他类型黏结材料，如玻璃布增强的环氧树脂（FR-4）半固化片或聚酰亚胺的半固化片、或其他热塑性材料压制而成的复合 PCB 电路基板。图 6.10 为数字/微波混合电路基板结构。

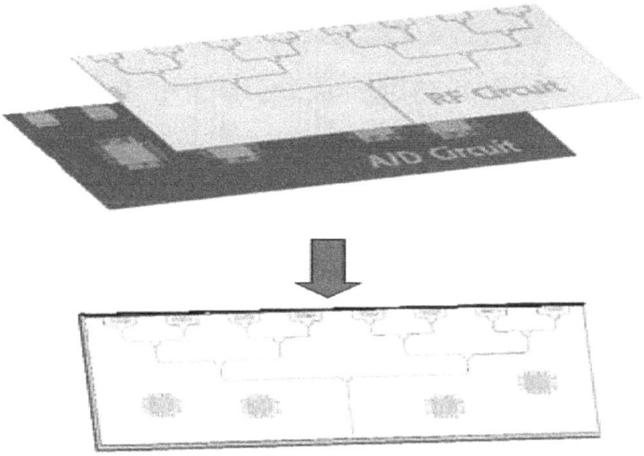

图 6.10 数字/微波混合电路基板结构

将多层微波电路基板与多层数字电路基板复合在同一块 PCB 上，实现微波和数字信号的兼容，从而不仅减小了整个 PCB 电路基板的尺寸和组装的体积，而且增强了聚四氟乙烯 PCB 电路基板的硬度。

数字/微波混合电路基板一般以 FR-4 板为“芯板”，再在芯板两面复合高频板，根据高频板复合结构不同，主要可分为带状线复合板和微带线复合板。

电子设计在不断提高整机性能的同时，也在努力缩小其尺寸。从手机到智能武器的小型便携式产品中，“小”是永远不变的追求。数字/微波复合基板技术可以使终端产品设计更加小型化，信号的高速传输、微波特性阻抗匹配，同时满足电子性能和效率的更高标准。复合基板可广泛应用于手机、数码（摄）相机、MP3、MP4、笔记本电脑、汽车电子和其他数码产品等，其中以手机的应用最为广泛。复合板一般采用积层法（Build-up）制造，积层的次数越多，板件的技术档次越高。普通的复合板基本上是 1 次积层，高阶复合板采用 2 次或以上的积层技术，同时采用叠孔、电镀填孔、激光直接打孔等先进 PCB 技术。

图 6.11 为国内某单位研制的数字/微波混合电路基板局部图。

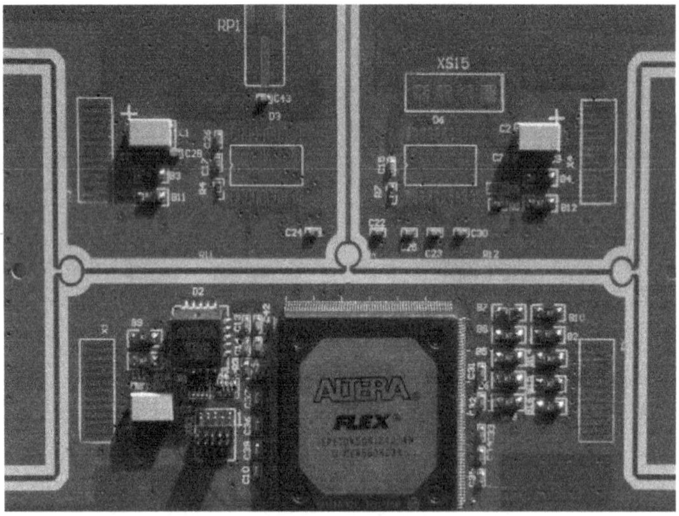

图 6.11　国内某单位研制的数字/微波混合电路基板局部图

6.3.4　光电印制板

在数据流量日益庞大和快速的今天，高端电子系统中使用纯电子电路印制板将不能满足长线路、高密度和高功率的需要，采用在电子装置内导入光电子电路组装技术是当务之急，为此，一种新的带光互连层的印制板技术——光电印制板（Optical-Electronic Printed Circuit Board，OEPCB）发展形成。

光电印制板是由传统的 PCB 层和光波导层叠层压合而成，它是将光与电整合，以光来作信号传输，以电进行运算的新一代高速运算所需的封装基板，将目前发展得非常成熟的印制电路板加上一层光导层，使得线路板的使用由现有的电连接技术延伸到光传输领域。

目前便携电子产品集成了很多功能，其体积为便于携带，有望更加紧凑、高速和小尺寸，当前电互连线路面临诸如集肤效应、介质损耗、电磁干扰（EMI）、串扰和波反射等因素限制，而光传输有高密度集成、低串扰、简化物理设计、与传统制造方法兼容、低能量消耗、消除 EMI、高带宽、高速等优点，光互连非常适合于芯片—芯片和板—板之间的信号传输。

光电印制板是用高速率的光连接技术取代目前计算机中所采用的铜导线，以光子而不是电子为媒介，在电路板、芯片甚至芯片的各个部分之间传输数据。其工作原理是：大规模集成芯片产生的电信号经过驱动芯片作用 VCSEL 激光发生器，激光束直接或通过透镜传输到有 45°镜面的聚合物波导反射进入波导中，然后通过另一端波导镜面反射传送到 PD 接收，再经过接收芯片转换成电信号传给大规模集成芯片，这样使得芯片和芯片可以通过光波导高速通信，从而提高系统整体性能。

光电 PCB 与传统 PCB 的制作工艺兼容，只是把聚合物波导层作为 PCB 叠层压合而成。光电印制板有以下几个特性：①光互联速度与互联通道无关，高速传输时信号的发散、失真小，损耗低，能保证很好的信号完整性，带宽高；②光子不带电荷，不存在库伦力作用，具有良好的空间相容性，因此光学信号在空间可以独立的传播，彼此间不相互干扰，可以实现更高的并行互联密度，减小器件和设备的尺寸；③光互连可以通过空间光调制器（SLM）适当改变，并可转变成电信号。光电印制板相较传统电路板的优点如表6.2所示。

表6.2 光电印制板相较传统电路板的优点

传统电路板	光电印制板
信号传输损耗大，传输速度受限	传输速度快，功耗低，损耗小
互联密度受限于EMI	互联密度不受EMI影响，无地层或参考平面
低针密度（小于50针/in）	大针密度
电磁干扰、串扰	无干扰、串扰和电磁兼容
较小带宽	极高的时间空间带宽
难于控制反射	易于控制反射

6.4 印制板的制造技术

由于印制电路工艺技术不断地发展，制造方法也有若干种，所以分类也较多。制造工艺大概包括光绘、图形转移、蚀刻、钻孔、孔金属化和表面金属涂敷等工序。一般而言，印制板的工艺主要分为单面板工艺、双面板工艺和多层板工艺。

单面板的基本制造工艺流程如下：

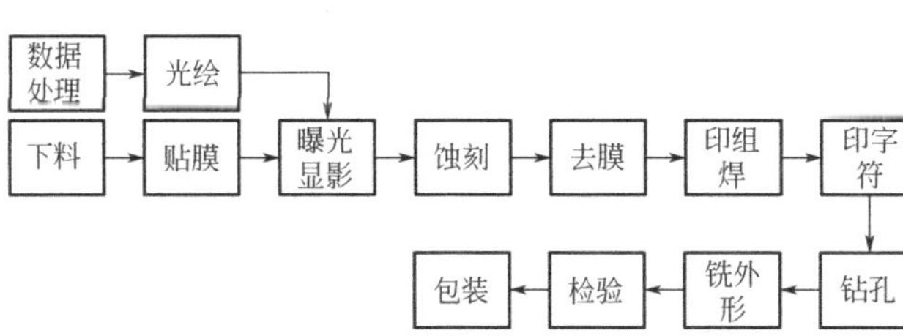

双面板的基本制造工艺流程如下：

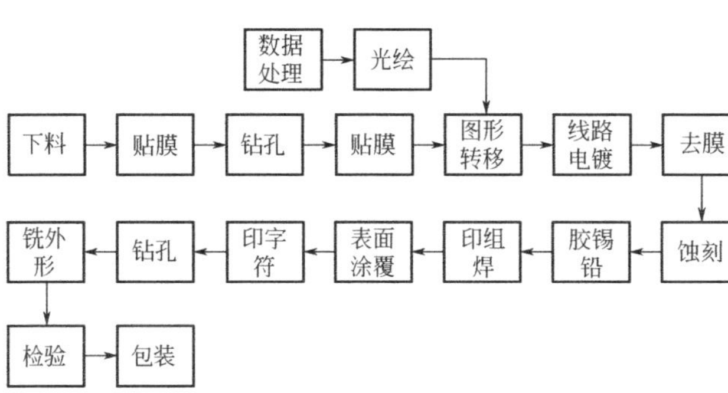

多层板的基本制造工艺流程如下：

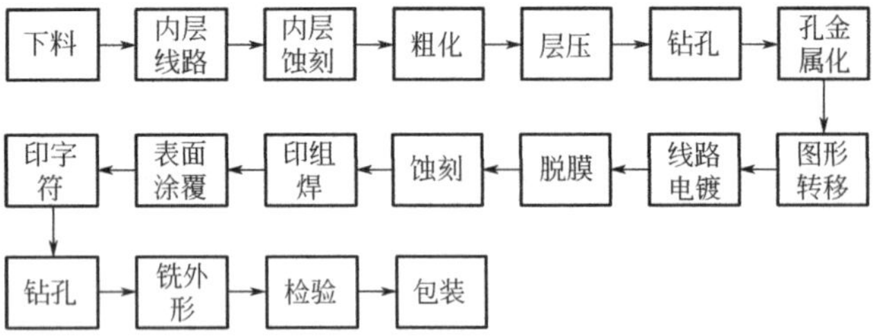

6.5　印制板的发展趋势

当前，无论是整机电子产品还是半导体封装，它们对印制板制造技术的要求，主要体现在以下几个方面：①适应高密度化、高频化；②适应绿色化；③适应复合安装化；④适应新功能元件搭载；⑤适应低成本化；⑥适应短交货周期化。根据这六个方面的要求，未来的 PCB 基板技术的重点发展方向有：

（1）任意层互连的高阶 HDI 和多功能数字/微波复合板制造技术。目前任意层互连的 HDI 技术有导电膏填孔技术和电镀铜填孔技术两种，预计未来该项技术将在越来越多的高端手机、平板电脑中得到应用。目前多层印制电路基板向高多层、HDI 和多功能集成方向发展，HDI 的结构也多种多样，典型结构以刚性多层板为芯板，在刚性芯板的上下两面再增加一个积层生产工艺为主。

（2）内埋式印制电路基板将得到快速发展。为了适应电子设备高性能化、信号高速化和高频化要求，将部分电子元器件埋置于印制电路基板内部，既实现高密度组装，又使元件间连接线路缩短，减少信号损衰和干扰，提高可靠性。最新的内置元器件基板有以下两大特点：

① 封装基板采用任意层互连的 HDI 印制电路基板；

② 与内置元器件包括 IC 器件的电气互连，采用激光钻孔再孔金属化方法与其连接。

工艺上，采用二次光刻的方式，可以将电阻元件埋置在微波印制电路板基材内；采用材料表面改性的方法可以将薄膜工艺应用于微波印制电路板，从而实现电阻的集成；采用含电阻层的材料并结合逐次层压工艺，可以制作出内埋电阻的产品。

（3）HDI 挠性电路板。对于挠性电路板而言，HDI、大幅面共形是它未来的发展方向。预计今后将逐渐移行到使用 UV 激光的铜直接加工法。

（4）光波导线路基板。电子信息产品的高速化、高频化的发展，使电气线路的干扰、杂波、电磁辐射、带域限制等问题更加突出，为解决这些问题，光波导线路技术将得到快速发展。

（5）气密高导热混合电路基板。从印制电路基板散热领域的发展来看，在 PCB 板面临散热的问题上，金属芯 PCB 技术的出现，正好满足了此领域中多方面的需求；它已经被证实能有效提高系统的热可靠性，因为它能加快热量从 LED 等热源经过导热性粘接介质层向“散热器”（金属基板）传递，从而延长装置的应用寿命。

第7章 元器件

电子元器件有很多类型，最常用的有电阻、电容、电感、二极管、三极管以及各种集成电路。元器件可分为无源元件、有源器件及机电元件，也可分为有引脚元器件和表面安装元器件，随着表面组装技术的发展，目前表面安装元器件占80%以上，而且随着高密度组装技术的逐渐推广，表面安装元器件将逐渐完全替代插装元器件，因此本章重点介绍表面安装元器件。

表面安装元器件俗称无引脚元器件，问世于20世纪60年代，习惯上人们把表面安装无源元件，如片式电阻、电容、电感称为SMC（Surface Mounted Components），而将有源器件，如小外形晶体管（SOT）及四方扁平器件（QFP）称为SMD（Surface Mounted Devices）。

7.1 片式电阻、电容、电感

片式电阻、电容、电感是目前表面安装中最为普遍，也是应用最为广泛的表贴元器件。下面以片式电阻为例进行介绍。

（1）结构：矩形片式电阻器的结构如图7.1所示。片式电阻由于制造工艺不同有两种类型：一类是厚膜型（RN型），另一类是薄膜型电阻（RK型）。厚膜型电阻是在扁平的高纯度 Al_2O_3 基板上印一层二氧化钌基浆料，烧结后经光刻而成；薄膜型电阻是在基体上喷射一层镍铬合金而成，性能稳定，阻值精度高，但价格较贵。

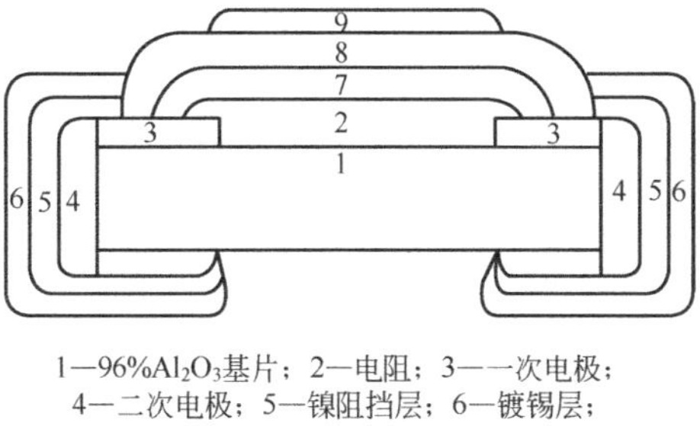

1—96% Al_2O_3 基片；2—电阻；3—一次电极；
4—二次电极；5—镍阻挡层；6—镀锡层；
7—一次包封玻璃；8—二次包装玻璃；9—标志玻璃

图7.1 矩形片式电阻器的结构

片式电阻有三层端焊头，俗称三层端电极，最内层为银钯（Ag-Pd）合金（0.5mil），它与陶瓷基板有良好的结合力，中间为镍层（0.5mil），它是防止在焊接期间银层的浸析，最外层为端焊头。不同国家采用不同的材料，日本通常采用 Sn-Pb 合金，厚度通常为 1mil，美国则采用 Ag 或 Ag-Pd 合金。

（2）矩形片式电阻的精度及分类：在片式电阻中，RN 型电阻精度高、电阻系数小、稳定性好，但阻值范围较窄，适用于精密和高频领域。RK 型电阻则是电路中应用得最广泛的。根据 IEC63 标准《电阻器和电容器的优选值及其公差》的规定，电阻值允许偏差±10%，称为 E12 系列；电阻值允许偏差±5%，称为 E24 系列；电阻值允许偏差±1%，称为 E96 系列。

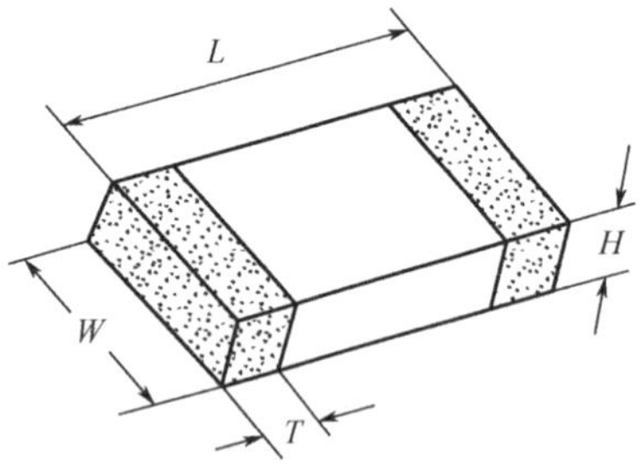

图 7.2　片式电阻外形及尺寸

（3）外形尺寸：片式电阻、电容常以它们的外形尺寸的长宽命名，来标志它们的大小，以英寸（1in=0.0254m）及毫米（mm）为单位，如外形尺寸为 0.12in×0.06in，记为 1206；SI 制为 3.2mm×1.6mm，记为 3216。片式电阻外形及尺寸如图 7.2 所示。

（4）标记识别方法：当片式电阻阻值精度为±5%时，采用 3 个数字表示：跨接线记为 000；阻值小于 10Ω 的在两个数字之间补加“R”；阻值在 10Ω 以上的，则最后一个数值表示增加的零的个数。例如，4.7Ω 记为 4R7，0Ω（跨接线）记为 000，100Ω 记为 101，1MΩ 记为 105。

当片式电阻阻值精度为±1%时，采用 4 个数字表示，前面 3 个数字为有效数，第四位表示增加的零的个数；阻值小于 10Ω 的，仍然在第二位补加“R”；阻值为 100Ω 则在第四位补“0”。例如，4.7Ω 记为 4R70，100Ω 记为 1000，1MΩ 记为 1004，20MΩ 记为 2005，10Ω 记为 10R0。

（5）包装：片式电阻一般有两种包装形式：一种是散包（bulk），这是最简单的包装方式，采用塑料盒包装，每盒可装散料电阻 1 万片，随着贴片机上装散供料器的应用，散装料方式将会增多，它可以大量节约包装材料用纸，这意味着节约大量的树木；另一种是编带包装（Tape and Reel），编带包装分纸编带包装和塑料编带包装两种形式，这是片式电阻器最常见的包装形式。

7.2　小外形封装晶体管

晶体管的封装形式主要有 SOT-23、SOT-89、SOT-143 和 SOT-252 等。SOT-23 封装有 3 条“翼形”引脚，引脚材质为可阀合金或 42 号合金，强度好，但可焊性差（见图 7.3）。SOT-23 在大气中的功耗为 150mW，在陶瓷基板上的功耗为 300mW。常见为小功率晶体管、场效应管和带电阻网络的复合晶体管。SOT-23 表面均印有标记，通过相关半导体器件手册可以查出对应的极性、型号与性能参数。SOT-89 具有 3 条薄的短引脚分布在晶体管一端，晶体管芯片粘贴在较大的铜片上，以增加散热能力。SOT-89 在大气中的功耗为 500mW，在陶瓷板上的功耗为 1W，这类封装常见硅功率表面安装晶体管，包装同 SOT-23，但由于它外形较大，所以在带子上的位置较宽松。SOT-143 有 4 条“翼形”短引脚，引脚中宽度偏大一点的是集电极。它的散热性能与 SOT-23 基本相同，这类封装常见于双栅场效应管及高频晶体管。SOT-252 的功耗在 2～50W，各类功率晶体管都可以采用这种封装（见图 7.4）。

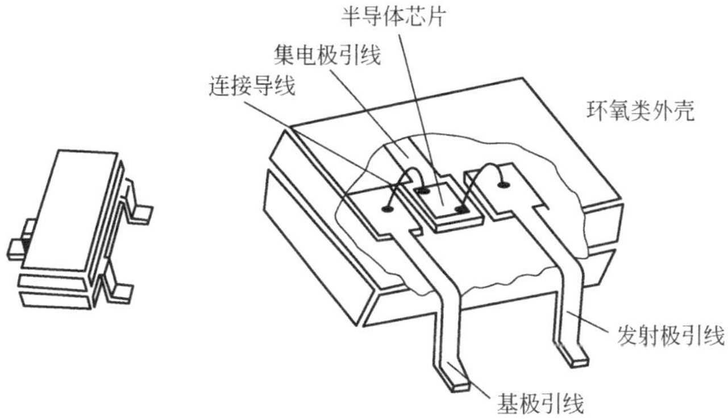

图 7.3　SOT-23 内部结构

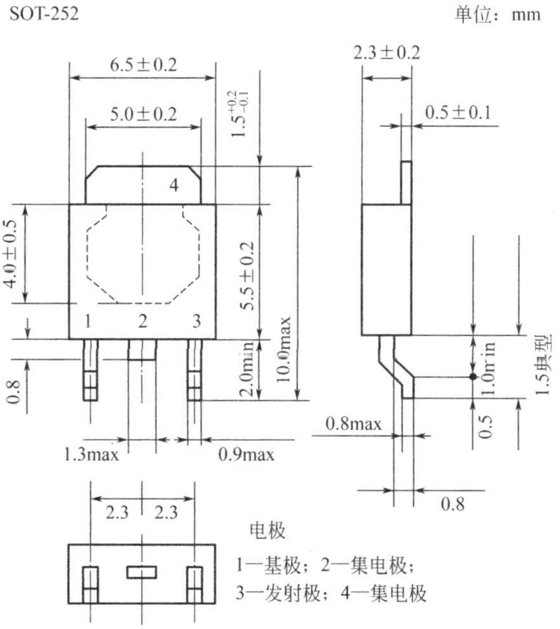

图 7.4　SOT-252 封装外形

7.3　小外形封装集成电路 SOP

小外形封装集成电路 SOP，也称 SOIC，由双列直插式封装 DIP 演变而来。这类封装有两种不同的引脚形式：一种具有“翼形”引脚；另一种具有“J”形引脚，这类封装又称

SOJ。SOP 封装常见于线性电路、逻辑电路、随机存储器。SOP 封装的优点是它的“翼形”引脚易于焊接和检测，但占 PCB 面积大，而 SOJ 封装占 PCB 面积较小，能够提高装配密度。因此，目前集成电路表面安装采用 SOJ 封装的较多（见图 7.5）。

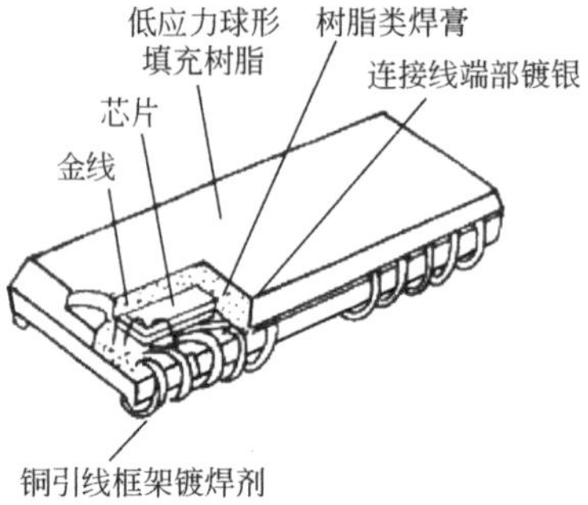

图 7.5　SOJ 封装结构

表 7.1 列出了 SOP 封装的引脚间距及对应的引脚数目。图 7.6 是 SOP 的外形图，其具体的外形尺寸可参见相关器件手册。需要注意的是，同一型号的 SOP，不同厂家的尺寸“E”不同。SOP 封装视外形、间距大小有以下几种不同的包装方式：塑料编带包装，带宽分别为 16mm，24mm 和 44mm；32mm 黏结式编带包装；棒式包装；托盘式包装。

表 7.1　SOP 封装的引脚间距及对应的引脚数目

引脚间距（mm）	引脚数目（条）
1.27	8～28
1.0	32
0.8	40～56

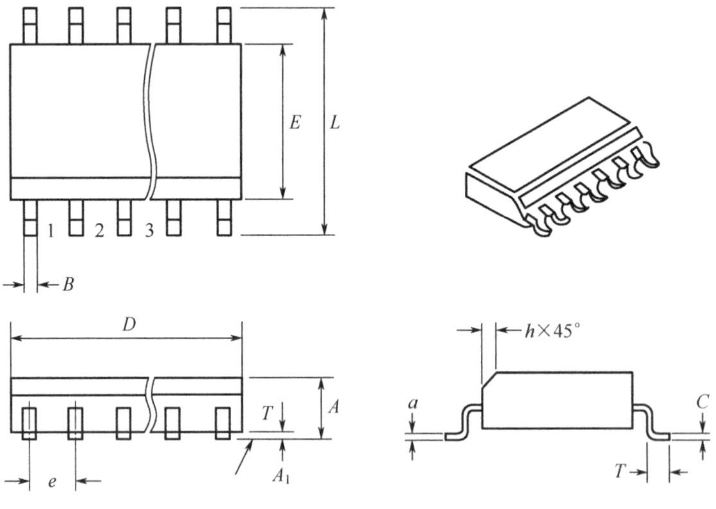

图 7.6　SOP 外形图

7.4 有引脚塑封芯片载体（PLCC）

PLCC 也是由 DIP 演变而来的，当引脚超过 40 个时便采用此类封装，引脚采用“J”结构，如图 7.7 和图 7.8 所示。这类封装常见于逻辑电路、微处理器阵列、标准单元。PLCC 的外形尺寸有方形和矩形两种，方形的称为 JEDEC MO-047；矩形的称为 JEDEC-052。由于 PLCC 为“J”形引脚，故它在包装上可采用带状及棒状包装，这样更有利于运输及贴片时装料，当然也可以使用华夫盘包装。

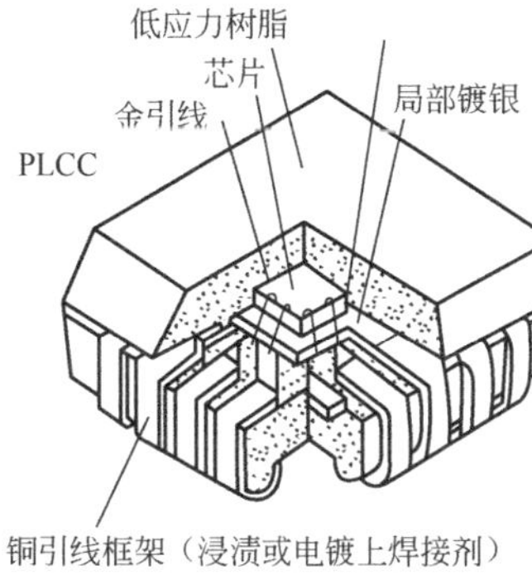

图 7.7 PLCC 封装结构

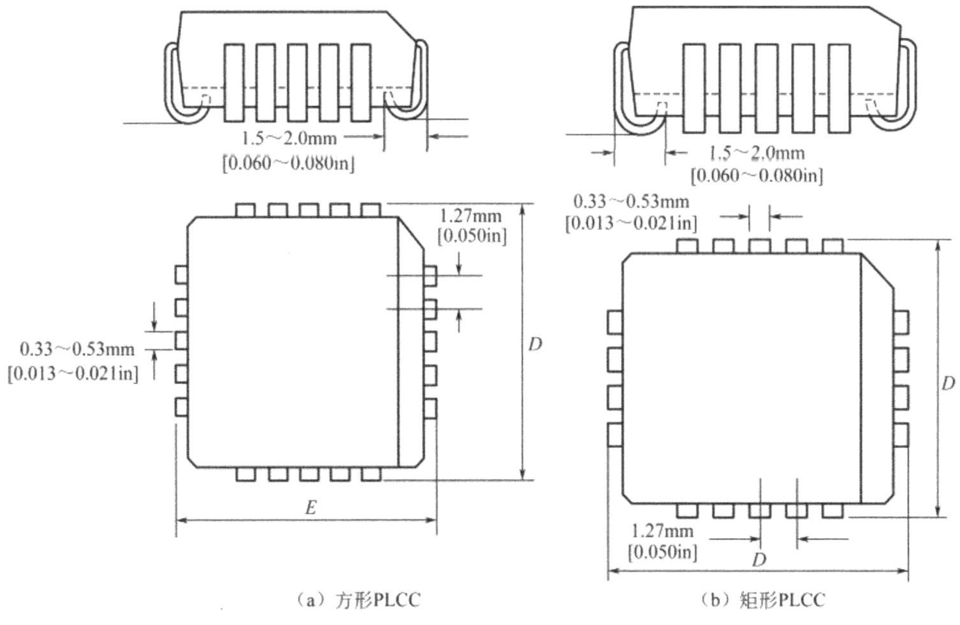

图 7.8 PLCC 封装外形

7.5　方形扁平封装（QFP）

QFP 是适应 IC 内容增多、I/O 数量增多而出现的封装形式，由日本人首先发明，目前已广泛使用，并由日本工业协会 EIAJ-IC-74-4 制定出相关的标准。美国开发的 QFP 器件封装，则在四角各有一个突出的角，起到对器件的防护作用，一般外形比引脚长 3mil（$1mil=2.54\times10^{-5}m$）。QFP 封装常见为门阵列的 ASIC 器件。

QFP 是一种塑封多引脚器件，四边有“翼形”引脚，封装结构如图 7.9 所示。QFP 的外形有方形和矩形两种，日本电子工业协会用 EIAJ-IC-74-4 对 QFP 封装体外形尺寸进行了规定，使用 5mm 和 7mm 的倍数，到 40mm 为止。QFP 的引脚是用合金制作的，随着引脚数的增多，引脚厚度、宽度减小，“J”形引脚封装就很困难，所以 QFP 器件仍采用“翼形”引脚，引脚中心距有 1.0mm、0.8mm、0.65mm、0.5mm 直至 0.3mm 等多种。与日本 QFP 相比，美国 QFP 器件四角都有一个突出的角，以此来保护引脚（见图 7.10）。美国式带角垫的 QFP，可以采用卷带、盘、管带包装，无论运输还是贴片都很方便，但不带角垫的 QFP 就只能用华夫盘包装。

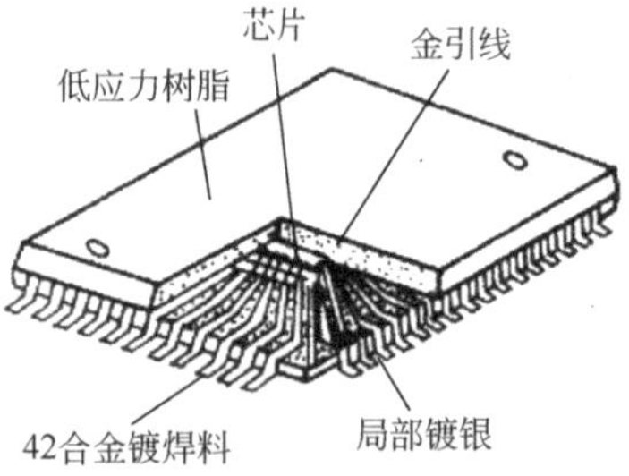

图 7.9　QFP 封装结构

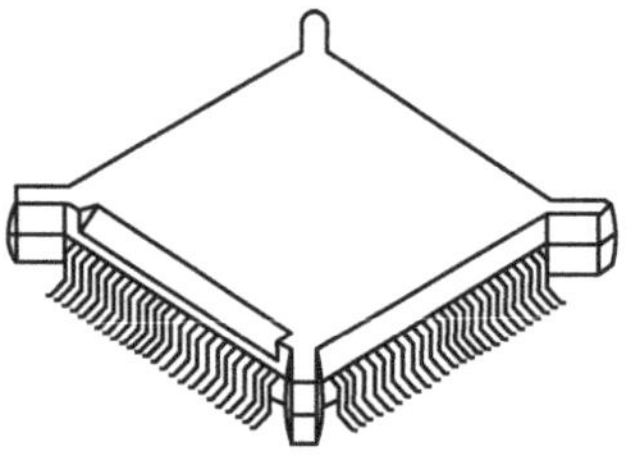

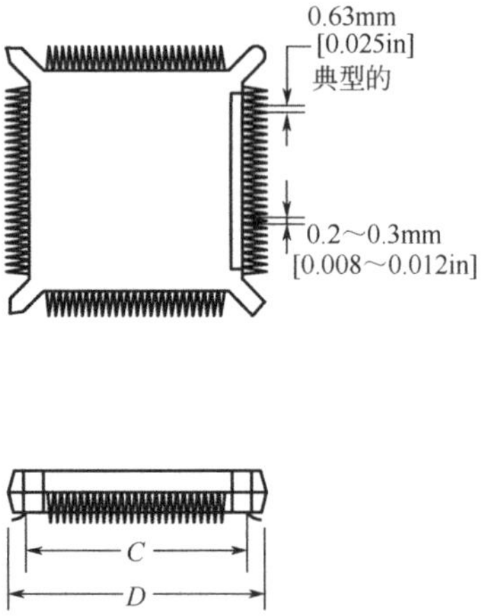

端子数	$C\left(\frac{mm}{[in]}\right)$	$D\left(\frac{mm}{[in]}\right)$
84	18.05～19.05 [0.710～0.750]	19.56～20.05 [0.770～0.790]
100	20.60～21.60 0.810～0.850]	22.10～22.60 [0.870～0.890]
132	25.65～26.65 [1.010～1.050]	27.20～27.70 [0.070～1.090]
164	30.75～31.75 [1.210～1.250]	32.25～32.75 [1.270～1.290]
196	35.80～36.80 [1.410～1.450]	37.85～37.85 [1.470～1.490]
244	40.15～41.15 [1.580～1.620]	41.65～42.15 [1.640～1.660]

图 7.10　美国式 QFP 的外形和尺寸

7.6　陶瓷芯片载体

陶瓷芯片载体封装的芯片是全密封的，具有良好的环境保护作用，一般用于军品中。

陶瓷芯片载体分为无引脚和有引脚两种，前者称为LCCC，后者则称为LDEC。由于LDEC生产工艺烦琐，不适应大批量生产，现已很少使用。

LCCC的外壳是采用90%～96%的氧化铝或氧化铍瓷片经印刷布线后叠片加压，在保护气体中高温烧结而成，然后粘贴半导体芯片，完成芯片与外壳端子间的连接，再加上顶盖进行密封封装。无引脚陶瓷芯片载体的电极中心距有1.0mm和1.27mm两种。LCCC引出端子的特点是在陶瓷外壳侧面有类似城堡状的金属化凹槽和外壳底面镀金电极相连，提供了较短的信号通路，电感和电容损耗低，可用于高频状态，这种封装常用于微处理器单元、门阵列和存储器。无引脚陶瓷封装芯片载体如图7.11所示。

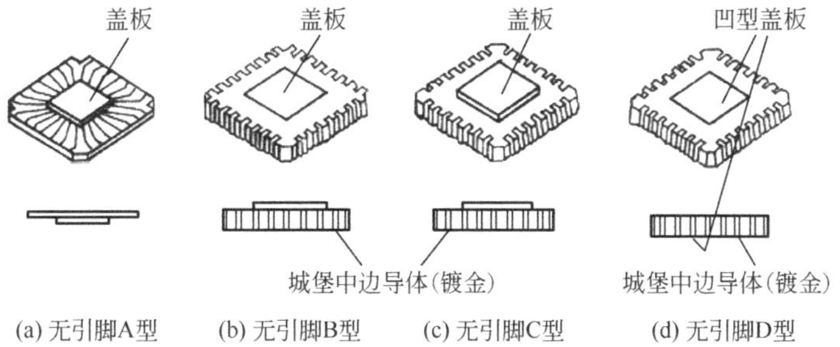

图7.11 无引脚陶瓷封装芯片载体

7.7 BGA（Ball Grid Array）

20世纪80年代中后期至90年代，周边端子型的IC（以QFP为代表）得到了很大的发展和广泛的应用。但由于组装工艺的限制，QFP的尺寸（40mm^2）、引脚数目（360根）和引脚间距（0.3mm）已达到了极限。为了适应I/O数的快速增长，由美国Motorola和日本Citigen Watch公司共同开发的新型封装形式——球栅阵列封装（Ball Grid Array，BGA）于20世纪90年代初投入使用。

BGA的引脚成球形阵列状分布在封装的底面，因此它可以有较多的引脚且引脚间距较大。通常BGA的安装高度低、引脚间距大、引脚共面性好，这些都极大地改善了组装工艺特性；由于它的引脚更短，组装密度更高，因此电气性能优越，特别适合在高频电路中使用。

此外，BGA的散热性良好。

BGA封装在具有上述优点的同时，也存在下列问题：BGA焊后检查和维修比较困难，必须使用X射线透视或X射线分层检测，设备费用大；易吸湿，使用前应经过烘干处理。

BGA通常由芯片、基座、引脚、封壳和引脚组成，根据芯片的位置、引脚的排列、基座的材料和密封的方式的不同，BGA的封装结构也不同。按芯片放置方式分类，分为芯片表面向上和向下两种；按引脚排列分类，分为球栅阵列均匀分布、球栅阵列交错全分布、球栅阵列周边分布、球栅阵列带中心散热和接地点的周边分布等；按密封方式分类，分为模制密封和浇注密封等；从散热角度分类，分为热增强型、膜腔向下型和金属体BGA（MBGA）；以基座材料的不同，BGA可分为PBGA、CBGA、CCGA和TBGA四种，以下将以这四种类型为例介绍 BGA 的结构和特点。

1．塑封球栅阵列（Plastic Ball Grid Array，PBGA）

PBGA 是最普通的 BGA 封装类型，其内部结构如图 7.12 所示。PBGA 的载体是普通的印制板基材，如 FR-4、BT 树脂等。芯片通过金属丝压焊方式连接到载体的上表面，然后用塑料膜压成型，在载体的下表面连接有焊球阵列，焊球合金早期以 SnPb 为多见，现逐步以 SnAgCu 无铅焊料取代。焊球阵列在器件底面上可以呈完全分布或部分分布。

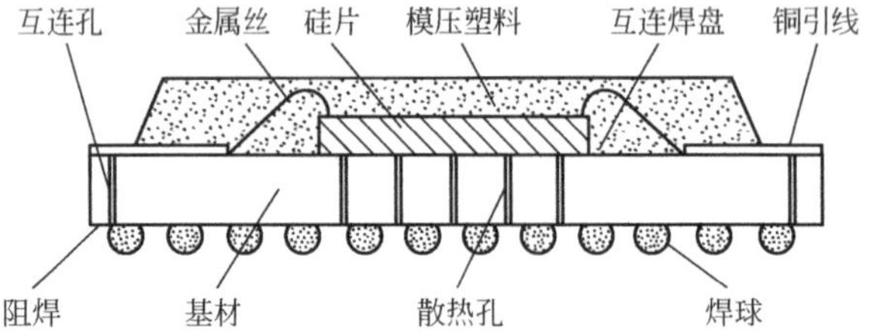

图 7.12　PBGA 内部结构

焊球的尺寸为 0.75～0.89mm，焊球间距有 1.0mm、1.27mm 和 1.5mm 几种。目前 I/O 数在 169～313 的已有批量生产，随着各大公司不断开发，预计近两年内 I/O 数可达 600～1000 个。

PBGA 封装的优点是可以利用现有的组装技术和原材料制造 PBGA，整个封装的费用相对较低；和 QFP 器件相比，不易受到机械损伤，占 PCB 面积小，可适用于大批量的电子组装。不足之处是易吸潮，焊点的热应力大，以及焊接后检验与维修困难。

PBGA 的包装一般采用 JEDEC 标准托盘和小型芯片专用托盘，使用 JEDEC 托盘的特点是在器件成品筛选、包装时适合自动装入器的自动操作与贴片机的供料架相匹配。托盘承料凹腔和四周都有保护和凸点，包装时不会压坏成品的球形端子。PBGA 的包装一定要使用密封方式，包装开封后应在规定的时间内完成贴装与焊接，如果超过了规定的时间，则贴装前应将器件烘干后使用。

2．陶瓷球栅阵列（Ceramic Ball Grid Array，CBGA）

CBGA 是 BGA 封装的第二种类型，是为解决 PBGA 吸湿性而改进的品种。CBGA 的芯片连接在多层陶瓷载体上面，芯片与多层陶瓷载体的连接可以有两种形式：一种是芯片线路朝上，采用金属丝压焊的方式实现连接；另一种是芯片的线路层朝下，采用倒装片结构方式实现芯片与载体的连接。芯片连接完成之后，对芯片采用环氧树脂等进行填充，从而提高可靠性和必要的机械防护。在陶瓷载体的下表面，焊球阵列的分布有完全分布和部分分布两种形式，焊球尺寸通常约 0.89mm，间距常见的有 1.0mm 和 1.27mm。焊球阵列的成分为 90Pb/10Sn，熔化温度约为 300℃，在现有表面 220℃的温度下再流焊接，焊球不会熔化，因此漏印到焊盘上的焊膏要比 PBGA 多一些，以补偿 CBGA 焊接共平面的误差，从而保证焊点连接的可靠性。

CBGA 的优点有：具有优良的电性能和热性能；具有良好的密封性能；和 QFP 相比不易受到机械损伤；适用于 I/O 数大于 250 的电子组装应用。不足之处是当封装尺寸大于

32mm×32mm 时，PCB 和 CBGA 的多层陶瓷载体之间的热膨胀系数（CTE）不同，导致热循环中焊点失效。因此，目前 CBGA 的 I/O 数限制在 625 以下，若尺寸大于 32mm×32mm，则考虑采用其他类型的 BGA。

3. 陶瓷柱栅阵列（Ceramic Column Grid Array，CCGA）

CCGA 是封装尺寸大于 32mm×32mm 的陶瓷封装，和 CBGA 不同的是在陶瓷载体的下表面连接的不是焊球而是 90Pb/10Sn 的焊料柱，焊料柱阵列可以是完全分布或部分分布（见图 7.13）。常见的焊料柱直径约为 0.5mm，高度约为 2.21mm，柱阵列间距典型的为 1.27mm。CCGA 有两种形式：一种是焊料柱与陶瓷底部采用共晶焊料连接，另一种则采用浇注式固定结构。

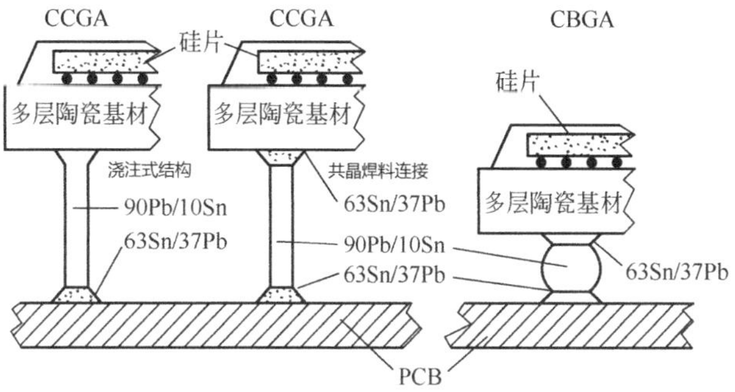

图 7.13 CBGA 和 CCGA 的结构比较

CCGA 的优缺点同 CBGA 类似，它优于 CBGA 之处是它的焊料柱可以承受因 PCB 和陶瓷载体的 CTE 不同产生的应力，试验表明尺寸小于 44mm×44mm 的 CCGA 均可满足工业标准的热循环试验规范。不足之处是组装过程中焊料柱比焊球容易受机械损伤。

4. 载带球栅阵列（Tape Ball Grid Array，TBGA）

TBGA 是 BGA 一种较新的类型。它的载体是铜/聚酰亚胺/铜双金属层带，载体的上表面分布有信号传输用的铜导线，而另一层面则作为底层使用。芯片与载体之间的连接可以采用倒装片技术来实现，当芯片与载体的连接完成后，对芯片进行包封以防止受到机械损伤。载体上的过孔起到连接两个表面、实现信号传输的作用，焊球通过采用类似金属丝压焊的微焊接工艺连接到过孔焊盘上形成焊球阵列。在载体的顶面用胶连接着一个加固层，用于给封装体提供刚性和保证封装体的共面性。在倒装芯片的背面一般用导热胶连接散热片，为封装体提供良好的热特性。TBGA 的焊球成分为 90Pb/10Sn，焊球直径约为 0.65mm，典型的焊球间距有 1.0mm、1.27mm 和 1.5mm 几种。目前常用的 TBGA 封装的 I/O 数小于 448，TBGA736 等产品已上市，国外一些大公司正开发 I/O 数大于 1000 的 TBGA。

TBGA 的优点是比其他大多数 BGA 封装类型更轻更小（尤其是 I/O 数较高的封装）；具有比 QFP 和 PBGA 封装更优越的电性能；可适用于批量电子组装；TBGA 封装加固层同 PCB 的 CTE 基本相互匹配，组装后对焊点的可靠性影响不大。TBGA 内部结构如图 7.14 所示。

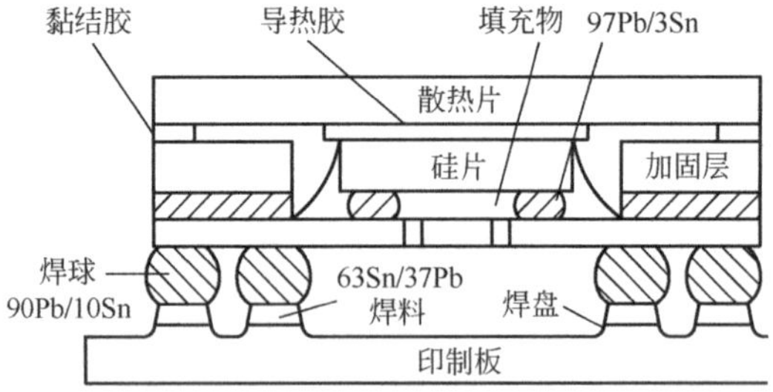

图 7.14　TBGA 内部结构

7.8　CSP（Chip Scale Package）

CSP 是 BGA 进一步微型化的产物，问世于 20 世纪 90 年代中期。它的封装尺寸接近裸芯片（通常封装尺寸与裸芯片之比约为 1.2∶1），CSP 外部端子间距大于 0.5mm，并能适应再流焊组装。

CSP 器件具有下列优点：

（1）CSP 是一种品质能保证的器件，即它在出厂时半导体制造厂家均经过性能测试，确保器件质量是可靠的（又称为 KGD 器件）。

（2）封装尺寸比 BGA 小。例如，Xilink 公司的 XC953b 新封装，尺寸为 7mm×7mm，有 48 个 I/O，0.8mm 中心距；美国国家半导体的双运算放大器采用的 CSP 封装，尺寸为 1.6mm×1.6mm，有 8 个 I/O，0.5mm 中心距。安装高度低，可达 1mm。CSP 虽然是更小型化的封装，但比 BGA 更平，更易于贴装：贴装公差<±0.3mm（当球中心距为 0.8mm 和 1mm 时）。

（3）它比 QFP 提供了更短的连接，因此电性能更好，即阻抗低、干扰小、噪声低、屏蔽效果好，更适合在高频领域使用。

（4）CSP 器件本身薄，故具有好的导热性，易散热。

缺点：同 BGA 一样，CSP 也存在焊接后焊点质量测试问题和热膨胀系数匹配问题，由于本体刚性差，易出现焊点开裂缺陷，使用时应在焊接后补加“底部填充料”以增强器件的刚性。此外，制造过程中基板的超细过孔制造困难，也给大量应用带来一定的难度。

根据外形和内部的连接结构，CSP 基本类型有三种：片基（载体）形式、柔性载带形式和树脂密封形式，各制造厂家根据所用材料和连接方法的不同，由这三种基本类型派生出其他一些类型。

第8章 电　缆

整机电子装联常用的电子材料有线材、绝缘材料等。了解各种电子材料的分类、特点和性能参数，掌握正确选择和合理使用各类电子材料的方法，对于改善整机产品的性能，保证产品的质量至关重要。

电线、电缆：用于传输电能、信息和实现电磁能转换的产品。电线与电缆没有明确的界线，通常将芯数少、产品直径小、结构简单的产品称为电线，没有绝缘的称为裸电线，其他的称为电缆。

8.1 电缆的分类

电线电缆按用途分为三类：

（1）电力电线电缆——电力系统采用的电线电缆，产品主要有架空裸电线、电力电缆、电力设备用电气装备电线电缆等。

（2）通信电线电缆——用于信息传输系统的电线电缆主要有市话电缆、电视电缆、电子线缆、射频电缆、光纤缆、数据电缆或其他复合电缆等。

（3）电磁线——用于实现电磁能转换的线缆，如漆包线、丝包线。

电线电缆按类别分为五类：

（1）裸电线及裸导体制品。主要特征是纯的导体金属，无绝缘及护层，如钢芯铝绞线、铜铝汇流排、电力机车线等。

（2）电力电缆。主要特征是有绝缘、铠装、护层（五芯以下，结构复杂），产品主要用在发、配、输、变、供电线路中的强电电能传输，通过的电流大（几十安至几千安）、电压高（220V 至 500kV 及以上）。

（3）电器装备电缆。主要特征是品种规格繁多，应用范围广泛，使用电压在 1kV 及以下较多，如耐油/耐寒/耐温/耐磨线缆、医用/农用/矿用线缆、薄壁电线等。

（4）通信电缆。从两芯的电话线到几千对的话缆、同轴缆、光缆、数据电缆，甚至组合通信缆等。该类产品结构尺寸通常较小而均匀，制造精度要求高。

（5）电磁线——主要用于各种电机、仪器仪表等。

8.2　电缆的结构

电线电缆产品绝大多数是截面（横断面）形状完全相同（忽略因制造而产生的误差）、呈长条状的产品，这是由线缆在系统或设备中构成线路或线圈使用的特征所决定的。所以研究分析线缆产品的结构组成，只需从其截面来观察分析。

电线电缆产品的结构元件，总体上可分为导线、绝缘层、屏蔽层和保护层这四个主要结构组成部分（见图 8.1）以及填充元件和承拉元件等。根据电缆的使用要求和应用场合，有的电缆结构极为简单。

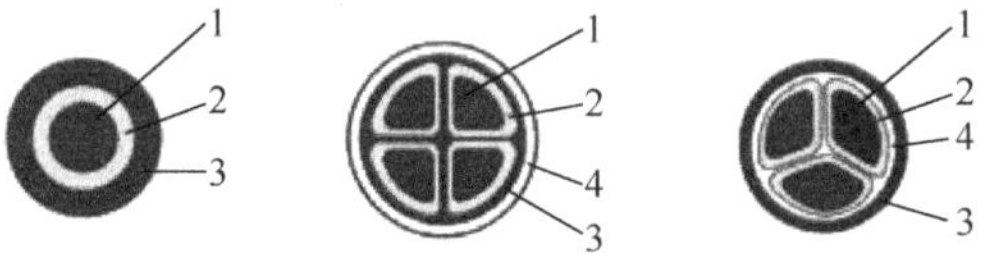

1—导线；2—绝缘层；3—屏蔽层；4—保护层

图 8.1　电缆结构

（1）导线。导线是导电线芯的简称，用铜、铝、铜包钢、铜包铝等导电性能优良的有色金属制成，或以光导纤维作为导线。导线是产品进行电流或电磁波信息传输功能的最基本的必不可少的主要构件。

（2）绝缘层。绝缘层是包覆在导线外围四周起着电气绝缘作用的构件。它能确保传输的电流或电磁波、光波只沿着导线行进而不流向外面，导体上具有的电位（对周围物体形成的电位差，即电压）能被隔绝，即既要保证导线的正常传输功能，又要确保外界物体和人身的安全。导线与绝缘层是构成线缆产品（裸电线类除外）必须具备的两个基本构件。

（3）屏蔽层。屏蔽层是一种将电缆产品中的电磁场与外界的电磁场进行隔离的构件。有的线缆产品在其内部不同线对（或线组）之间也需要相互隔离，可以说屏蔽层是一种“电磁隔离屏”。高压电缆的导体屏蔽和绝缘屏蔽是为了均化电场的分布。

（4）保护层。保护层是一种对绝缘层起保护作用的构件。当电线电缆产品安装运行在各种不同的环境中时，必须具有护层。因绝缘层中的绝缘材料纯度极高、杂质含量极微而无法兼顾其对外界的抗机械破坏力、抗化学腐蚀力等防护能力，所以必须在绝缘层外加一层护层。

（5）填充结构。很多电线电缆产品是多芯的，将这些绝缘线芯或线对成缆（或分组多次成缆）后，一是外形不圆整，二是绝缘线芯间留有很大空隙，因此必须在成缆时加入填充结构，填充结构是为了使成缆外径相对圆整以利于包带、挤护层。

8.3　电缆的材料

从某种意义上讲，电线电缆制造行业是一个材料精加工和组装的行业。一是材料用量巨大，线缆产品中的材料费用要占制造总成本的 80%～90%；二是所用材料的类别、品种非常多，性能要求特别高，如导体用铜，要求铜的纯度要在 99.95%以上，有的产品要采用无氧高纯铜；三是材料的选用会对制造工艺、产品的性能以及使用寿命起到决定性的作用。同时，线缆制造企业的效益也与材料的选用、加工和生产管理中能否科学地节省材料密切相关。

因此，在设计电线电缆产品时必须与材料的选用同时进行，一般采取选用几种材料，通过工艺和与性能筛选试验后确定的方法。

电缆产品用材料按其使用部位与功能，可分为导电材料、绝缘材料、护层材料、屏蔽材料、填充材料等。但其中有些材料是几个结构件通用的。尤其是热塑性材料，如聚氯乙烯、聚乙烯等只要改变部分配方成分就可用在绝缘或护层上。

线缆产品制造中所用材料涉及的门类非常广泛，品种规格（牌号）特别多，主要材料类别的汇总如表 8.1 所示。

表 8.1　线缆材料类别

种　类	常用材料	用于产品中何种构件	备　注
有色金属	铜 T、铝 L、铝合金、铜包钢、铜包铝	导体	①铜、铝主要用于导体；②铜线在护层中用于电缆电缆编织
屏蔽	锡、银、镍	导体镀层	
热塑性材料	PVC、PE、XLPE、聚丙烯、氟塑料 F	绝缘、内护层、外护层、充填材料、空气组合绝缘	①聚氯乙烯、聚乙烯用于绝缘或护层；②空气组合绝缘用于同轴式电缆
带材	云母带	绝缘	在耐火电缆中起绝缘作用

8.4　电缆的加工工艺

电线电缆生产流程的特点：大长度连续叠加的生产方式：从导体开始，每道工序都是逐层叠加，电缆结构越复杂，叠加的层数越多；生产工艺门类多、物料流量大：涉及化工、金属加工；专用设备多。

电线电缆的主要工艺：虽然电线电缆的基本结构都是由导线、绝缘层、保护层三部分组成，但由于使用特性、敷设场合、工作条件等要求不同，电缆的结构组成细节上形式多样，型号规格越复杂，制作工艺越复杂。目前，电线电缆主要工艺分为三步：拉制、绞制、包覆。

（1）拉制：电线电缆常用的铜、铝杆材，在常温下，利用拉丝机通过一道或数道拉伸模具的模孔，使其截面减小、长度增加、强度提高。拉丝是电线电缆制作的首道工序，拉丝的主要工艺参数是配模技术。质量关键点是尺寸不合格、表面不合格。

（2）绞制：为了提高电线电缆的柔软度、整体度，以便于敷设安装，导电线芯采取多根单丝绞合而成。从导电线芯的绞合形式上，可分为规则绞合和非规则绞合。非规则绞合又分为束绞、同心复绞、特殊绞合等。质量关键点是用错单丝规格、缺根数、跳线。

（3）包覆：根据对电线电缆不同的性能要求，采用专用的设备在导体的外面包覆不同的材料。包覆工艺分为挤包、纵包、绕包等。

① 挤包采用橡胶、塑料、铅、铝等材料。

② 纵包采用橡皮、皱纹铝带材料。

③ 绕包采用带状的纸带、云母带、无碱玻璃纤维带、无纺布、塑料带等，线状的棉纱、丝等纤维材料。

这里常见的包覆层有屏蔽层和保护层：屏蔽层阻拦外界电磁波的干扰（射频线）或防止电缆中的高频信号对外界产生的干扰（信号线）以及线对间的相互干扰（计算机电缆）。质量关键点是密度不合格或不均匀、换锭子处接头不合格。

外护层是保护电线电缆的绝缘层防止环境因素侵蚀的结构部分。外护层的主要作用是提高电线电缆的机械强度、防化学腐蚀、防潮、防水浸入、阻止电缆燃烧等能力。质量关键点是偏心、表面不光滑、破损。

电线电缆制造的其他工艺流程如下。

（1）单丝退火：铜、铝单丝在加热到一定的温度下，以再结晶的方式来提高单丝的韧性、降低单丝的强度，以符合电线电缆对导电线芯的要求。退火工序关键是杜绝铜丝的氧化。

（2）绝缘挤出：塑料电线电缆主要采用挤包实心型绝缘层，塑料绝缘挤出的主要技术要求如下。

① 偏心度：挤出的绝缘厚度的偏差值是体现挤出工艺水平的重要标志，大多数的产品结构尺寸及其偏差值在标准中均有明确的规定。

② 光滑度：挤出的绝缘层表面要求光滑，不得出现表面粗糙、烧焦、杂质的不良质量问题。

③ 致密度：挤出绝缘层的横断面要致密结实、不准有肉眼可见的针孔，杜绝有气泡的存在。

（3）成缆：对于多芯的电缆，为了保证成型度、减小电缆的外形，一般都需要将其绞合为圆形。绞合的机理与导体绞制相仿，由于绞制节径较大，大多采用无退扭方式。成缆的技术要求：一是杜绝异型绝缘线芯翻身而导致电缆的扭弯；二是防止绝缘层被划伤。

大部分电缆在成缆的同时伴随另外两个工序的完成：一个是填充，保证成缆后电缆的圆整和稳定；另一个是绑扎，保证缆芯不松散。

8.5　电缆构成

8.5.1　电缆导体及导线材料

根据电缆的结构和材料分析，按其使用部位与功能，可分为导电材料、绝缘材料等，在电缆分类中有无绝缘及保护层的裸电线及裸导体制品。

1. 导体概述

按电阻率（长为 1m，截面积为 $1mm^2$ 的材料电阻值大小）划分，可将材料分为三类：

（1）导体：电阻率在 $10^2\Omega\cdot mm^2/m$ 以下。

（2）半导体：电阻率为 10^2～$10^8\Omega\cdot mm^2/m$。

（3）绝缘体：电阻率在 $10^8\Omega\cdot mm^2/m$ 以上。

目前，常用的金属导体有金、银、铜、铝等，考虑到导体的价格和导电性能，最常用的为铜导体。导电系数以铜为标准（100%），各导体比较如表 8.2 所示。

表 8.2 导体对比

名 称	符 号	比重（g/cm^3）	导电系数（%）	备 注
金	Au	19.3	70.80	不氧化、价格昂贵
银	Ag	10.5	109	导电性最优、价格昂贵
铜	Cu	8.89	100	导电性次优、价格普及
钢（铁）	Fe	7.86	17.80	导电性不良
铝	Al	2.7	61.20	质量轻

由表 8.2 可知，铜的导电率较佳，适用性能广，成本较低，还可在其表面镀锡，利于焊接，并有抗氧化作用。

2. 铜导线

铜导线由单条铜线或多条铜线组成，其主要类别如下。

（1）硬铜线：经伸线冷加工而成，具有较高的抗张强度，适用于架空输电线、配电线及建筑线之导体。

（2）软铜线：硬铜线加热去除冷却加工所产生之残余应力而成，富柔软性及弯曲性，并具有较高之导电率，用以制造通信及电力线缆之导体、电气设备连接线。

（3）半硬铜线：抗张强度介于硬铜线与软铜线之间，用于架空线之绑线及收音机之配线。

（4）镀锡铜线：铜线表面镀锡以增加焊接性及保护铜导体于 PVC 或橡胶绝缘押出时不受侵蚀，并防止橡胶绝缘之老化。

（5）平角铜线：断面为正方形或长方形之铜线，为制造大型变压器或大型马达等感应线圈之材料。

（6）无氧铜线：含氧量 0.001%以下、纯度特高之铜线，铜含量在 99.99%以上，不会受氧脆化，用以制真空管内之导线、半导体零件导线及极细线等。

（7）漆包线：铜线软化后，表面涂以绝缘漆，经加热烤干而成，一般分为天然树脂及合成树脂漆包线。

（8）铜箔丝：以扁平且极薄之铜丝卷绕于纤维丝上的导体。

（9）先绞后镀线：将未镀层之铜线绞合后，再加以镀铝。

（10）铜包钢：一般用于同轴线作信号的传输（如电视机与 VCD 的连接、户外电视天线、闭路电视等）；较硬线具有更高的抗张强度，在高山地带、跨越河流等须长距离时作为架空线用，依其铜厚度，一般分导电率为 21%、30%、40%等。

（11）合金铜：由铜和其他导体金属组成，如铜镍合金等，用于特殊用途线。

3. 铝合金导线

铝合金导线对比铜、铝芯导线的性能优势如下。

（1）导电性能：铝合金电缆导体的导电率是铜芯导体的 61.5%，电线电缆载流量是铜电缆的 79%左右，但各项数据优于纯铝标准。

（2）抗蠕变性能：铝合金电缆合金材料的特殊退火工艺，减少了导体在受热和高压下的“蠕变”倾向，相对于纯铝，铝合金电缆的抗蠕变性能提高了 300%左右。

（3）抗拉强度和延伸率：铝合金电缆相比于纯铝电缆，由于加入了特殊的成分并采用了特殊的生产工艺，不仅极大地提高了铝合金电缆的抗拉强度，而且其延展性能提高了 30%，在使用过程中更显安全、可靠。

（4）热膨胀系数：铝合金电缆的热膨胀系数与铜大体相当。

（5）防腐蚀性能：铝的防腐性能缘自当铝表面与空气接触时形成的薄而坚固的氧化层。而铝合金电缆中则是在材料中添加了一定量的稀土元素，以此来进一步改善铝合金电缆的耐腐蚀性能。碱性土壤和某些类型的酸性土壤会对铝电缆有较强的腐蚀性，所以直埋敷设的铝电缆应使用特殊绝缘层、保护层来防止腐蚀。在含硫的环境中，如铁路隧道及其他类似的地方，铝合金电缆的防腐蚀性能大大优于铜芯电线电缆。

（6）柔韧性：铝合金电缆具有很好的弯曲性能，比铜的柔韧性高 30%左右，反弹性比铜低 40%。一般铜芯电线电缆的弯曲半径为 10～20 倍外径，而铝合金电缆弯曲半径仅为 7 倍外径。

（7）紧压特性：铝合金电缆特殊的紧压技术，可以使得铝合金电缆通过最大程度上的紧压来弥补铝合金电缆在同体积导电率上的不足，使绞合导体线芯的导电率与实心导体导电率相当。不仅明显地降低了铝合金电缆的外径，同时提高了导体的导电性能，在同等载流量情况下铝合金电缆的导体外径只比铜缆大 10%。

8.5.2　电缆绝缘和护层材料

电缆产品用材料按其使用部位与功能，可分为导电材料、绝缘材料、护层材料、屏蔽材料等，其使用性能和寿命，决定于产品结构的先进性、工艺的完善性以及材料选用的合理性。为了制造性能优异而稳定的电线电缆，在导电线芯和半成品缆芯满足规定的技术要求的前提下，主要是对绝缘和护层用绝缘材料提出了较高的要求。绝缘塑料的基本要求是具有优异的电绝缘性能，同时根据产品用途和使用条件分别提出对机械性能、耐高温性、物理—化学性能及工艺性能的要求。对护层材料的基本要求是耐受各种环境因素作用的老化性能，在满足这个条件下分别提出一些特殊要求和辅助要求。

根据绝缘材料使用场合不同分类，常用于导体外绝缘的绝缘材料及特性如表 8.3 所示。

表 8.3　绝缘材料及特性

<table>
<tr><th colspan="2">种　类</th><th>主 要 用 途</th><th>特　性</th></tr>
<tr><td colspan="2">PVC</td><td>一般 60℃</td><td rowspan="2">广泛用于绝缘体，耐臭氧、耐油、耐药性优良，硬度、耐寒性可调整配合，介电常数，散逸因素等（常数）大</td></tr>
<tr><td colspan="2">耐热 PVC</td><td>75℃，80℃，90℃，105℃</td></tr>
<tr><td colspan="2">PE</td><td>75℃，80℃</td><td rowspan="2">PE 分为中高低密度 PE、发泡 PE。一般电气特性良好（如介电常数等）机械性、耐药性、耐溶剂性良好，对直射日光、紫外线性不良，有热变形缺点，发泡目的在改变介质常数进而改善衰减等电气特性</td></tr>
<tr><td colspan="2">发泡 PE</td><td>80℃</td></tr>
<tr><td rowspan="2">氟塑料</td><td>PTFE</td><td>260℃</td><td rowspan="2">耐温度性（−70℃～260℃）有良好的电气特性（比 PE 好），电气特性、不燃性、耐药品性良好，比重高，硬、耐屈曲性不良</td></tr>
<tr><td>PFA</td><td>260℃</td></tr>
</table>

续表

种类		主要用途		特性
氟塑料	FEP	200℃		耐温度性（–70℃～260℃）有良好的电气特性（比 PE 好），电气特性、不燃性、耐药品性良好，比重高，硬、耐屈曲性不良
	ETFE	150℃		
	PVDF	150℃		
PP（或发泡 PP）		80℃		介电常数小，亦有发泡 PP 常用于传输信号线等
热塑性弹性体		Polyester 系 聚酯系列	60℃	耐屈曲疲劳性良好、弹性佳，硬度等级低时（软）体积抵抗低绝缘性不良
		聚烯烃类	—	比重 0.9 以下，电气特性良好，有适度的弹性及耐燃性
天然橡胶（NR）		天然橡胶绝缘线 60℃		电气特性、机械特性、低温柔软性良好，耐热性、耐油性差，可燃
Silicone 橡胶		—		耐温度环境性能，耐候性能以及电气特性良好，机械特性、耐磨性能差

在绝缘材料外层一般被覆护层材料，用以保护绝缘体，其材质及厚度皆有相关规定。绝缘材料的主要用途及性质如表 8.4 所示。

表 8.4 绝缘材料的主要用途及性质

材料	主要用途	性质
一般 PVC	一般 PVC 外被（60℃）	用途最广，有较好的阻燃性能和线缆生产与使用的要求的各种性能，价格低廉
耐热 PVC	耐热 PVC 外被 75℃、80℃、90℃、105℃	
Polyethylene （PE）	PE 外被 （75℃、80℃）	一般常用低密度 PE，耐溶液性良，可燃性和抗紫外线性能不良
Polyamide 尼龙	—	适用于耐汽油用线
TPU	—	耐磨性、机械强度优良，弹性好
天然橡胶（NR） （备注 1）	天然橡胶外被 （60℃）	具有机械特性，低温柔软性，但耐候性，耐热性，耐油性，可燃性不良
Hy palon （CSM） （备注 2）	Hy palon 外被 （80℃）	耐候，耐热，耐药性良好，明色配色（合）软易，一部分被氯丁二烯橡胶取代，耐低温性不好，加工性不易
氯丁二烯橡胶 （CR） （备注 3）	Chloroprene 外被 （60℃）	耐候，耐油，耐磨耗，耐屈曲性良好，但贮藏性不好，明色配合困难
硅胶（Silicongμm）	Silicon 外被 （180℃）	温度环境性、耐候性、电气特性良好，作于耐热线用途，机械特性，耐磨性不良
氟塑料	氟塑料外被 （200℃）	耐热、耐药品、耐油、耐候、电气特性良好，耐寒性、加工性差，价格偏高
PS、ABS	非移行 PVC 线缆 被覆	用途较广，有良好耐药、耐油和非移行性等，加工较易
LSNH 低烟无卤	高阻燃环保电线电缆绝缘与被覆	阻燃，低烟，无毒，发生火灾时电线电缆不易燃烧，能防止火灾蔓延；即使被点燃后，材料释放的主要是水和二氧化碳，能有效地防止烟雾对人体的损害
备注	（1）NR：Natural Rubber（天然橡胶） （2）CSM：Chlorosulphonated Polyethylene（氯磺酮化聚乙烯合成橡胶） （3）CR：Polychloroprene Rubber（聚氯丁二烯橡胶） 其他外被，如 TPR、TPE 等	

8.5.3 电缆绝缘介质材料

电缆常用的绝缘介质材料主要包括聚氯乙烯、聚乙烯及聚四氟乙烯等。

聚氯乙烯，简称 PVC 材料，是氯乙烯单体在特定条件下自由聚合而成的聚合物。聚氯乙烯塑料是以聚氯乙烯树脂为基础，加入各种配合剂混合而成的。其机械性能优越、耐化学腐蚀、不延燃、耐气候性好、电绝缘性能好、容易加工、成本低。它分为硬质和软质，硬质的一般用于制作管材和板材等；软质主要用于制成包装材料、薄膜等，也广泛应用于电线电缆绝缘层的制造，如聚氯乙烯绝缘电力电缆。用于电缆的聚氯乙烯的最大特点是阻燃、防火，是电线电缆绝缘和护套用的好材料。

聚乙烯，简称 PE 材料，是乙烯经聚合制得的一种热塑性树脂，无毒无害，耐低温性能优越，同时能耐大多数酸碱的侵蚀，电绝缘性能优良。同时，因聚乙烯具有无极性的特性，所以具有损耗低、导电强度大的特点，因此一般作为高压电线电缆的绝缘制作材料。

交联聚乙烯，简称 XLPE，是聚乙烯材质经变革后的一种高级形态。在经过改进后，使其在物理性能以及化学性能方面较之于 PE 材质有了大幅度的提升，同时，显著地提升了其耐热等级。因此，交联聚乙烯绝缘材质的电线电缆具有聚乙烯绝缘材质电线电缆无法比拟的优点：重量轻、耐热性能好、耐腐蚀、绝缘电阻相对较大等。但因其价格较高等原因，其使用尚未得到普及。

聚四氟乙烯（PTFE）是电缆绝缘介质的主要材料，具有优异的耐化学性、热稳定性、介电性能、不粘性和耐磨性、几乎不老化和脆化等独特性能。但是，作为工程材料也存在有缺点，如强度低、抗蠕变差（冷流）、不耐磨、很难加工及制品存在空隙等。为达到足够高的机械强度，PTFE 的分子量必须在 10^7g/mol 以上，以减少结晶，形成足够多的链结点。但分子量过高又造成熔融黏度很大（达 10^{11}～10^{12}Pa·s），减弱了树脂颗粒间的熔合性，使制品存在空隙。

改性聚四氟乙烯在电缆绝缘介质领域得到了广泛应用。因其机械性能、电性能、耐化学性、耐蠕变性、加工性等更为优异，在对安全性和可靠性要求更高的工程领域，其优势更明显地体现出来。

8.6 射频同轴电缆

射频同轴电缆是电子设备中比较特殊的一种电缆，是指有两个同心导体，而导体和屏蔽层又共用同一轴心的电缆。

最常见的射频同轴电缆由绝缘材料隔离的铜线导体组成，在里层绝缘材料的外部是另一层环形导体及其绝缘体，然后整个电缆由聚氯乙烯等材料的护套包住。

8.6.1 射频同轴电缆的结构

射频电缆构成如图 8.2 所示。

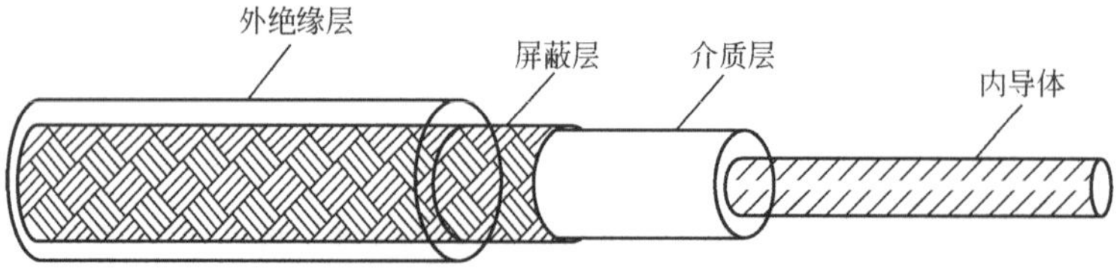

图 8.2　射频电缆构成

最常用、最普通的射频电缆的结构主要由内导体、介质层、屏蔽层、外绝缘层、介质层等部分组成。

1. 内导体

内导体材料主要是铜线或者铝线，一餐采用多股细线绞合而成，以增加电缆的柔软性。有时为了减小高频集肤效应，也采用铜管或者皱皮铜管作为导体材料。

2. 屏蔽层

电缆的屏蔽层也即电缆的外导体，主要起到防电磁干扰的作用。屏蔽层一般用金属丝缠绕或用细金属丝编织而成，主要材料有铜、钢或铝，也有采用双金属和多层复合屏蔽的。

3. 外绝缘层

外绝缘层即护套，它主要起到机械保护和防潮作用，也可以防止电缆漏电和放电等。射频电缆一般采用聚乙烯、聚苯乙烯、聚四氟乙烯或优质橡胶材料进行绝缘，不仅要有良好的电气性能和一定的机械物理性能，还要具有较低的介质常数和介质损耗。

4. 介质层

射频电缆介质层不仅起到绝缘作用，最终的传输性能更是在绝缘之后才能确定。因此介质材料的选择和结构非常重要。一般来讲，介质层需要相对介电常数低，介质损耗角因子小，以保证衰减小；结构一致，以保证阻抗均匀，回波损耗大；机械性能稳定，防水防潮。

8.6.2 射频同轴电缆的分类

射频同轴电缆分为半刚、半柔和柔性电缆三种，不同的应用场合应选择不同类型的电缆。

半刚性电缆：顾名思义，这种电缆不容易被轻易弯曲成型，其外导体是采用铝管或者铜管制成，其射频泄漏非常小，在系统中造成的信号串扰可以忽略不计。这种电缆的无源互调特性也是非常理想的。如果要弯曲到某种形状，需要专用的成型机或者手工的模具来完成，如此麻烦的加工工艺换来的是非常稳定的性能。半刚性电缆采用固态的聚四氟乙烯材料作为填充介质，这种材料具有非常稳定的温度特性，尤其在高温条件下，具有非常良好的相位稳定性。半刚性电缆的成本高于半柔性电缆，大量应用于各种射频和微波系统中。

半柔性电缆：是半刚性电缆的替代品，这种电缆的性能指标接近于半刚性电缆，而且可以手工成型。但是其稳定性比半刚性电缆略差些，由于其可以很容易成型，同样也容易变形，尤其在长期使用的情况下。

柔性（编织）电缆：柔性电缆是一种“测试级”的电缆。相对于半刚性和半柔性的电缆，柔性电缆的成本十分昂贵，这是因为柔性电缆在设计时要顾及的因素更多。柔性电缆要易于多次弯曲而且还能保持性能，这是作为测试电缆的最基本要求。柔软和良好的电指标是一对矛盾，也是导致造价昂贵的主要原因。柔性射频电缆组件的选择要同时考虑各种因素，而这些因素之间有些相互矛盾，如单股内导体的同轴电缆比多股的具有更低的插入损耗和弯曲时的幅度稳定性，但是相位稳定性能就不如后者。所以一条电缆组件的选择，除了频率范围、驻波比、插入损耗等因素外，还应考虑电缆的机械特性、使用环境和应用要求，另外，成本也是一个永远不变的因素。

8.6.3　射频同轴电缆的重要参数

1．同轴阻抗

一根同轴电缆的阻抗取决于外部导体到内部导体的直径的大小和在导体间的绝缘材料的连续性。因为 RF 能量在电缆中通过导体的表面传递，最重要的直径是中心导体的外径和外部导体的内径。阻抗的选择要匹配系统的要求。最普遍的同轴电缆的阻抗是 50Ω 和 75Ω。目前，常用的同轴电缆有两类：50Ω 和 75Ω 的同轴电缆。75Ω 同轴电缆常用于 CATV 网，传输带宽可达 1GHz。而电子装联中最常用的是 50Ω 同轴电缆，选择 50Ω 基于 2 个原因：最小损耗和最大功率容量。对于空气介质同轴电缆，为使损耗最小，要求外导体内径与内导体外径的最佳比值为 3.6，对应于阻抗为 77Ω。最大功率容量时，外导体内径与内导体外径比应为 1.65，对应于阻抗为 30Ω。77Ω 和 30Ω 的几何平均值近似为 50Ω，这样 50Ω 标准即是同轴电缆最小损耗和最大功率容量之间的折中值。

2．插损

信号在同轴电缆里传输时的衰耗与同轴电缆的尺寸、介电常数、工作频率有关，即频率越高，衰减常数越大；频率越低，衰减常数越小。整个电缆的损耗是同轴电缆在信号传输时的内外导体损耗、介质损耗之和。

3．相位稳定性

同轴电缆的相位稳定性是指电缆在弯曲时的相位变化情况。相位稳定性一般和传输信号频率、电缆介质形式有关，而且电缆弯曲半径越小，弯曲次数越多，相位变化越大。

4．驻波

同轴电缆的驻波是表征回波损耗的一个物理量，一般电缆装配后都要进行驻波指标的测试，才能交验。

第9章 绝缘保护材料

9.1 整机中常用的绝缘材料

绝缘材料是电流很难通过的材料，其电阻系数一般大于 $10^9\Omega\cdot cm$。绝缘材料能把电子设备中电位不同的带电部分隔离开来。绝缘材料应具有良好的介电性能，即具有较高的绝缘电阻和耐压强度。绝缘材料的耐热性能要好，在长期受热的情况下性能不发生变化。此外，绝缘材料还应具有良好的导热性、耐潮防霉性和较高的机械强度及加工方便等特点。

常用绝缘材料按其化学性质的不同，可分为无机绝缘材料、有机绝缘材料和混合绝缘材料三种。无机绝缘材料有云母、石棉、大理石、陶瓷、硫黄等。有机绝缘材料有橡胶、棉纱、树脂、虫胶、纸、麻、蚕丝、人造丝等。混合绝缘材料是由以上两种材料加工而制成的各种绝缘材料，如玻璃布层压板。

绝缘材料按物质形态的不同可分为气体绝缘材料、液体绝缘材料和固体绝缘材料。气体绝缘材料有空气、氮气、氢气等。液体绝缘材料有电容器油、变压器油、开关油等。固体绝缘材料有电容器纸、聚苯乙烯、云母、陶瓷、玻璃等。绝缘材料按用途的不同可分为介质材料、装置材料、浸渍材料和涂敷材料。整机中常用的常用的绝缘材料如下。

（1）塑料：以树脂为基本材料，再加入其他填料、增塑剂、染料和稳定剂等而制成。其原料丰富，价格便宜。塑料制品对温度变化和潮湿比较敏感，因此，对尺寸要求较高的零件不宜用塑料。下面介绍几种常用的塑料。

① 聚氯乙烯：是热塑性塑料，加入不同的增塑剂和稳定剂可制成各种硬质或软质制品。

② 聚酰胺（尼龙）：是热塑性塑料，抗拉强度高且有良好的耐冲击韧性。适宜于制造接插件、基座、衬套、电缆护套等。

③ 聚四氟乙烯：是热塑性塑料，有耐酸、耐碱等良好的化学性能。产品有板料、棒料、管料、薄膜等。

④ 甲基丙烯酸甲酯（有机玻璃）：是热塑性塑料，有较好的韧性、耐磨性和耐冲击性。适宜制作透明罩壳、绝缘零件等。

⑤ 酚醛塑料：是热固性塑料，性质较脆，有良好的耐酸、耐霉、耐油、耐热性。适

用于制造耐腐蚀零件和各类规格的层压板。

（2）橡胶：是一种具有弹性的绝缘材料，可分为天然橡胶和合成橡胶两大类。橡胶在较大的温度范围内具有优良的弹性、电绝缘性、耐热、耐寒和耐腐蚀性，是一种用途广泛的绝缘材料。

（3）云母：是一种层状结晶型硅酸盐聚合物，它具有良好的导热性能和良好的绝缘性能，化学性能稳定。主要用于绝缘要求高且能导热的场合，如用作大功率晶体管与散热片之间的垫片。

（4）陶瓷：是无机盐类，具有耐热、耐潮性好、机械强度高、电绝缘性能优良、温度膨胀系数小等优点，但性质较脆。常用于制作插座、线圈骨架、瓷介电容等。

9.2 热缩材料

热缩材料顾名思义就是加热到一定温度能收缩变小的材料，其学名叫做“辐射交联热收缩材料”或者叫做“高分子形状尺寸记忆功能材料”。使用中选择合适形状尺寸的热缩材料制品套入或包覆在物体外面，用热源加热到一定温度该材料就会迅速收缩变小，其径向收缩率可达 20%～60%，最后紧紧地包覆在物体外面，而且能显现出被包覆物体的原来形状，就像给物体穿上了一件紧身服一样。热缩材料能起到绝缘、密封、防腐、防潮和接续等作用，已经在电工、电力、通信、石油、建筑、家电、军工等行业有着广泛的应用。

军工行业电子装联中，热缩材料被广泛应用，大部分作为管材使用。例如，整机、模块单元中各种焊接端子的绝缘/机械保护、高低频电缆的端头加固、导线的标志等，可以说在整个电子行业设备中，随处可见热缩套管的使用。

9.2.1 热缩套管的主要应用场景

在电子装联整个体系中，热缩套管的使用场合主要分为以下几个方面：

（1）各种焊接端子的绝缘保护；

（2）接触件和线缆之间的密封、绝缘和应力消除；

（3）线缆中电子元器件的密封、应力消除；

（4）电缆和接插件之间的密封、应力消除；

（5）电缆线束的机械耐磨、耐油、密封、防盐雾保护；

（6）电缆标记的机械、防水、密封保护。

9.2.2 热缩套管的主要分类

整机电子装联用热缩材料产品相比普通热缩材料产品具有几大突出特点：薄壁、比重小、重量轻、性能高且满足适航要求。目前，获得广泛应用的热缩材料产品主要是以下几类。

1. 薄壁单层热缩管

薄壁单层热缩管是一种高质量的通用型薄壁单层热缩管，由聚烯烃制成，具有很好的物理、化学和电学特性，柔软性好，通常用于中低温区的绝缘、应力解除、线束捆绑和颜色标记等。此系列热缩管分为两类，1 型是阻燃的，2 型是无阻燃的。1 型热缩管符合 SAE-AMS-DTL-23053/5 CLASS 1 标准，2 型热缩管符合 SAE-AMS-DTL-23053/5 CLASS 2 标准，收缩比为 2∶1，最低收缩温度 121℃，连续工作温度–55℃～135℃。

2. 薄壁单层透明热缩管

薄壁单层透明热缩管是一种高阻燃、薄壁、透明度极好的热缩管，柔软性好，主要用于导线电缆标记的防磨保护或需要辨识被覆盖物的场合。此系列热缩管由经改良后的含氟聚合物制成，具有坚固、化学性能稳定等特性，符合 SAE-AMS-DTL-23053/18 标准，收缩比为 2∶1，最低收缩温度 150℃，连续工作温度–55℃～150℃。此系列热缩管主要用于中低温区的需阻燃的电缆标记保护。

3. 薄壁双层带胶热缩管

薄壁双层带胶热缩管内壁为热溶胶的热缩管，它可将电缆和器件的防潮密封、绝缘及机械保护一次性完成，其中的热溶胶与塑料、橡胶、金属有很好的连接性能，可用于插头根部的密封保护。该系列热缩管符合 SAE-AMS-DTL-23053/4 CLASS 3 标准，收缩比为 3∶1 和 4∶1，最低收缩温度 121℃，连续工作温度–55℃～110℃。

4. 耐油热缩管

耐油热缩管是一种阻燃、中等壁厚的热缩管，耐燃油、液压油和润滑油等油液腐蚀性能较好，主要用于导线电缆的护套和线束的保护。该系列热缩管由辐照交链橡胶材料制成，具有坚固、化学性能稳定等特性，符合 SAE-AMS-DTL-23053/16 标准，收缩比为 2∶1，最低收缩温度 175℃，连续工作温度–75℃～150℃。

5. 耐高温热缩管

耐高温热缩管由辐照交链氟橡胶材料制成，具有高耐摩擦和抗冲击特性，符合 SAE-AMS-DTL-23053/13 标准，收缩比为 2∶1，最低收缩温度 100℃，完全收缩温度 175℃，连续工作温度–40℃～200℃。

6. 标识套管

为了准确识别与区分各种机载线缆和元器件，便于生产、调试、维修和检测，经常要对装配的电线电缆及元器件作标识。电子产品用标识套管应运而生，可以直接提供给标准的打印机进行打印，打印后即实现标识持久。目前在电子领域获得应用的有两类标识套管：一类是通用标识套管，另一类是高温热收缩标识套管。通用标识套管由柔性至半刚性的辐照交联聚烯烃为基料制成，可以在–55℃～135℃条件下长期工作使用；高温热收缩标识套管由耐高温的阻燃聚偏氟聚合物为基料制成，可以在–55℃～200℃条件下长期工作使用。两类标识套管都具有操作简单，标识持久，适应性强，可靠性高的特点。

7. 模缩套

在整机装联中，电缆终端、分叉连接处需要大量进行消除应力、密封和机械保护等处理，早期采用缠绕带进行缠绕处理，但存在操作烦琐，效率低，可靠性低等缺点。模缩套可较好地解决上述问题，模缩套通过加热可以完全紧密地收缩到电缆终端连接处、电缆开口和电缆分叉连接处。模缩套通过模具设计产品，形状可以根据线束实际状况进行设计，可精确满足使用需求。该产品适用于耐高、低温性能、耐油及耐化学溶剂的场合，在恶劣的环境下为电缆提供良好的防潮密封和机械保护，收缩后形状规则、美观。

8. 热收缩压接端子

传统的压接连接存在表面防护差的问题，为产品埋下了隐患。随着热收缩材料的兴起和发展，国外出现了将透明热收缩套管和铜压接端子/接头配合使用的热收缩压接端子，解决了压接连接环境防护问题，应用于电子产品中需要减重、小尺寸、密封的分线连接，取得了非常好的效果，应用范围也越来越广。热收缩压接端子制品是由镀锡/镍的铜压接端子/接头和透明热收缩套管组成，其中，压接端子/接头提供电线电缆可靠连接，透明热缩套管提供电线电缆的环境保护和应力释放作用。

9. 热收缩屏蔽焊锡环

热收缩屏蔽焊锡环主要由热收缩绝缘套管和预成型焊锡制成，是目前国内电子领域需求量增长很快的一类热缩复合制品。其中，热缩套管提供线缆的密封、防水、绝缘、应力释放等作用，可选择的预装引出地线提供了方便的接地操作安装，焊锡提供线缆可靠连接。将焊接技术和热缩技术结合，形成的热收缩屏蔽焊锡环，弥补了相互的缺陷，综合了两种技术的优势，通过一次加热就可实现电气的可靠连接、屏蔽防护，特别适用于整机电子装联过程中的屏蔽接地终端处理。

第10章 焊料

整机电子装联很重要的一部分是通过焊接来实现的。焊接是现代制造业中最重要的工艺技术之一，它在各种行业中的应用越来越广泛，从机器制造到核工业、航空、航天、造船、石油、化工、能源、交通，直到电子工业、家电等产品制造都离不开焊接。

焊接主要分为熔焊和钎焊，整机电子装联中主要涉及钎焊，电子工业对钎焊的定义为：采用比母材熔化温度低的钎料，操作温度低于母材固相线而高于钎料液相线的一种焊接技术。在钎焊过程中，钎料被加热熔化成液态，通过毛细作用填充钎焊接头的间隙，并在固态母材基板上铺展、润湿、相互溶解与扩散形成界面化合物、结晶凝固形成冶金结合牢固的钎焊接头，从而实现电子元器件与母材（如印制板焊盘）两者的电气连接。在此过程中，用于焊接的各种填充金属及其附加的保护物质包括焊条、焊丝、焊剂、钎料及钎剂、喷涂及喷焊合金粉末统称为焊接材料。焊接材料是工业的“缝纫线”，其使用量大、应用面广，凡是有焊接的地方都离不开它，因此，焊接材料又可谓是焊接中的基础材料。

焊料是焊接材料的主体，是由两种或两种以上金属元素组成的具有一般金属特征的合金材料。焊料是一种易熔的金属及其合金，它的熔点比被焊金属的熔点低，熔化时能在被焊金属表面形成合金而将被焊金属连为一体。在电子装联技术中，焊料起着连接和支撑电子元件和电路板的作用。在半导体分立器件封装行业中，焊料的作用是通过焊接将引线、框架与晶粒进行连接，形成牢固的电路导通和热传导，使元器件具备稳定、可靠的使用性能。

焊料按组成的成分不同可分为锡铅焊料、银焊料、铜焊料等。按熔点的不同可分为熔点在 450℃以下的软焊料和熔点在 450℃以上的硬焊料两种。在电子产品装接中，常用的是软焊料。此外，亦可用其组成的主体金属来命名，如软焊料可以分为铟基、铋基、锡基、铅基、镉基和锌基焊料等；硬焊料可分为铝基、银基、铜基、镍基和钯基焊料等。

不同的电子器件对焊料性能的要求是不一样的。但是，要获得优质的钎焊焊缝，焊料均应满足下列基本要求：

（1）适当的熔点；

（2）良好的浸润性和一定流动性能；

（3）能与母材发生作用，并能形成一定强度的金属间化合物；

（4）具有稳定的均匀的组成；

（5）能满足使用要求。

传统的焊料合金以锡（Sn）、铅（Pb）为主要成分，即锡铅合金。相应的焊接技术称为锡铅焊接技术。随着环境保护的要求促使电子装联技术向无铅化的方向发展，即焊料合金已不再含有铅的成分，这类材料称为无铅焊料合金，相应的焊接技术也称为无铅焊接技术。

目前软钎料在二级封装（板级组装）的应用材料中占主导地位。在二级封装中几乎所有的插装元器件与贴片元器件都是利用软钎料进行钎焊而连接到印制电路板上形成导电通路的。但随着倒装芯片（FC）技术和球栅阵列（BGA）封装技术的推广与应用，软钎料在一级封装（芯片封装）中的使用也在急剧增加。

10.1 锡铅焊料

锡铅焊料(焊锡)一直都是电子装联的主要焊接材料,特别是具有共晶成分的Sn63Pb37焊料合金因其具有较低的熔点（183℃）、良好的焊接性能（润湿铺展性好、低表面张力等）和使用性能而成为电子装联的主要焊接材料，并广泛应用于军事、航天电子产品的装联中。

锡铅焊料之所以有如此优良的特性，其中Pb在钎料中发挥着重要的作用：

（1）Pb在Sn-Pb钎料中提供延展性；

（2）Pb能够降低钎料的表面张力和界面能，使共晶Sn-Pb钎料在Cu基板上有良好的润湿性，熔融的共晶Sn-Pb钎料在Cu基板上的润湿角仅仅为11°，而纯Sn在Cu基板的润湿角为35°；

（3）能有效地阻止锡瘟的发生，即当温度在13℃以下时，能阻止发生白锡（β-Sn）到灰锡（α-Sn）的相变，此相变会引起26%的体积膨胀；

（4）含铅量高的钎料，比如95Pb-5Sn具有大约10℃的非常窄的熔化温度区间，因此可以适用于高温钎焊，回流温度大约为350℃；

（5）共晶Sn-Pb钎料具有低的共晶点，如图10.1所示，熔化温度为183℃，因此再流焊温度低，大约在215℃；

（6）Pb能够促进钎料与被焊件之间快速形成键合。

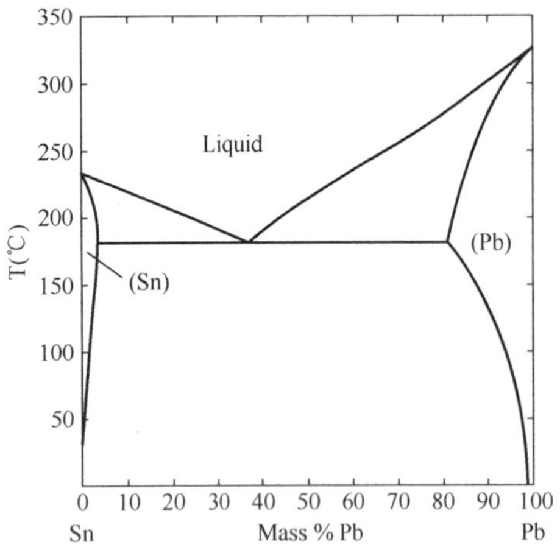

图10.1　Sn-Pb二元共晶相图

常用的焊锡可按形态分为以下几种。

1. 管状焊锡丝

管状焊锡丝简称焊锡丝，通常由助焊剂与焊锡制作在一起成管状，在焊锡管中夹带固体助焊剂，如图10.2所示。

助焊剂一般选用特级松香为基质材料，并添加一定的活化剂，称为松香焊锡丝。管状焊锡丝一般适用于手工焊接。管状焊锡丝的直径有 0.38mm、0.5mm、0.8mm、1.0mm 等多种规格。

药芯焊锡丝是 20 世纪 80 年代在国外开始流行起来的一种新技术，并在 90 年代中期开始引进国内后得到了迅速发展。药芯焊锡丝是助焊剂在焊锡丝拉拔过程中挤入焊料合金中，经过拉拔而制成的中心为固态（或半固态）助焊剂的焊锡丝。由于手工烙铁头焊接时，药芯丝芯的松香基助焊剂遇到高温时，不可避免地产生飞溅，而且在使用过程中，单芯焊锡丝容易出现断芯的现象，因此近些年来，国内外许多企业开始使用多芯的“松香嘴”模具挤压焊料，可以制备出三芯，甚至五芯的药芯焊锡丝，如图 10.3 所示。

图 10.2　焊锡丝商品实物图

图 10.3　焊锡丝类型

根据焊料合金和助焊剂的不同，可以将药芯焊锡丝分为以下几类。

（1）树脂基药芯焊锡丝。

树脂药芯焊锡丝助焊剂的主要成分为松香，以松香基助焊剂为芯的药芯焊锡丝在传统电子工业中应用非常广泛。松香基助焊剂按有无添加活性剂和化学活性的强弱来分，可以分为非活性松香（R 型）、弱活性松香（RMA 型）、活性松香（RA 型）和超活性松香（RSA 型）四种；随着技术不断地发展，人们对助焊剂的要求也越来越高。目前随着电子封装技术全面无铅化的进程，无卤和零无卤的助焊剂也已经得到比较广泛的使用。

（2）水溶性焊锡丝。

水溶性焊锡丝是以水溶性助焊剂作为药芯所制备的药芯焊锡丝，其最大特点是具有较高的活性，焊后残留物可以水洗，这样既满足焊接需求，又能够节约清洗成本。目前国内外已有多家公司研制出水溶性药芯焊锡丝助焊剂，水溶性助焊剂都具有良好的热稳定性，焊后残留物可以用水清洗等特点。

（3）免清洗焊锡丝。

此类助焊剂作为药芯的焊锡丝为免清洗焊锡丝，它焊后残留物极少，且无腐蚀性，绝缘电阻高，一般情况下无须清洗。该助焊剂性能优良，无刺激性烟味，焊后残留物少，无毒，无腐蚀，各项指标均符合国家标准要求。随着人们环保意识的增强，免清洗和水溶性助焊剂越来越成为目前研究的热点。

2．焊片

预成型焊片是当前焊料的一种常见使用形式，它具有精确定位、定量使用焊料的特点，通常用于对焊料的形状和质量有要求的场合，如微波组件的大面积钎焊，如图 10.4 所示。目前，钎焊片的加工手段主要有两种：一种是根据焊接面形状和尺寸，利用手术刀手工划割出钎焊片。这种切割方式劳动量大、效率低且划割出的钎焊片尺寸精度低且变形严重，难以应用于复杂精密微波组件的焊接批量生产。另一种是切割方式为利用线切割机进行放电切割，这种方式较手工划割在效率上大幅提高，但工序多且复杂，而且线切割后易在钎焊片上留下油污，还需对钎焊片进行清洗，降低了生产效率。最新的工艺方法为使用紫外激光进行钎焊片切割，不仅效率高、无污染，而且能够制备出形状复杂和高精度的钎焊片。

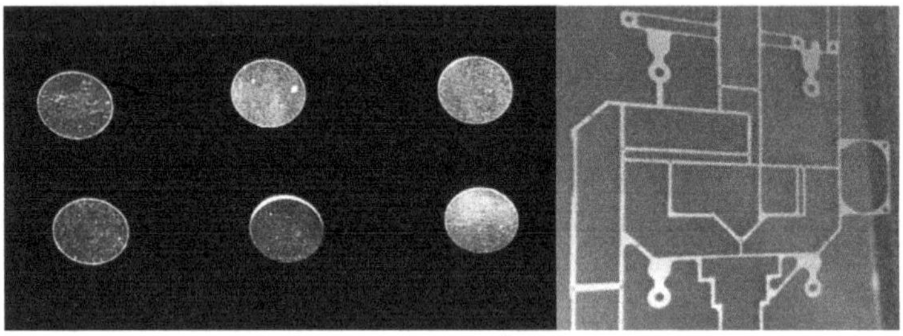

图 10.4　预成型焊片实物图

3．锡块和锡条

锡块和锡条广泛应用于波峰焊。波峰焊是将钎料加热到液相线以上一定温度熔化成熔融状态，然后借助于泵的作用，在钎料槽中形成一缓一急的两个钎料波峰，将插装了电子元器件的 PCB 置于与水平线成 3°～7° 的传送链上，以一定的浸入深度穿过熔融钎料波峰而实现润湿并形成焊点的焊接过程。由于焊接前钎料必须在焊锡槽中加热熔化，因此，用于波峰焊的钎料主要是以块状或者条状形式，如图 10.5 所示。

4．锡球和锡块

锡球和锡块主要应用于浸焊。浸焊是使用锡炉焊等简易设备对钎料进行加热形成一定温度的熔融状态的液体钎料，然后将喷涂过钎剂的线材或插装了电子元器件的 PCB 等浸入熔融的液态钎料中形成焊点的焊接方法。此工艺相对简单，主要用于线材、电子元器件引脚上锡以及一部分印制电路板的组装中。由于焊接前钎料必须在焊锡槽中加热熔化；因此，用于浸焊的钎料一般加工成块状或条状铸锭，与波峰焊所采用的钎料形式相似。锡球和锡块实物图如图 10.6 所示。

图 10.5　锡条实物图

图 10.6　锡球和锡块实物图

5. 焊膏

焊膏是表面安装技术中一种重要的贴装材料，它由焊粉、有机物和溶剂组成，制成糊状物，能方便地用丝网、模板或点膏机印涂在印制线路板上，如图10.7所示。由于当前的焊粉主要成分是锡铅合金，故焊膏也称为锡铅焊膏或焊锡膏。焊膏适合于用再流焊对表贴元器件进行焊接。

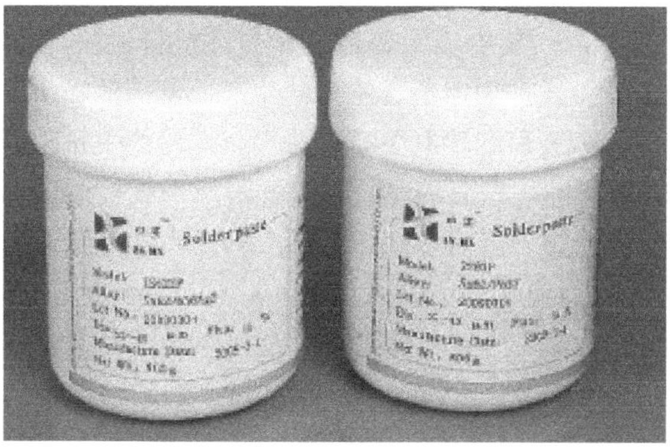

图10.7 市售焊膏商品图

焊锡膏品种和数量繁多，目前还没有统一的分类方法。

从焊料成分上可以分为锡铅焊锡膏和无铅焊锡膏；

按焊料合金的熔点可以分为高温焊锡膏、中温焊锡膏和低温焊锡膏；

按助焊剂活性程度可以将焊锡膏分为活性焊锡膏（RA）、中等活性焊锡膏（RMA）和免清洗焊锡膏（NC）；

从焊锡膏黏度上，又可以把焊锡膏分为900～1200Pa·s、400～600Pa·s 、350～450Pa·s三种黏度等级，分别适合于漏板印刷、丝网印刷和分配器3种不同的应用场合。

但不管是哪种分类方法，最常用的焊锡膏为松香基焊锡膏、水溶性焊锡膏、免清洗焊锡膏3种。

松香型焊锡膏是使用较早、应用广泛的一类焊锡膏，其特点是助焊剂中以松香为主要成分，辅以溶剂、活性剂、触变剂及其他助剂。纯松香颜色很浅，近于无色，具有优良的助焊性，并且焊接后松香的成膜性好，对焊点有保护作用，有时即使不清洗，也不会出现腐蚀现象。同时松香也能增加焊锡膏的黏性，使贴片后的待焊产品在传送过程中不产生移位。其次松香与其他成分混合调节助焊剂的黏度，使焊锡膏中的金属微粉不易分层和沉淀。

水溶性焊锡膏是在助焊剂中以其他物质取代了松香，焊锡膏焊接后的残留物能够溶解在水中，因而可以直接用纯水进行冲洗，减少了有机溶剂的使用，符合环保的大趋势。虽然水溶性焊锡膏已经面世多年，但是由于焊剂中未使用松香，焊锡膏的黏结性能受到一定限制，易出现黏结力不足的问题，故目前尚未能全面推广。随着研究的深入，解决黏性方面的问题后将获得广泛的应用。

免清洗焊锡膏是指焊后残留物不影响电路可靠性的焊锡膏，具体来讲就是焊接后仅留有微量、无腐蚀、无黏性的残留物，无须清洗。免清洗焊锡膏的特点一是活性剂不再使用卤素，二是减少部分松香的用量，增加其他有机物用量，减少了焊后残留物的腐蚀性和残留量。实践表明，松香用量的减少是相当有限的，这是因为一旦松香用量低到一定程度，必然导致助焊剂活性降低，而且防止焊接区二次氧化的作用也会降低。从外观角度考虑，免清洗焊锡膏的焊后残留物应该是无色或浅色的，残留量要少。但是，在用于高等级的电子产品焊接中即使采用了免清洗焊锡膏，通常还是应该清洗，以真正保证产品的可靠性。今后对于免清洗焊锡膏的开发还需要做很多工作。

合金焊粉是焊膏的主体，其中锡铅焊粉合金有 Sn63Pb37、Sn60Pb40、Sn10Pb90 和 Sn62Pb36Ag2 等。合金焊粉通常采用喷雾法工艺生产，常用的喷雾法有水喷雾法、油喷雾法、气体喷雾法、真空喷雾法和旋转电极喷雾法等。焊粉的关键性能参数有颗粒形状、尺寸分布和含氧量，比较理想的焊粉应该是基本为光滑球形或接近球形，如图 10.8 所示，颗粒尺寸适当且均匀，尺寸分布一般为 20～75 μm，氧化物含量低于 0.3%。

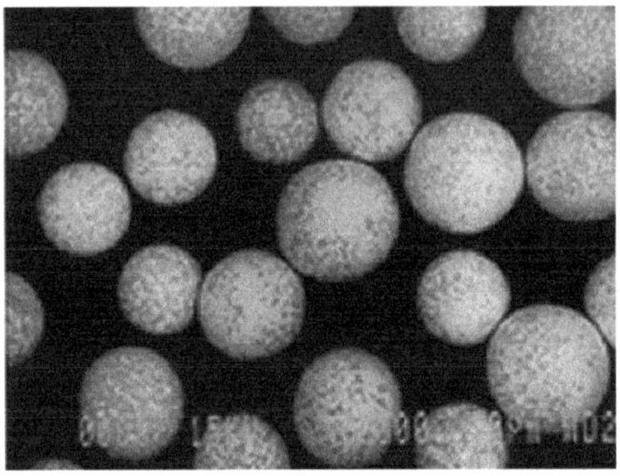

图 10.8　高品质的球状焊膏粉粒 Sn62Pb36Ag2 的 SEM 图片（500X）

电子工业中使用的焊粉可按尺寸大小来分类，如表 10.1 所示。由于表面组装工业趋向于微型化，焊粒尺寸也随之减小。目前，Type 3 焊粉使用最为广泛。

表 10.1　J-STD-006 的粒度分布要求

种　类	不大于	小于 1%大于粒径	最小 80%位于粒径	最大 10%小于粒径
Type 1	160μm	150μm	150～75μm	20μm
Type 2	80μm	75μm	75～45μm	20μm
Type 3	50μm	45μm	45～25μm	20μm
Type 4	40μm	38μm	38～20μm	20μm
Type 5	30μm	25μm	25～15μm	15μm
Type 6	20μm	15μm	15～5μm	5μm

另外，焊粉还可以按筛网数目来分类，这是因为通常使用筛选处理进行颗粒分级。例如，Type 2 粉粒经常被标记为–200 网孔/+325 网孔，即颗粒的尺寸不小于 200 网孔，不大于 325 网孔；Type 3 粉粒表示为–325 网孔/+500 网孔；Type 4 粉粒表示为–400 网孔/+500 网孔。

焊粉在焊膏中的体积百分含量称为焊膏金属体积含量百分率，焊粉在焊膏中的重量百分含量称为焊膏金属重量百分率。焊膏金属体积含量百分率和金属百分率对焊膏的黏度、触变指数以及焊膏应用中可能产生的各种缺陷都有关系。图 10.9 展示了 Sn63Pb37 焊膏的金属体积含量百分率和金属重量百分率之间的关系。在金属重量含量超过 90%时，焊料体积量百分数随着金属重量含量的增加而迅速增加。

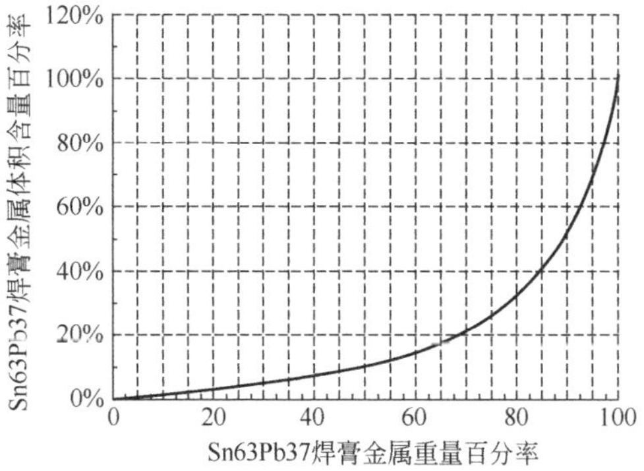

图 10.9　Sn63Pb37 焊膏的金属体积含量百分率和金属重量百分率之间的关系

焊膏是一种触变性流体，即在低剪切率（慢或者不流动）的环境下焊膏是黏稠的，随着流动性的增加和剪切率的增加，其黏度会逐渐变稀。同样，在固定的剪切率下，黏度也会随着时间的增加而下降。一旦剪切力停止，黏度就会立即回升，如图 10.10 所示。焊膏的这个特性在流变学中称为“触变性”。这一特性制约着它的所有工艺性能，从而直接影响到 SMT 工艺的稳定性和可靠性。对于焊膏触变性的研究一直是 SMT 领域的一个难题，目前的研究主要侧重于测试、评价某一产品的触变特性，而深入的理论分析还尚待进行。理论上，焊膏黏度在剪切后最终可以返回到初始的状态，恢复过程也许需要几个小时。但在实际应用中，随着剪切率的增加黏度下降和剪切率减小黏度上升所得到的两条焊膏黏度变化曲线并不重合，有滞后现象，如图 10.11 所示。

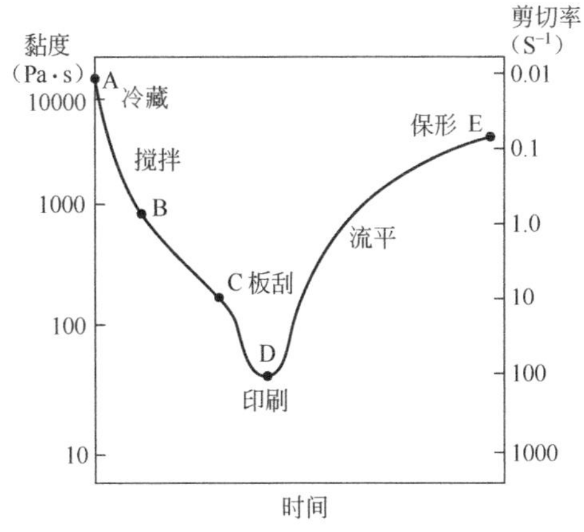

图 10.10　焊膏的触变性表现

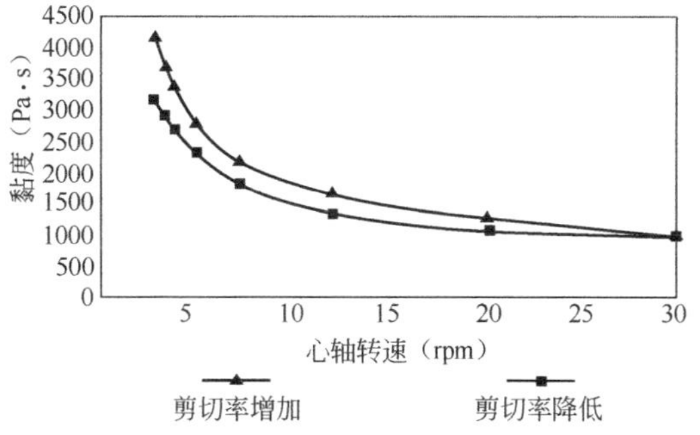

图 10.11　焊膏黏度与剪切率之间的关系

M. Nasta 提出两个参数可以更好地描述焊膏的印刷性能，分别为：

触变性指数（TI）=log(A/C)

黏度不恢复率（NRR）=[(B–D)/B]×100

其中，A，B，C，D 为图 10.10 中对应位置的焊膏黏度。

焊膏黏度的测量对其印刷性能可以提供部分有用的信息。通常来说，剪切率越高，焊膏的黏度越低，在高速印刷时可以得到更好的印刷性能。然而焊膏在高速印刷时所获得的低黏度也可能带来焊膏印刷后出现桥连或塌陷以及焊膏成形清晰度的问题。

高触变性指数（TI）意味着焊膏在高剪切率下更容易变稀，也可以理解为在印刷模板上有更好的滚动性。低 NRR（Non Recovery Rate）意味着焊膏在剪切力消除后，黏度恢复的时间更短。可以理解为焊膏在 PCB 上有更好的抗冷坍塌能力。

10.2　无铅焊料

10.2.1　无铅化背景

由于铅金属在电子产品中高度弥散分布，从元器件封装时的芯片键合、倒装芯片钎料凸台到元器件引线表面镀层，再到印制电路板表面的防氧化镀层，最后到联接焊料，铅几乎无处不在，给其回收带来了极大困难。因而，电子产品废弃后，拆分到电路板级别时，通常的做法是直接当工业垃圾抛弃掉，最后被埋入地下，致使大量铅元素进入水循环系统，最终严重危害到人体健康。

随着对铅污染严重危害性的深刻认识，许多国家，如美国、日本、英国以及我国都先后立法对电子产品中含铅的成分进行严格限制，推崇无铅制品。主要的限制法案如 2003 年欧盟颁布的《废弃电力电子设备指令》（Directive on Waste Electrical and Electronic Equipment，WEEE）和《电子电力设备中禁止使用某些有毒有害物质指令》（Directive on the Restriction of the Use of Certain Hazardous Substances in Electrical and Electronic Equipment，RoHS）两项法案和日本已经通过的《家用电子产品回收法案》等。我国则颁布了《电子信息产品污染防治管理办法》，与世界同步，规定自 2006 年 7 月 1 日起列入电子信息产品污染重点防治目录的电子信息产品中不得含有铅、汞、铬、六价铬、聚合溴化联苯（PBB）和聚合溴化联苯乙醚（PBDE）等有毒有害物质。

上述指令特别是 WEEE 和 ROHS 在世界范围内产生了强烈反响，迫使电子电器产品制造厂商转而生产无铅制品，以适应进出口贸易的需要。在这种背景下，在电子工业中使用无铅焊料，生产环节及制品无铅化已成为必然趋势。

从图 10.12 可以看出，铅基焊料是电子垃圾中最重要的污染源，不能做到焊料无铅化，电子封装的无铅化就是无稽之谈。

10.2.2　无铅焊料的使用要求

为适应无铅需求，20 世纪末期众多的研究机构、生产厂商等都陆续开始从事无铅焊接方面的研究，无铅焊锡膏作为 SMT 最基本的焊接材料，无疑是其中关键的一部分。无铅焊料研制和开发的目的是使无铅焊料的基本性能（如熔点、润湿性能等）与目前使用的锡铅焊料的基本性能尽可能的一致，这样在不改变现有工艺技术和生产设备的情况下就可以投入生产。要取代传统的铅基焊料必须符合或者接近有铅焊料的一些基本特性和要求。具体指标如下：

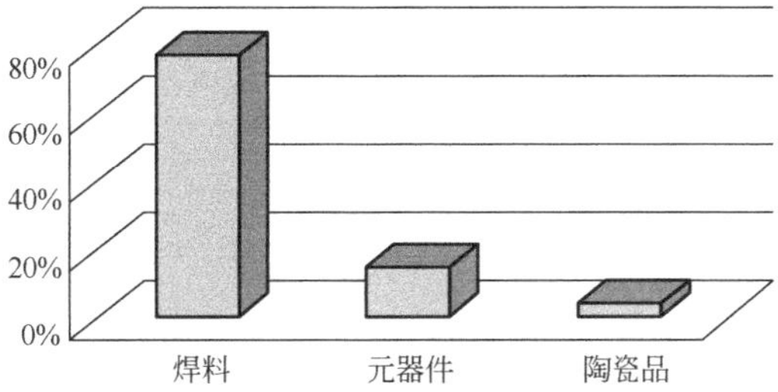

图 10.12　铅在电子产品中的分布

（1）替代合金应是无毒性的；

（2）供应材料必须在世界范围内容易得到，数量上满足全球的需求；

（3）替代合金还应该是可循环再生的，如将四种金属加入无铅焊锡可能使循环再生过程复杂化，并且增加其成本；

（4）机械强度和耐热疲劳性要与锡铅焊料（Sn63Pb37）大体相同；

（5）焊料的保存稳定性要好；

（6）替代合金必须能够具有电子工业使用的所有形式，包括返工与修理用的锡线、锡膏用的粉末、波峰焊用的锡条以及预成型焊片；

（7）合金相图应具有较窄的固液两相区，能确保有良好的润湿性和安装后的机械可靠性；

（8）焊接后对各种焊接点检修容易；

（9）导电性好，导热性好。

目前世界各国有报道的无铅焊料已经超过 70 种，而日本已经有含抗氧化剂的无铅焊料进入了工业使用，一些无铅焊料甚至已经在电子封装中使用了多年。但是，目前对无铅焊料的研究仍处于初级阶段，并没有找到一种成熟的、真正可以替代 Sn-Pb 焊料的产品。

10.2.3　无铅焊料的种类

在无铅焊料方面，目前全球无铅焊料应用较广泛的主要有五大系列无铅合金焊料，分别是 Sn-Ag 系、Sn-Cu 系、Sn-Bi 系、Sn-In 系以及 Sn-Zn 系。最常见的无铅焊料主要是以 Sn-Ag、Sn-Zn、Sn-Bi 为基体，在其中添加适量其他金属元素所组成的三元合金和多元合金。部分焊料已在生产中应用，但无铅焊料物理化学性质（如熔点、表面张力、抗氧化能力等）的改变也带来了工艺匹配方面的难题，正所谓“牵一发而动全身”。常见的 Sn 基二元共晶合金成分和共晶温度如表 10.2 所示。

表 10.2　常见的 Sn 基二元共晶合金成分和共晶温度

合金的组成元素	第二元素百分比（wt%）	共晶温度（℃）
Sn、Ag	3.5	221
Sn、Cu	0.7	227
Sn、Au	10	217
Sn、In	52	118
Sn、Bi	58	139
Sn、Zn	9	199

1．Sn-Ag 合金焊料

对于 Sn-Ag 二元体系，其共晶成分为 Sn-3.5Ag，共晶温度为 221℃。显微结构由 Sn 和薄的半片状 Ag_3Sn 金属间化合物组成。

Sn-3.5Ag 共晶微观组织结构受凝固时冷却速度的影响很大，冷却速度较快时（水冷，24℃/s），树枝状的 β-Sn 组织被枝晶间网状的共晶区包围，共晶区的 Ag_3Sn 呈球状分布在网状共晶区的 β-Sn 基体上。冷却速度较慢时（炉冷，0.08℃/s），针状的 Ag_3Sn 均匀分布在 β-Sn 基体上。

Sn-Ag 合金杨氏模量为 56GPa，延伸率为 53%，电导率 16%，热导率为 0.33W/cm·℃，剪切强度为 32.1MPa，拉伸强度为 26.7MPa，热膨胀系数为 30ppm/℃，具有较好的抗蠕变性能和电性能，并且具有较高的强度和较好的与基板的润湿性。Sn-Ag 系合金不仅其组织细微，而且具有良好的力学性能和使用可靠性，合金中随着 Ag 含量的增加，合金强度逐渐增大；当合金成分达到共晶时，即 Ag 含量达到 3.5wt%时，合金强度最高；当 Ag 的含量继续增加到 4wt%时，形成过共晶合金，钎料的性能会出现明显的劣化。因此 Sn-Ag 无铅焊料合金被广大用户所使用。Sn-Ag 共晶焊料的主要优缺点如表 10.3 所示。

表 10.3　Sn-Ag 共晶焊料的主要优缺点

优　点	缺　点
共晶 Sn-Ag 钎料密度小，节约用量	熔点比共晶 Sn-Pb 钎料高，钎焊接头产生较大的热应力
耐疲劳性明显优于 Sn-Pb 共晶钎料	表面张力大，钎焊过程中润湿性能差
导电性能优于 Sn-Pb 共晶钎料	导热性能差，散热效果较差
较高的杨氏模量和剪切强度	与 Cu 基板的热膨胀系数差值大，引起的热应力较共晶 Sn-Pb 钎料大
形变速率低，抗断裂寿命长	延伸率较低

Sn-3.5Ag 共晶钎料合金以其良好的力学性能、可焊性、热疲劳可靠性等，已经在混合电路和电子封装工业中得到了广泛并长久的应用，并且在表面贴装技术和倒装芯片技术中也得到了较好的应用。

2．Sn-Cu 合金焊料

根据 Sn-Cu 二元相图（见图 10.13）可知，Sn-Cu 合金焊料的共晶成分为 Sn-0.7Cu，熔点为 227℃，属于高熔点合金焊料。共晶微观组织结构由均匀分布的粗大 β-Sn 枝晶和含有细小的 Cu_6Sn_5 金属间化合物的网状共晶组织构成。凝固反应时，Cu 将以中空的棒状 Cu_6Sn_5 形式析出。有数据显示这类合金的性能几乎不存在，但是该合金中高浓度的 Sn，将会导致晶须的生长以及灰锡转变的发生。

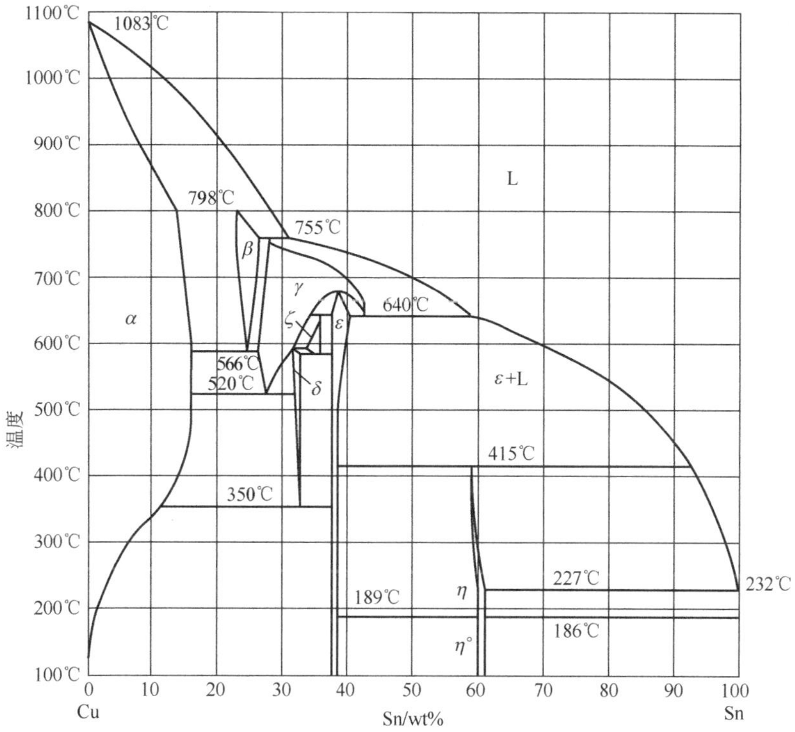

图 10.13　Sn-Cu 二元相图

由于 Sn-0.7Cu 合金焊料的成本低廉，被广泛地应用在大批量生产商用电子产品的浸焊、波峰焊等焊接工艺中。世界上第一部无铅电话器件用的就是 Sn-0.7Cu 合金焊料。

与 SnPb 焊料相比，SnCu 合金焊料具有更好的延展率、低抗疲劳性能，但是其拉伸强度较低，润湿性较差，在时效过程中形成的界面化合物层较厚，而且由于 Sn-0.7Cu 合金焊料的熔点较高，所以不适合应用到表面贴装技术中。光学显微镜下 Sn-0.7Cu 显微结构如图 10.14 所示。

Sn-Cu 钎料作为广泛研究的无铅钎料合金中的首选之一，其价格比所有其他类型的无铅钎料均相对便宜，同时展示了替代 Sn-Pb 钎料的优良潜力。

3. Sn-Bi 合金焊料

Sn-Bi 二元合金的共晶成分为 Sn-58wt%Bi，共晶温度为 139℃。在室温下的平衡相为 Bi 和在 Sn 的固溶体中含有大约 4%的 Bi。由于在共晶的凝固温度 130℃下，Sn 在 Bi 中具有非常小的溶解度，因此 Bi 相基本是没有固溶 Sn 的纯 Bi。但是 Bi 在 Sn 中的溶解度最大不会超过 21%。Sn-Bi 合金焊料的二元相图如图 10.15 所示。

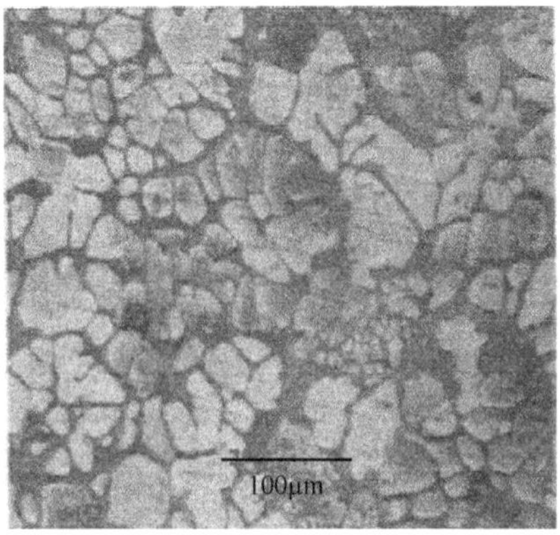

图 10.14　光学显微镜下 Sn-Cu 显微结构

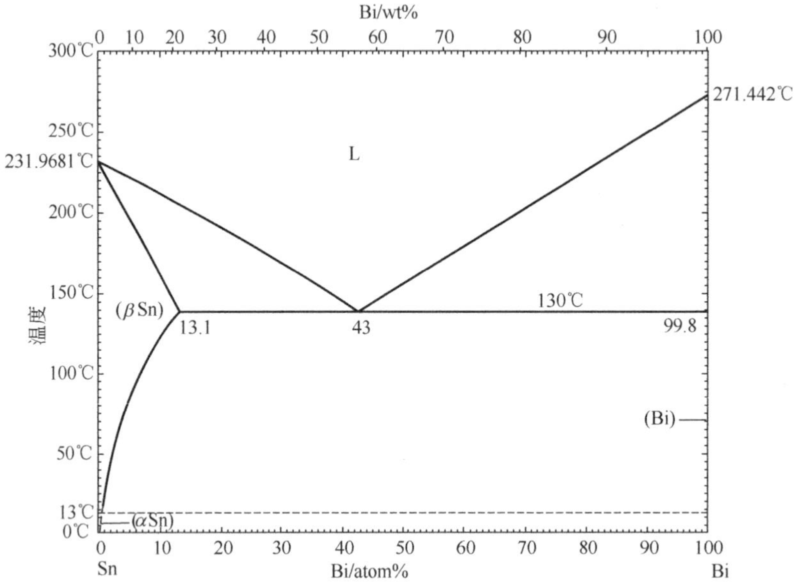

图 10.15　Sn-Bi 合金焊料的二元相图

Sn-Bi 系无铅钎料可以实现低熔点钎焊，采用这种钎料可以降低对电子器件及印制线路板耐热性的过高要求，有利于钎焊那些耐热性差、容易烧损的电子元器件。该类钎料的保存稳定性较好，可使用与 Sn-Pb 钎料基本相同的助焊剂裸露在空气中焊接。SnBi 合金焊料有更好的拉伸性能、剪切强度、润湿性能、蠕变性能以及更好的疲劳寿命等优点，而且 Bi 金属资源丰富，价格低廉，使得 Sn-Bi 合金焊料成为很有潜力的无铅焊料之一，现已被广泛应用到复合印制线路板的低温封装、导电胶、倒装芯片中的连接以及薄膜结构的键合等方面，而且被评为表面贴装技术应用中最有前景的无铅焊料之一。

Sn-Bi 系无铅钎料的不足之处在于随着 Bi 的加入量的增大，使焊锡变得硬、脆、加工性能大幅度下降，焊接可靠性变坏，容易发生翘曲现象。

4. Sn-In 合金焊料

Sn-In 合金的共晶成分为 Sn-50.9wt%In，共晶温度为 117℃。共晶合金的组成相为两相化合物相，其中一相为富 In 的 β 相，结构为伪体心四方结构，其中 Sn 含量为 44.8%；另一相为富 Sn 的 γ 相，结构为六方结构，Sn 含量为 77.6%。由于熔点较低，Sn-In 钎料已经在 SMT 技术中得到了应用，常用组分为 Sn-52In。

由 Sn-In、Sn-Cu 和 In-Cu 的二元相图可知，Sn、In、Cu 之间可以相互形成金属间化合物，Sn 与 In 之间可以形成工 In_3Sn 和 $InSn_1$，Sn 与 Cu 之间可以形成 Cu_6Sn_5 和 Cu_3Sn，In 与 Cu 之间可以形成 Cu_7In_3、Cu_3In 等，因此 Sn-In/Cu 界面反应比较复杂。

与 Sn-Pb 合金焊料相比，Sn-In 合金焊料因具有低熔点、更好的韧性、润湿性以及更长的疲劳寿命等优点而被应用在表面贴装技术和低温领域，由于 Sn-In 合金钎料含 In 量高，成本增加，同时 In 的资源和含量有限，不能满足电子封装行业中对钎料的大量使用要求，因此该类钎料的应用受到了一定程度的限制。在电子封装应用中，富 In 合金焊料主要应用在一些特殊场合，如玻璃封装合金、导热芯片和多芯片模块的连接等。

5. Sn-Zn 合金焊料

根据 Sn-Zn 二元相图可知，Sn-Zn 合金焊料的共晶成分为 Sn_9Zn。Sn-9wt%Zn 合金是非常受关注的替代合金，因为该合金的熔化温度为 198℃，与共晶 Sn-Pb 合金的 183℃的熔点最为接近。该合金的共晶组织由体心四方的 Si 基体相和在 Zn 的固溶体中含有少于 1%的 Sn 的二次相两相组成，如图 10.16 所示。共晶微观组织同样受合金冷却速度的影响，冷却速度较快时，富 Zn 相呈细小的颗粒状均匀分布在 Sn 基体内；冷却速度较慢时，Zn 相形貌呈粗大的针状。

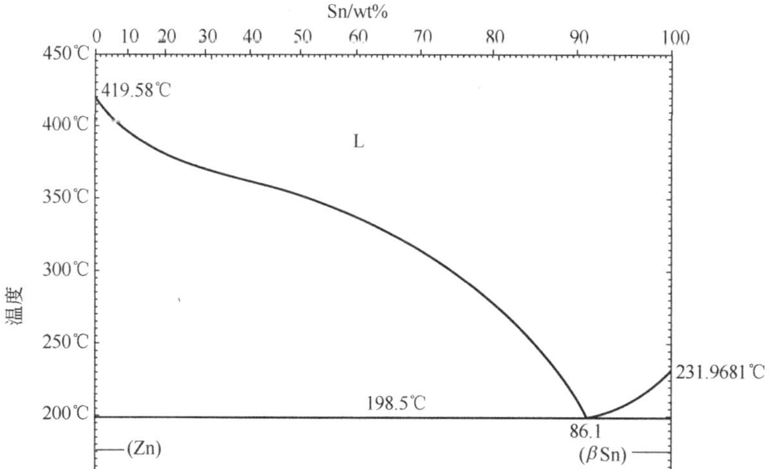

图 10.16 Sn-Zn 二元相图

Sn-Zn 焊料由于有与共晶 Sn-Pb 焊料非常接近的熔点、成本低廉、储量丰富以及优良的力学性能，被认为是最有可能替代 Sn-Pb 焊料的无铅焊料之一。与 Sn-Pb 合金焊料相比，Sn-Zn 合金焊料具有优良的抗拉伸强度、抗蠕变能力、毒性小等优点，但是 Sn-Zn 合金焊料的抗氧化性能差，润湿性能差。改善其润湿性能有两种方法：一是开发新的助焊剂，二是提高抗氧化能力。

6．Sn-Ag-Cu 合金焊料

如上所述，迄今为止各国已经研究出许多种无铅爆料系列。但是，国际上均达成共识认为 Sn-Ag-Cu 钎料合金是最有可能取代 Sn-Pb 焊料的合金系列。Sn-Ag-Cu 钎料合金系列是在原来的 Sn-Ag 合金体系中加入 Cu，共晶成分并不是单一的成分，而是根据元素加入量的不同形成不同的 Sn-Ag-Cu 合金焊料，这样不仅能够保持 Sn-Ag 合金原有的优异性能，而且还能稍微降低其熔点，并且由于 Cu 的加入还能有效减少基板材料中 Cu 的溶蚀。

而 Sn、Ag、Cu 三种合金成分比例的确定也经历了一段探索的过程，这主要是考虑到焊点的机电性能，如抗拉强度、屈服强度、疲劳强度、塑性、导电率等。最终两种具有相同熔点（217℃）且性能相似的合金成分成为无铅合金的主要选择。美国广泛使用的共晶成分为 Sn-3Ag-0.6Cu，欧盟使用的共晶成分是 Sn-3Ag-0.7Cu，日本使用的共晶成分是 Sn-3.0Ag-0.5Cu。

Sn-Ag-Cu 三元合金焊料的显微组织一般由枝晶状的 β-Sn 组织和枝晶间网状的共晶组织组成，其中共晶组织是由分布在 β-Sn 基体中的金属间化合物 Cu_6Sn_5 和 Ag_3Sn 组成，其微观组织图和三元相图分别如图 10.17 和图 10.18 所示。

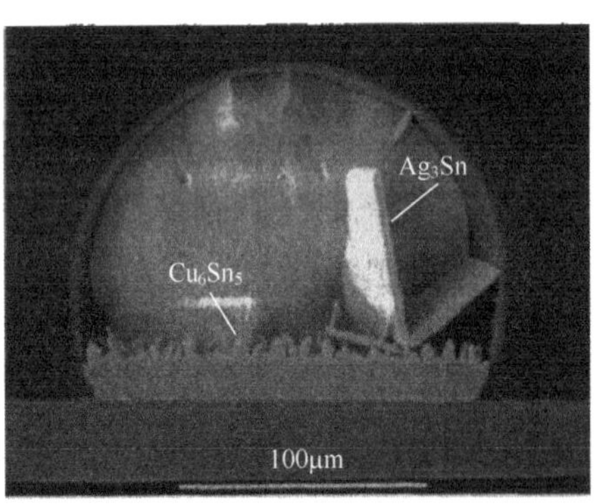

图 10.17　Sn-Ag-Cu 三元合金焊料界面微观组织图

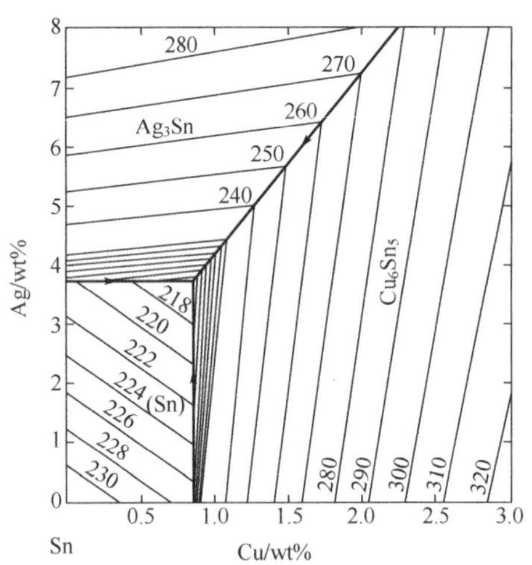

图 10.18　Sn-Ag-Cu 三元相图（260 ℃）

与传统的 Sn-Pb 共晶钎料相比，Sn-Ag-Cu 合金具有较高的抗拉强度、剪切强度、蠕变抗力、屈服强度、可靠性、冲击韧性及合适的加工参数区域等，使得 Sn-Ag-Cu 合金焊料成为线路板贴装时的最佳无铅焊料，并且被美国国家电子制造联合会和诺基亚推荐为表面贴装首选的无铅焊料。此外，Sn-4Ag-0.5Cu 合金焊料被广泛应用于 BGA 焊接技术中。

但是，Sn-Ag-Cu 合金焊料的抗跌落性能非常差，降低 Ag 含量不仅能够改善 Sn-Ag-Cu

焊料的抗跌落性能，还能有效抑制大的盘状 Ag_3Sn 的形成，从而降低焊料的脆性，同时还可降低成本。因此，低 Ag 含量的 Sn-Ag-Cu 焊料合金越来越受重视。

许多大公司及科研机构，如 NEMI 和 IDEALS、Nokia 和 Multicore 公司、日本电子工业发展协会都争相开发自己的专利产品，注册无铅商标，抢占国际市场。这些无铅的专利大致可分为两类：第一类是 Sn-Ag-Cu，以 Sn 为基体三组元合金，不同之处是各自的 Ag、Cu 的含量配比不同；第二类是以 Sn-Ag-Cu 为主元，在其基础上添加少量的一种或多种元素，主要包括 Sb、Zn、Ni、Bi、In、P、Ge、Fe 等，第二类无铅钎料实用性较差。

我国是稀土大国，混合稀土价格低廉，因而针对 Sn-Ag-Cu 系添加混合稀土的研究是我国研究无铅钎料的主要方向。北京工业大学在这方面作了较多的工作，并且获得了有自主知识产权的国家发明专利。

市售常用的 Sn-Ag-Cu 合金焊料与 Sn-Pb 焊料的比较如表 10.4 所示。

表 10.4 市售常用的 Sn-Ag-Cu 合金焊料与 Sn-Pb 焊料的比较

种 类	有 铅		无 铅	
品牌名称	Alpha UP-78	LOCtite Rp15	Indiμm SMQ 230	LOCtite LF320
合金	Sn62Pb36Ag2	Sn63Pb36.8Ag0.4	Sn95.5Ag3.8Cu0.7	Sn95.2Ag3.8Cu0.7
粉末大小	25～45μm（Type3）	25～45μm（Type3）	25～45μm（Type3）	25～45μm（Type3）
合金含量	89%	90%	89.3%	88%
清洗	免清洗	免清洗	免清洗	免清洗
印刷操作	25～150mm/s	25～150mm/s	25～150mm/s	25～150mm/s
回流操作	210℃～230℃	210℃～230℃	229℃～250℃	229℃～235℃
	50～70s	60～80s	30～90s	60～80s

10.2.4 无铅焊料的发展方向

近些年广泛研究的作为替代 Sn-Pb 钎料的二元或三元无铅钎料均具有自身的优点，但是也有其缺点。至今为止，没有任何一种无铅钎料的性能能达到 Sn-Pb 钎料在微电子封装中的要求，因此传统的二元或三元合金已不能满足电子封装日益增加的要求。从近些年无铅钎料的研究及发展情况看，主要有两个备受关注的研究方向：其一是通过合金化的手段提高无铅钎料的性能，即在 Sn、Sn-Ag、Sn-Cu 等无铅钎料的基础上添加多组元合金元素来提高钎料的性能；其二是复合无铅钎料，即在 Sn、Sn-Ag、Sn-Cu 等无铅钎料的基础上通过新生成或者添加第二相增强相的方法来提高钎料合金的综合性能。由于近些年，很多学者都对这两种方法进行了大量的研究，可研究的空间已经非常有限以及这两种改善钎料性能的方法都有着各种不同的缺点，因此采用不同的方法提高钎料合金的性能或发展新的钎料成分是非常有必要的。

考虑到无铅焊料的可操作性和可靠性，目前军工航天电子上还是采用混装，以及 SnPb 焊料焊接无铅元器件的方式，甚至采取无铅器件的有铅化，如无铅 BGA 重新植球（SnPb）等，无铅焊料的使用和推广任重而道远。

第11章 助焊剂

助焊剂简称焊剂，它与焊料不同，主要用于增加润湿，帮助和加速焊接的进程，并通过物理与化学作用影响钎焊过程，最终形成可靠的焊点，因而被广泛应用。采用助焊剂的优点是提高焊接质量，保护线路板和铜箔表面不受损伤。在电子工业中，助焊剂是焊接过程的重要组成部分，并且对产品最终焊接性能影响很大。

钎焊过程中熔融钎料与母材的润湿可以说主要是取决于助焊剂的作用，钎焊接头的强度和抗腐蚀性则主要取决于钎料以及它与母材的作用和关系。钎料与母材的润湿能力与钎料的本性固然有相当大的关系，但与助焊剂的作用相比则次要得多。

在焊接过程中助焊剂能促进焊锡的流动和扩散，由于金属表面氧化现象普遍存在，焊接过程需要助焊剂协助提供没有氧化层的金属表面，并保持这些表面的无氧化物状态，直到焊锡与金属表面完成焊接过程，通过减小表面不平度来影响焊锡表面张力在焊锡扩散方向上的平衡。

理想的助焊剂除化学活性外，还要具有良好的热稳定性、黏附力、扩展力、电解活性、环境稳定性、化学官能团及其反应特性、流变特性、对通用清洗溶液和设备的适应性等。

11.1 助焊剂的种类

助焊剂分类的方法很多，通常按照活性、腐蚀性、基材和清洗方式来划分。按腐蚀性划分可分为高腐蚀性的（无机酸）、腐蚀性的（有机酸）、中等腐蚀性的（基于天然松香）和非腐蚀性的（免洗或低残留物助焊剂）四种。按基材划分可分为酸系助焊剂和树脂系助焊剂，再细分为无机酸、有机酸、天然松香与人造松香，如表11.1所示。按清洗方式可分为有机溶剂清洗型、水清洗型和免清洗型。

表11.1 助焊剂的总分类

酸系	无机酸（N）	无机酸
		无机盐
	有机酸（OR）	有机酸（羧酸和谷氨酸等）
		有机卤素（氯化铵和苯胺等）

续表

树脂系	天然松香（RO）	无活性（纯）松香（R，w≥75%）
		中等活性松香（RMA，w≥80%）
		完全活性松香（RA，w≥90%）
		超活性松香（SRA，w≥95%）
	人造松香/合成树脂（RE）	

高腐蚀性无机酸助焊剂很少在电子工业中使用。天然松香助焊剂可以用水洗或溶剂方法来清洗，中等腐蚀性天然松香和人造松香助焊剂具有与 OR 助焊剂可比的活性，因此大量使用在商业电子中，并设计为溶剂清洗型（OR 助焊剂是用于水洗的）。非腐蚀性助焊剂具有很低的活性，一般设计为免清洗型。

波峰焊接工艺中可使用免洗焊剂、RMA、RA 和 OR 类焊剂，回流焊接工艺中可使用免清洗焊剂、天然松香和 OR 焊剂，其中 RA 焊剂很少在锡膏中使用。不管使用哪种类型的助焊剂，都必须提供工作所需的活性水平与板的清洁度要求之间的良好平衡。

J-STD-004 描述了每个分类中三种助焊剂活性或腐蚀性水平：L（低）、M（中）和 H（高）。每一个次分类中进一步的分级由数字 0 和 1 表示，0 表示不含卤素，而 1 在低活性助焊剂中表示卤素的质量分数小于 0.5%，在中等活性助焊剂中表示卤素的质量分数介于 0.5% ～ 2.0%，在高活性助焊剂中表示卤素质量分数大于 2.0%。值得注意的是，该标准的卤素含量表示方法与以前其他标准形式一样，但含义不同，这是由于测试方法不同所造成的，此标准引用的测试方法基本来自 IPC-TM-650，其卤素含量是指卤素占焊剂固体部分的含量，旧标准如 GB 9491 或 JIS Z3197—86 等则是指卤素占整个焊剂的含量，因此，用 J-STD-004 标准规定的卤素含量常常比旧标准的规定高得多，它们之间无法直接进行比较。另外，若是含有松香的助焊剂，则在 L、M 和 H 代字后加上“R”。

J-STD-004 基于材料成分和卤化物含量的助焊剂分类如表 11.2 所示。

表 11.2 J-STD-004 基于材料成分和卤化物含量的助焊剂分类

树脂系助焊剂种类	酸系助焊剂种类
天然松香	有机酸
天然松香低（0）L0	有机酸低（0）L0
天然松香低（w<0.5%）L1	有机酸低（w<0.5%）L1
天然松香中（0）M0	有机酸中（0）M0
天然松香中[w=（0.5～2.0）%]M1	有机酸中[w=（0.5～2.0）%]M1
天然松香高（0）H0	有机酸高（0）H0
天然松香高（w>2.0%）H1	有机酸高（w>2.0%）H1
人造松香	无机酸
人造松香低（0）L0	无机酸低（0）L0
人造松香低（w<0.5%）L1	无机酸低（w<0.5%）L1
人造松香中（0）M0	无机酸中（0）M0
人造松香中[w=（0.5～2.0）%]M1	无机酸中[w=（0.5～2.0）%]M1

续表

树脂系助焊剂种类	酸系助焊剂种类
人造松香高（0）H0	无机酸高（0）H0
人造松香高（w＞2.0%）H1	无机酸高（w＞2.0%）H1

注：L0 和 L1 无腐蚀，可清洗也可不清洗；M0 和 M1 轻微腐蚀，可清洗也可不清洗；H 0 和 H1 较重腐蚀，需清洗。

11.1.1　无机类助焊剂和有机类助焊剂

无机类助焊剂包括无机酸和无机盐两大类。无机酸包括盐酸和氢氟酸等，常与水、酒精或凡士林混合使用，具有很高的化学活性，直接与氧化物反应去除氧化物能力极强，但使用后有强烈的腐蚀性，需要清洗。无机盐包括氯化锌、氯化锡、氯化亚铅、氟化钠或氟化钾等，去氧化膜时，先与水形成络合酸，再与氧化物反应，生成易溶的共晶盐而被清除。无机类助焊剂残留物可能引起腐蚀和严重的局部失效，存在潜在的可靠性问题，一般用于非电子应用。

有机类助焊剂包括有机胺盐、胺和酰胺类有机物、有机酸及树脂四大类。

1. 有机胺盐

有机胺盐包括磷酸苯胺、盐酸肼、盐酸二乙胺、盐酸苯胺、盐酸烃胺、盐酸谷氨酸和脂酸溴化物等。有机胺盐一般是由碱性的胺、肼等与酸生成的可熔性盐，对温度敏感，在钎焊加热过程中，分解为碱性和酸性两部分去除氧化膜。焊后冷却过程中，剩余的酸与碱性的胺又结合起来，减轻了残渣的腐蚀性。此类物质比其余有机助焊剂更具有腐蚀性，要求进行认真的焊后清洗。

2. 胺和酰胺类有机物

胺和酰胺类有机物包括尿素、乙二胺、乙酰胺、三乙醇胺、二乙胺和单乙醇胺等。胺和胺的各种衍生物也被用作助焊剂材料，最普通的就是磷酸苯胺。

胺及酰胺类有机物助焊剂的作用机理是：钎焊过程中，其与 Cu^{+}等形成胺铜配位化合物，达到去膜目的；在随后加热过程中又可能热分解析出活性铜，与钎料和母材之间发生作用，降低界面张力，促进润湿铺展。这类物质由于不含卤化物，因而成为许多专利助焊剂的添加剂。

此类助焊剂焊后具有一定的腐蚀性，且对温度非常敏感。

3. 有机酸（OA）

有机酸包括乳酸、硬脂酸、水杨酸、油酸、苯二酸和柠檬酸等，主要依靠羧基的作用，以金属键的形式除去氧化膜，具有中等去除氧化膜的能力，且作用比较缓慢，焊后具有腐蚀性，但易于清洗。有机酸比松香助焊剂要强，但比无机助焊剂要弱，在助焊剂活性和可清洁性之间，它提供了一个很好的平衡。有时为了提高活性，可添加卤化物作催化剂。这些助焊剂含有极性离子，很容易用极性溶剂（如水）去掉，广泛应用于军事、商业和工业上。此类助焊剂由于是有机化合物，因而对温度敏感。

4. 树脂

树脂主要包括天然松香和合成树脂两大类。松香是从松树的根或树皮中提取的天然产品，其主要成分为质量分数为 70%～85%的松香酸和质量分数为 10%～15%的胡椒酸，其余为海松酸、左旋海松酸和松脂油。普通松香活化温度 74℃～220℃，熔点温度为172℃～175℃。它从 74℃开始软化，内部的松香酸呈现活性，随着温度升高松香酸转化为海松酸和脱氢松香酸，其活性逐渐增强。加热到 125℃左右，它具有轻微的流动性清除污渍，且可形成保护膜，在高于 150℃的温度下，表现溶解银、铜、锡等氧化物的能力。200℃～220℃温度内活性最强，230℃以上逐渐失去活性，转化为焦松香酸，300℃以上就会转变成为无活性的新松香酸或焦松香酸，完全炭化而丧失去膜能力。

松香在常温下无活性，不具有腐蚀性，电绝缘性能良好，特别适合电子工业中的焊接。为了提高松香类助焊剂的能力，可加入活性剂（比如溴化物、氯化物和氨基酸等），成为活性松香助焊剂。由于松香是天然产物，无法精确规定其含酸量，因而不易控制其活性，而且焊接时有大量烟尘，供应将来可能短缺，因此国外最近发展了一种替代品——酯类有机物季戍四醇四安息香酸盐。

11.1.2 有机类酸系助焊剂和树脂系助焊剂

酸系助焊剂比松香基助焊剂的活性强，比无机类助焊剂的活性弱，相应的去氧化能力就强，腐蚀性大，多用于民用产品。酸性助焊剂可溶于水，因此当其固体物的含量较少时，可以用极性溶剂很方便地将残渣去除，保证较高的可靠性，成功地用于军事产品。

树脂系助焊剂又可以分为天然松香系与合成树脂两大类，其活性较弱，腐蚀性小，广泛应用于电子工业中。松香基助焊剂按照活性一般可分为四大类。

1. R 型

非活性松香助焊剂，由水白松香（纯松香）加溶剂制成的未经活化的液态助焊剂。这类助焊剂多用于规定要使用松香的印制电路板的自动钎焊中，R 形助焊剂焊后无腐蚀性残渣。这类助焊剂有许多不同品种，以满足各种标准要求。

2. RMA 型

中度活性松香助焊剂，使用了有机酸、胺和胺化合物、胺的卤化物等物质作为活化剂，助焊剂的活性增强，钎焊质量提高。这类助焊剂由于可选用的活化剂种类繁多，因而助焊剂的品种也非常多，是目前品种最多的一类助焊剂，现已广泛应用于计算机、无线电通信、航空电通信、航空航天和军事产品上，并且在彩电等民用产品上也有广泛的应用。

3. RA 型

全活性松香助焊剂，具有更强的活性，因而具有流动性好、扩展速度快的特点。这类助焊剂可以在黄铜和镍等难以钎焊的金属上获得一般松香型助焊剂所不能达到的效果。通过选择适当的活性剂，可以保证此类助焊剂无腐蚀性及绝缘性。

这类助焊剂已广泛用于电线、电缆和电视机等产品，但对于要求高可靠和长寿命的产品，则仍被视为是危险的，需焊后清洗。清洗时常采用非极性溶剂去除松香，然后用极性溶剂（如水）去除活化剂残渣和其他离子化合物，也可能采用这两类溶剂混合物在一次清洗过程中去除这两类物质。

4. SRA 型

超活性松香助焊剂，是具有很强活性和中等腐蚀性的助焊剂，可以钎焊镍和不锈钢等。由于助焊剂残渣非常活泼，因而焊后要进行充分的清洗。这类助焊剂都不满足 MIL-F-14256 的要求，因而只能用于民用产品，除非可以保证将助焊剂残渣彻底清洗干净，否则不推荐使用这类助焊剂。

四大类中，前两种有较弱的去氧化能力，属于无腐蚀性助焊剂，故常用于免清洗技术中，后两种有较强的去氧化物能力，属于弱腐蚀性助焊剂。松香型助焊剂为传统型助焊剂，含有较多的松香或树脂，因此固体质量分数较高，多在 15%～20%或以上，一般松香型焊剂含有少量卤素，所以可焊性较强，能够适用于多种板材，焊完后的焊接面会有一层极薄的保护膜，从而保护焊点不被氧化，不被潮气侵蚀。但为了达到较好的光洁效果，不少客户采取了焊后清洗的办法，对此不少专家认为这种用松香型焊剂焊接，焊后再进行清洗的工艺是目前最为可靠的一种焊接方式。但是，焊后清洗工序的增加造成了生产成本的上升，很快就成为困扰客户的一个问题。

11.1.3 水溶性助焊剂（WS/OA）

非活性松香助焊剂焊后可以不必清洗，但其活性较低，钎焊性能较差。添加活性剂后助焊剂活性提高，腐蚀越来越强烈，因而大多数活性助焊剂都需要焊后清洗。电子工业中用于树脂类助焊剂清洗最常用的清洗剂是 CFC113（三氟三氯乙烷），其对大气臭氧层有破坏作用，因而在 1987 年，包括美国和欧共体成员国在内的 24 个国家签署了控制使用 CFC 化合物的蒙特利尔协议，2000 年全面禁用 CFC。由于对 CFC 类物质使用的限制，因而人们开始考虑使用水做清洗剂的焊剂或免清洗焊剂。

根据组成助焊剂的活化剂物质不同，水溶性助焊剂可以分为两大类：有机类和无机类，如表 11.3 所示。水溶性助焊剂性能取决于使用的活化剂（皂化剂），比免清洗助焊剂具有更高的活性和热稳定性，且使用的活化剂含量较高，所以水溶性助焊剂比较适合无铅焊接，但一般要及时清洗。目前许多公司都有可用于电子工业中的水溶性助焊剂，而且根据使用要求可以分为多种，比如用于电路板的辊子镀锡，用于元件引线的搪锡和难以钎焊的电路板的波峰焊，用于最难钎焊元件引线（如镀镍件）的镀锡，用于电路板的波峰焊等。

表 11.3　水溶性助焊剂类型

活化剂类型		成　分
有机类	盐	含有卤化物的盐、如盐酸苯胺、盐酸谷氨酸和盐酸而乙胺等
	酸	乳酸、谷氨酸和氨基酸
	胺	尿素和三乙醇胺
无机类	盐	氯化锌、氯化铵—氯化锌混合物和盐酸肼
	酸	盐酸和正磷酸

11.1.4 免清洗助焊剂（LR/NC）

免清洗助焊剂免去清洗步骤，减少了生产设备和空间，节省了与清洗工序相关的材料、能源和废物处理等方面的费用，在与现有清洗溶剂不相容的微电子器件中可得到广泛应用。

1. 免清洗低固态助焊剂

免清洗低固态助焊剂含有松香或树脂，但含量不是很多，一般固体质量分数在 8%～10%或以下，多数含少量卤素，基本要求控制在 0.2%以下，也有的不含卤素，焊接性能基本可达到普通松香型的效果，但焊后板面较为清洁，可清洗也可不清洗。此类助焊剂是直接从松香型焊剂演变而来的，它充当了从“松香型助焊剂”到“免清洗无残留助焊剂”发展过程中过渡者的角色。相对来讲，此类焊剂的“可焊性能”及“可靠性”要比“免清洗无残留助焊剂”强一些，比松香型焊剂稍弱一些。

2. 免清洗无残留助焊剂

免清洗无残留助焊剂从 20 世纪 90 年代中期开始在我国逐步推广，直到 20 世纪 90 年代末期才逐步被市场接受，同一时期我国制定了免清洗助焊剂相关的行业标准。在 2000 年以后越来越多的客户使用各种免清洗助焊剂，同时客户对免清洗助焊剂提出了更高的要求，从外观要求无色透明、到助焊剂本身的可焊性以及焊后的表面残留及离子残留等方面都越来越严格。

3. 醇基免清洗助焊剂

免清洗助焊剂一般由合成树脂和性能更加稳定的活性剂组成，固体质量分数由第一代的 30%～40%，第二代的 15%～20%发展到第三代 5%～10%，明显低于传统 RMA 助焊剂（典型值为 55%～60%）。近年来固体质量分数则控制在 2%～5%，甚至少于 2%，已经达到免清洗助焊剂的要求。此类助焊剂溶剂主要为异丙醇、乙醇或甲醇，活性剂不含卤化物（卤化物的质量分数低于 0.01%～0.03%），扩展率不小于 80%，表面电阻不小于 $10^8\Omega$，典型值为（7.5～9.9）$\times10^{10}\Omega$，满足军标和其他特殊要求。

4. 水基免清洗助焊剂

醇基免清洗助焊剂对焊接温度特别敏感，如果不适合 230℃～260℃的高温焊接，分解将会显著增加，产生大量烟雾和凝结物，并且残留物易于发生聚合变硬，阻碍探针测试。由于挥发性有机化合物（VOC）的散发会对臭氧层形成破坏作用，低 VOC（质量分数低于 5%）及无 VOC 的新型水基免清洗助焊剂已成功开发，其对环境友好，热承受能力和活化剂等化学物质在水中的反应活性比在醇中高，且在改善残留物和提高可焊性方面比醇基助焊剂更有优势，但成本较高。

11.2 助焊剂的组成

助焊剂的组成如表 11.4 所示，包括成膜剂、活化剂、溶剂和添加剂等。

表 11.4　助焊剂的组成

助焊剂组成		典型原材料
不挥发性物质成膜剂	天然树脂	松香
	合成树脂	改性酚醛树脂、改性丙烯树脂、改性松香、改性环氧树脂、聚氨基甲酸酯、聚乙烯树脂、聚乙二醇和硬脂酸酚等
	矿脂	矿物油、凡士林、纤维素和石脂等
不挥发性物质活性剂	无机酸	盐酸、正磷酸、氢氟酸和氟硼酸等
	无机金属盐	$ZnCl_2$、$SnCl_2$、$CdCl_2$、$PbCl_2$、NaCl、氟硼酸镉和氟硼酸锌等
	有机酸	乳酸、硬脂酸、柠檬酸、松香酸、苯二甲酸、水杨酸、谷氨酸、油酸、安息香酸、草酸和十二烷酸等
	有机卤化物	溴化水杨酸、溴化肼、盐酸联胺、盐酸苯胺、盐酸二乙胺、盐酸谷氨酸、氢溴酸肼、盐酸肼、十六烷基溴化吡啶、溴化胺、十六烷三甲基溴化胺和二乙基二甲基十六烷溴化胺等
	胺、酰胺等	乙二胺、三乙醇胺、苯胺、联胺、磷酸苯胺、磷酸联胺、环乙烷二胺、环丁烷二胺、二乙烯肼、二乙烯三胺、甘油和氟碳等
不挥发性物质添加剂		乳剂、甘油和润湿剂等
挥发物质	溶剂及稀释剂	水、乙醇、丙三醇、甲醇、异丙醇、聚乙二醇、乙醚和松节油

11.2.1　树脂

树脂是助焊剂的基础成分，它提供给助焊剂必要的黏性，使片式元器件在贴装后能经受较小的震动或外力而不发生位移或脱落，以及在焊接过程中覆盖被活性物质清洁的表面，起到成膜保护作用。

树脂主要用到松香、改性松香、合成树脂三类物质。具体来讲，松香及其衍生物有木松香、天然脂松香、妥尔油松香、聚合松香、部分聚合松香、氢化松香、歧化松香、马来酸改性松香、富马酸改性松香、丙烯酸改性松香、氢化松香甘油酯、季戊四醇松香酯等。

人工合成树脂主要是环氧树脂和改性环氧树脂，其中改性环氧树脂如双酚 A 型环氧树脂、双酚 F 型环氧树脂、脂环族型环氧树脂、苯酚酚醛清漆型环氧树脂、萘二酚型环氧树脂等；其他树脂如丙烯酸树脂、苯乙烯马来树脂、聚酯树脂、聚氧化乙烯、聚乙二醇、山梨糖醇、聚—N—乙烯吡咯烷酮等。

有的树脂如环氧树脂需要在焊接后固化，因此一般还需要加入固化剂，固化剂一般为胺类、羧酸及其酸酐、二羧酸及其酸酐或架桥类树脂等。由于胺类使树脂固化速度太快，影响焊料铺展，而架桥类树脂会严重影响焊料的润湿性，故采用有机酸为固化剂较好，可用的有机酸如苯二甲酸酐、四氢化苯二甲酸酐、六氢化苯二甲酸酐、甲基四氢化苯二甲酸酐、甲基六氢化苯二甲酸酐、已二酸、戊二酸、丙二酸等，它们也可以起到活性剂的作用。

11.2.2　成膜剂

常用成膜物质有天然树脂、合成树脂剂和部分有机化合物，加入量质量分数一般为

10%～20%，有时高达 40%，过多会影响扩展率，使助焊剂性能下降。加入成膜物质后助焊剂能形成一层致密的有机膜，防止焊接过程中熔融合金进一步氧化。

免清洗助焊剂中，成膜物质还会形成机械、化学性质稳定的有机膜，对焊点和基板等焊接部位起到一定保护作用，具有防腐蚀性和优良的电气绝缘性。在普通家电或要求不高的电器装联中，焊后可不必清洗，以降低成本，而在精密电子装联中，即使免清洗焊剂也要焊后清洗。

11.2.3 活性剂

活性剂是助焊剂中最重要的活性物质，用于清除焊接表面的氧化物等杂质，得到清洁、无氧化的表面，并且能有效降低熔融焊料的表面张力，增加焊料和被焊金属的润湿性，提高可焊性，对焊料与基板的润湿起到关键作用。由于焊锡膏向低腐蚀、免清洗的方向发展，活性剂一般使用有机物居多，以避免腐蚀焊料和焊后留下无机残渣。

通常使用的活性剂有以下 4 类物质。

有机酸：丙二酸、丁二酸、戊二酸、已二酸、辛二酸、癸二酸、马来酸、硬脂酸、松香酸、苯二甲酸、富马酸、棕榈酸、胶酸、乳酸、酒石酸、柠檬酸、苹果酸、油酸、谷氨酸、甘氨酸、甲基丁二酸等。

有机胺：乙醇胺、二乙醇胺、三乙醇胺、苯胺、二乙基苯胺、羟乙基乙二胺、二羟乙基乙二胺、N—轻乙基哌嗪等。

胺的氢卤酸盐：二苯胺氢溴酸盐、乙胺氢氯酸盐、二乙胺氢氯酸盐、乙二胺氢氯酸盐、一二苯基肌的氢溴酸盐、环已胺氢溴酸盐、一乙醇胺氢溴酸盐、二乙醇胺氢溴酸盐、乙胺氢溴酸盐、二苯胺氢氯酸盐、盐酸胍、四丁基氢溴酸胺等。

有机卤化物：氯化石蜡、二溴丁二酸、二溴丁烯二醇、溴代十六烷基吡啶、二苯胍、二苯胍盐酸盐、二苯胍氢溴酸盐等。

活化剂的化学活性主要取决于活化剂本身的分子结构，在实际应用中常选用含有羧基（—COOH）和胺基（—NH_2、—NHR、—NR_2）等活性官能团的有机物。有机酸和金属氧化物反应的通式为：

$$2RCOOH+MeO \rightarrow (RCOO)_2Me+H_2O$$

有机胺类活性剂多半是以盐酸盐或者溴酸盐形式使用，与金属氧化物反应的通式为：

$$2RNH \cdot HX+MeO \rightarrow 2RNH_2+MeX+H_2O$$

有机活化剂中的烃基 R—多为脂烃基，随着对助焊剂活性物质研究的深入，芳烃基也逐渐出现在活化剂的配方中。有机活化剂的活性强度也与其分子中烃基 R—和周围介质有关，其对酸和碱强度的影响可以分为诱导、共振、氢键、溶剂化、杂化和立体效应。

一般而言，活化剂的化学活性越强，其对金属基板的腐蚀性也越大，在活化剂的选择和处理上要解决好助焊性与腐蚀性之间的矛盾。目前在不牺牲助焊性的前提下，降低腐蚀性的解决途径主要有两种：一为活性的中和调节方法，如在有机酸作为活化剂的同时加入有机胺类，酸和胺易发生中和反应，降低了腐蚀性，部分中和产物在焊接温度下又迅速分解为有机酸和有机胺，各自发挥活性，焊接结束后部分残留的酸和胺又发生中和反应，进一步降低腐蚀性；二为微胶囊技术，研制特殊的微胶囊化处理技术，制备免清洗助焊剂。

当前，不同种类活化剂的复配是一个研究热点。主要是基于三个方面的考虑：一方面是活性官能团的数量，一元有机酸具有良好的活性稳定性，可有效抑制“反润湿”现象的发生。多元羧酸分子中含有较多的羧基官能团，润湿力较大，活性较强。另一方面是活性官能团的种类，羟基酸分子中兼有羟基和羧基的特性，并且两个官能团相互影响。羟基是吸电子基，对羧基有负的诱导效应，使羧酸根负离子稳定，增强酸性。第三个方面是基于活化剂的沸程。单一的活化剂很难保证在整个焊接过程都发挥活性，而不同沸点活化剂的复合使用可以使助焊剂具有不同的活化温度梯度，低温活化剂在焊接温度较低时具有活性，并且还可以诱导、激发高温活化剂，从而使活化剂在焊接的整个温度范围内都具有活性。

活性剂的一般性质如表 11.5 所示，包括分子量、活性温度及溶解度等。

表 11.5　活性剂的一般性质

活性剂分子量	活性剂强度	活性剂活性温度	活性剂对水溶解度
小→大	强→弱	低→高	易→难

11.2.4　溶剂

溶剂要与活性剂和触变剂兼容，不应是吸湿性的，并且应该是高闪点和全挥发性物质，但不能是高挥发性物质，在焊膏干燥前应当尽量保持，在干燥后全部挥发掉，以免回流焊接时残留的溶剂沸腾，造成空洞和焊球。溶剂加入量的质量分数一般为 1%～7%，应对助焊剂中各种固体成分均具有良好的溶解性，常温下挥发程度适中，在焊接温度下迅速挥发，气味小，毒性小等特点。

常见的溶剂有醇类和醚类，其中在水洗型焊膏中多元醇应用最为广泛，比如乙醇（78.1℃）和异丙醇（IPA，82.5℃）等，因为它的羟基特别多，完全挥发的温度高，焊接时有更强的还原性，能减小表面张力，促进润湿。在松香型焊膏中醚类应用最为广泛，其具有较高的熔点并且对松香的溶解能力强。

11.2.5　添加剂

添加剂是为适应工艺和环境而加入的具有特殊物理和化学性能的物质。常用添加剂有 pH 调节剂、消光剂、缓蚀剂、光亮剂、阻燃剂、触变剂、黏稠剂、润湿剂和发泡剂等。

1. pH 调节剂

pH 调节剂是为酸性而加入的材料，如三乙醇胺，在无机类助焊剂中加入盐酸，除了可以调节酸性，还可抑制氧化锌生成。

2. 消光剂

消光剂可以使焊点消光，在操作和检验时克服眼睛疲劳和视力衰退。消光剂材料一般为无机卤化物、无机盐、有机盐、有机酸及其金属盐类，如氯化锌、氯化锡、滑石、硬脂酸、硬脂酸铜、钙等，加入量的质量分数约为 5%，添加的高级脂肪酸在焊接温度下生成脂肪酸盐，急速冷却后呈微细晶体析出，附着在焊点表面形成一层薄膜，使反射光变成漫反射，达到消光目的。

3. 缓蚀剂

缓蚀剂大多是以氮化合物为主体的有机物，能保护印制板和元件引线，具有防潮、防霉和防腐蚀性能，可保持优良的可焊性。

4. 光亮剂

光亮剂材料一般为甘油和三乙醇胺等，能使焊点发光，加入量质量分数约为 1%。

5. 阻燃剂

阻燃剂可提高抗燃性以保证助焊剂使用安全，如 1,3—二溴内醇等。

6. 触变剂

触变剂主要用于调节焊膏的黏度及印刷性能，起到印刷中防止出现拖尾和粘接等现象。触变剂一般都是高熔点溶剂，由乳化石蜡及其他物质组成，质量分数一般为 5%，作为增黏剂或副溶剂，起调解剂的作用，控制焊膏具有膏状或胶状物理特性，外形上具有一定固态性质，提供胶状结构保持悬浮状态而不至于发生沉淀。

触变剂的作用机理是触变剂颗粒在溶剂中发生肿胀，其分子的极性基团之间会产生微弱的氢键结合，而高级脂肪酸部分则呈现近似的层状结构，以胶状体分散，从而形成触变结构，在搅拌时破坏分子间的氢键，可以达到切变变稀的效果。

7. 黏稠剂

当焊膏黏度不够而欲增加时，比起水溶性焊膏来要困难得多，因限制太多，故焊膏中可用的黏稠剂也很有限。最常见的就是一种就是改质蓖麻油的衍生物，其是一种三元酯类的油酸，外貌呈现一种不干性的油类，其中蓖麻油质量分数为 90%，其是一种 18 个碳的链状化合物，在 9 碳到 10 碳之间有双键，在 12 碳上有羟基。此种蓖麻油可进行氢化或胺化而得以改质，因而其已具有氧化状态的安定性及无吸水性。与助焊剂混合时，要特别注意到加入的时机、温度及搅拌的大小，当其完全分散才会呈现胶状情形。

无铅助焊剂不只是简单地混入一些替代物，更重要的是每一种元素都对钎料抗氧化能力、表面张力、回流及防潮有一定影响，并具有自己独一无二的特性。钎料与助焊剂的配方必须针对某种具体的金属而定。

11.3 助焊剂的作用及机理

助焊剂主要有以下几方面作用：

（1）去除氧化物。助焊剂能溶解并去除金属表面的氧化物和其他污物。

（2）防止焊锡在加热中的氧化。焊接过程中焊锡必须加热，而所有的金属在加热过程中几乎都会被氧化。助焊剂能在加热时包围金属表面，使金属与空气隔绝，防止因焊锡加热而引起的氧化。

（3）降低焊锡的表面张力，有助于焊锡的润湿和焊点的形成。

（4）使焊点美观。合适的助焊剂能够整理焊点形状，保持焊点表面的光泽。

因此，理想的助焊剂除了具有较强的化学活性外，还要具有良好的热稳定性、黏附力、扩展力、环境稳定性、化学官能团及其反应特性、流变特性、对通用清洗溶液和设备的适应性等。

11.3.1 活性成分去除氧化膜机制

在焊接过程中，当助焊剂与基体表面氧化膜接触时，加之一定的焊接环境，助焊剂中的活性物质与氧化膜发生反应，基体表面一部分孔状区域因氧化膜较薄而先露出新鲜的金属，随后一部分助焊剂流入孔状区域，活性成分从氧化层的表面和内部同时发生反应，与氧化膜的接触面积增大，进一步提高反应速率。随着焊接温度的上升，焊料合金逐渐熔化，熔化的焊料压迫氧化层致使其破裂。然后助焊剂中的成膜物质形成保护层以防止金属基板的进一步氧化，熔融焊料与金属基板金属由于原子间的结合而形成金属间化合物，冷却后焊料凝固形成焊点。这种反应机制被称为助焊剂去除氧化膜的冰壳理论。

11.3.2 促润湿理论

焊接中的润湿过程是指熔融的焊料借助毛细管力沿着母材金属表面细微的凹凸及结晶的间隙向四周漫流，在被焊母材表面形成一个附着层，使焊料和母材金属的原子相互接近，达到原子引力起作用的距离。润湿是焊接的必要条件，要得到可靠的焊点，就要求焊料对基体金属表面有足够的润湿能力。

一般用液态焊料在基体金属上的接触角 θ 来表征润湿程度，θ 越小，液态焊料在基板上的铺展越充分，润湿能力就越强。合适的助焊剂可以对液态焊料在基板上的润湿起促进作用。助焊剂与焊料对金属基板的润湿行为如图 11.1 所示。

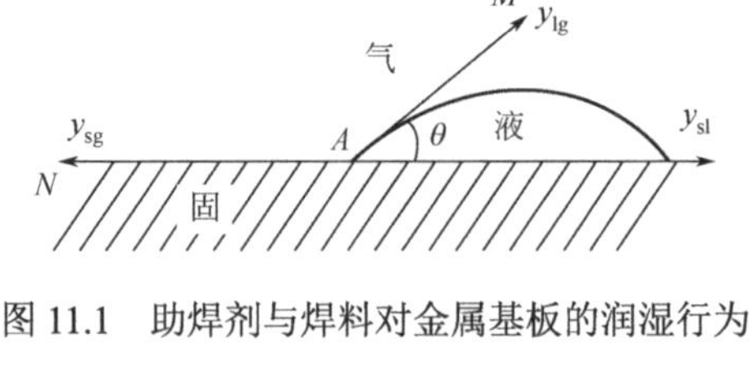

图 11.1　助焊剂与焊料对金属基板的润湿行为

接触角 θ 可由 Laplace-Young 方程表达：

$$\cos\theta = \frac{\gamma_{sg} - \gamma_{sl}}{\gamma_{lg}}$$

式中，γ_{sg} 为金属基板和助焊剂之间的界面张力，γ_{sl} 为金属基板和液态焊料之间的界面张力，

γ_{lg} 为液态焊料和助焊剂之间的界面张力。

由上式可知，在软钎焊过程中，助焊剂对焊料的润湿作用是在三个张力的驱动下形成的。增加 γ_{sg} 或降低 γ_{lg} 的值均可减小接触角 θ，以增强液态焊料对固体基板的润湿。γ_{sg} 和 γ_{lg} 皆可由助焊剂配方的调整对其进行控制。而助焊剂组分的改变也会影响 γ_{sl} 的值，所以在助焊剂的配方设计上需要综合考虑。

在实际焊接中，熔融的焊料在助焊剂作用下逐渐扩散、润湿基板，继而与基板金属发生合金化过程。从传质角度看，这由两个传质过程组成：一是焊料向基板表面的扩散过程，二是到达基板表面的焊料通过与基板金属合金化在垂直方向上的传质。根据传质机理，随着焊接过程传质速度的增大，界面张力会逐渐降低。由图 11.1 可知，界面张力 γ_{sl} 和 γ_{lg} 的降低有助于焊料对基板的润湿。因此助焊剂还要有促进熔融焊料与基板之间界面传质的作用。焊接过程中，合金化过程的传质速度取决于基板主金属与焊料金属间的电极电位差，由焊料成分决定；焊料向基板表面的扩散速度与其在基板上的润湿行为相关，润湿有助于扩散。

润湿理论不仅可表征、解释焊料的润湿过程，还可用于其传质过程，因而是助焊剂配方设计中的一个重要依据。

11.4 助焊剂的性能评估

为了更好地与焊接工艺相兼容，对助焊剂的性能作如下要求：

（1）常温下储存稳定、低烟、刺鼻味小、不污染工作环境、不影响人身健康，焊后不粘手、快干性佳、不污染焊机轨道和夹具，残渣易于去除且具有不腐蚀、不吸湿和不导电等特性，表面阻抗良好。

（2）具有去除表面氧化物、降低表面张力和防止再氧化物等特性，同时润湿扩散速度比熔化钎料要快，通常要求扩展率在 90%左右或以上。

（3）满足发泡和喷雾等不同涂覆方式，焊后 PCB 表面平整均匀，表面没有白粉产生，且需具备良好的清洗性。留存于基板的助焊剂残渣，对焊后材质无腐蚀性。

（4）活化温度范围覆盖钎焊温度，熔点和最低活性温度应比钎料熔点低，同时钎焊温度范围内，熔化的助焊剂要黏度小和流动性好，有利于其作用产物排除，避免形成夹杂，助焊剂及其作用产物的密度应小于液态钎料密度，否则助焊剂就不能覆盖钎料表面。

（5）焊接时具有良好的热稳定性，不易产生焊球，不应产生有毒气体或析出有害气体，助焊剂及其残渣不应对母材和焊点有强烈的腐蚀作用（基于安全性能考虑，水清洗类或明示为清洗型的助焊剂，应考虑在延缓清洗的过程中有较低的腐蚀性或保证较长延缓期内的腐蚀性是较弱的）。

另外，免清洗无残留助焊剂除了助焊剂基本性能要求，通常希望还具有以下特点：

① 焊后无残余物，印制电路板表面干净不粘手；

② 固态含量极少，不含卤化物，易挥发物含量极少；

③ 焊后印制电路板的表面绝缘电阻高；

④ 能够进行良好的探针测试；

⑤ 操作工艺简便易行，烟雾气味小。

每种免清洗助焊剂，要同时满足上述要求是非常困难的，所以都是根据不同要求来配制的。例如，固态物含量的降低有利于降低腐蚀性，减少焊后的残余物及获得较高的表面绝缘电阻，但却会减少发泡量，影响软钎焊性。增加固态物的含量虽有利于提高钎焊性、减少桥接和溅锡，然而会导致表面绝缘电阻下降、残余物增加及表面发粘等不良现象。

助焊剂性能评估标准可参考国际标准：美国 MIL-F-14256、ANSI/IPC-SF-818、TR-TSY-000078、QQ-S-571、IPC/J-STD-004、日本 JISZ3197-86、中国 GB9491-88、法国 CNET-List LNZ3850、德国 DIN-8511F-SW34 和英国 RS56251980 CLASS 7。此外，还有适用于焊锡丝树脂芯焊剂的 GB3131-88 与 JIS-Z-3283-86。助焊剂活性分类的测试要求如表 11.6 所示。

表 11.6　助焊剂活性分类的测试要求

焊剂类型	铜 镜 试 验	卤素含量（定性）		卤素 w（Cl，Br，F）（%）	腐蚀试验	SIR 须大于 $10^8\Omega$ 的条件
		铬酸银试验（Cl，Br）	含氟点测试（F）			
L0	铜镜无穿透现象	通过	通过	0	无腐蚀	清洗或未清洗
L1	铜镜无穿透现象	通过	通过	<0.5		
M0	铜镜穿透性腐蚀面积<50%	通过	通过	0	微腐蚀	清洗或未清洗
M1	铜镜穿透性腐蚀面积<50%	不通过	不通过	0.5～2.0		
H0	铜镜穿透性腐蚀面积>50%	通过	通过	0	较重腐蚀	清洗
H1	铜镜穿透性腐蚀面积>50%	不通过	不通过	>2.0		

一般系统性能评估内容可以从几个方面考虑：外观、物理稳定性、密度、可焊性、固态含量、卤素含量、水萃取液电阻率、腐蚀性、表面绝缘电阻、酸值等，如表 11.7 所示。

表 11.7　焊剂活性分类的测试要求

序号	项　目	要　求
1	外观	检查是否透明，是否有沉淀、分层和异物
2	物理稳定性	密度、黏度、闪点、气味及色泽等在 5℃～45℃的温度环境下保持稳定
3	密度	一般测试相对 4℃时冰水混合物的密度
4	固态含量	在 110℃时加热余下的不挥发物的质量分数
5	可焊性	关键指标，以扩展率来表示。一般控制在 80%～92%
6	卤素含量	以离子氯的含量来表示离子性的氯、溴和碘的总和
7	腐蚀性	铜板腐蚀测试反映的是焊后残留物的腐蚀性大小，其环境测试时间为 10 天（一般为 7～10 天）
8	表面绝缘阻抗	按 GB 或 JIS 要求 SIR 值最低不能小于 $10^{10}\Omega$，而 J-STD-004 则要求 SIR 值最低不能小于 $10^8\Omega$，（在 85℃、85% RH、DC 50V 下 168h 后直接在该环境下测试）
9	酸值	中和 1g 样品所需要的 KOH 的毫克数

11.5 助焊剂的选用及用途

11.5.1 助焊剂的选用

J-STD-001B 标准根据主要功能或性能的要求将电子产品分成三大类：第一类为通用电子产品，主要是普通的消费类电子产品，如收录机和收音机等。第二类为所谓专门耐用消费类电子产品，包括对性能与寿命均有一定要求但并非十分严格的产品，这类产品要求在典型的使用环境条件下不能出现早期失效情况，如计算机、通信产品与一些汽车电子产品等。第三类则是高性能要求的电子产品，包括那些需在连续高性能和恶劣环境条件下使用，但在寿命期内又不能出现失效现象的电子产品，如军事用途产品、航空航天电子产品以及用于救生系统的电子产品等。

J-STD-001B 规定了第三类电子产品的焊接装配线只能选用 ROL0、ROL1、REL0、REL1 以及 ORL0 类型焊剂，ORL1 类型的焊剂不能用于免清洗焊接工艺的要求。因此只有选定焊剂类型后，各项指标的要求才能具体化和便于操作。工业和信息化部电子第五研究所推荐依据表 11.8 来选择助焊剂产品。

表 11.8 可供选择的助焊剂类型

电子产品类别	焊后清洗工艺中可用的焊剂类型		
	RO	RE	OR
1	L0，L1，M0，M1，H0，H1		
2	L0，L1，M0，M1		
3	L0，L1		
电子产品类别	焊后免清洗工艺中可用的焊剂类型		
	RO	RO	RO
1	L0，L1，M0，M1	L0，L1，M0，M1	L0，M0
2	L0，L1，M0	L0，L1，M0	L0，M0
3	L0，L1	L0，L1	L0

如果采取必要的措施后能保证满足焊接和产品质量的要求，也可作出其他选择，如第二类产品也可使用水溶性的 H0 焊剂，只要能保证焊接和清洗后无相关的质量问题即可。

无铅化电子组装技术应用日趋广泛，由于无铅钎料合金成分发生很大变化，助焊剂的成分及性能也相应发生变化，两者的兼容性与适应性被业界认为是至关重要的，其决定了许多产品性能，包括使用寿命、受潮和焊接连接性能。不同钎料与助焊剂的配方必须针对某种具体的金属而定。

无铅化组装中高温会导致焊料、焊盘的氧化加剧，因此，助焊剂良好性能对无铅焊接极为重要。对于无铅助焊剂，通常希望其具有以下特点：

（1）润湿率或铺展面积大，具有良好的软钎焊性能；

（2）焊后无剩余物，印制电路板表面干净不粘；

（3）固态含量极少，不含卤化物，易挥发物含量极少；

（4）焊后印制电路板的表面绝缘电阻高；

（5）常温下化学性能稳定，无腐蚀作用等。

11.5.2　助焊剂的应用

助焊剂是 SMT 工艺过程中不可缺少的辅助材料，在波峰焊中，液态助焊剂和焊料合金分开使用，而在回流焊中，助焊剂则同焊料合金一起组成焊锡膏，成为其中重要的组成部分。

回流焊用助焊剂和波峰焊用助焊剂在其作用上并无本质区别，但由于实施工艺的不同，故在成分上并不完全相同。一般来讲，两者都要求有良好的助焊性能和低的腐蚀性，焊后残留物易于清洗，操作安全，对环境和人体伤害尽量小等。

波峰焊使用发泡法、浸渍法、喷雾法或者刷涂法将助焊剂涂到待焊的基板上，因而助焊剂黏度较低，固含量一般为 1.5%～10%，且挥发性组分较多，涂上的焊剂在预热时立即被烘干，同焊料波峰接触前仅留下活性组分，以防止在焊接时吸收热量或产生飞溅。

用于焊锡膏的助焊剂作为焊锡微粉的载体，必须有一定的黏度和黏性，还要具备良好的印刷性能和流变性能，一般通过提高树脂（常用松香）和添加流变控制剂来实现，故回流焊用助焊剂又称为“糊状焊剂”。

回流焊用助焊剂和波峰焊用助焊剂的差异如表 11.9 所示。从成分的选择角度而言，两者最大的不同点在溶剂的选用上。其次，有些添加剂一般不是助焊剂中必需的组分，可根据具体需要进行选择添加。

表 11.9　两种制造工艺助焊剂的差异

成分名称	作　用	SMT 锡膏用助焊剂	波峰焊用液态助焊剂
溶剂	溶解固形物质	耐干性	速干性
	赋予助焊剂流动性，调整黏度	二元醇、二元醚、高级醇	低沸点醇，如乙醇、异丙醇
触变性	防分层	蜂蜡、蓖麻油等	无
匹配焊料	焊材	粉状	棒状、锭状

目前航天电子产品采用的助焊剂有两类：一类是手工焊接时涂抹的松香型助焊剂，另一类是再流焊接时焊膏中存在的焊剂。助焊剂的活性成分，造成了离子污染，降低了 PCB 组件的表面绝缘电阻，增加了腐蚀性，尤其是在高温、高湿的环境下，会出现严重的腐蚀和泄漏电流，影响到产品的可靠性。因此，焊后必须把助焊剂去除掉，PCB 组件表面污染清洗方法比较如表 11.10 所示。

表 11.10　PCB 组件表面污染清洗方法比较

清洗工艺方法		方法简介	工艺特点
溶剂法清洗工艺	非 ODS 溶剂清洗	溶剂的价格很贵，且需要专门设备进行清洗。目前国内还没有这种溶剂	适用于污染不严重，洁净度要求较高的大批量的工件清洗
	HCFC 清洗	环境破坏，HCFC 只是一种过渡性替代物，2020 年也要要禁用	

续表

清洗工艺方法		方法简介	工艺特点
半水清洗工艺		首先用一种溶剂洗涤 PCBA，然后用水漂洗，最后将被清洗工件烘干	Q J3173—2003《航天电子电气产品再流焊接技术条件》在 5.4 条清洗设备中指出可以使用半水或纯水清洗机
水清洗工艺	皂化法清洗	以水为溶剂，在皂化剂作用下，把松香变成水溶性松香脂肪酸盐，清除的污染物范围广，并可根据焊剂选择皂化剂	
	净水清洗	洗涤和漂洗都是用净水或纯水设备简单、成本低，但是质量不稳定，应用不广泛	
免清洗工艺		焊接过程中采用免洗助焊剂或洗焊膏，焊接后直接进入下工序，不再进行任何清洗	消费类电子产品、TV 音响、娱乐用品
气相清洗工艺		先在加热的清洗溶剂中浸泡使污染物软化→超声清洗，将清洗表面的污染物游离下来→然后气相清洗，气相清洗相当于蒸汽浴，溶剂的蒸汽是很纯净的，利用溶剂蒸汽不断地使被清洗工件“出汗”并带出污染物→再用较清洁的清洗溶剂漂洗→最后用干净的清洗溶剂喷淋	航天限用工艺，于蒙特利尔公约禁止氟利昂作为清洗溶剂
超声清洗工艺		清洗剂在超声波的作用下产生孔穴作用和扩散作用，产生孔穴时会产生很强的冲击力，使黏附在被清洗物表面的污染物游离下来	航天限用工艺，易在器件表面产生微小裂痕同时对元器件内部焊点造成损伤

由于宇航用电子产品多品种、小批量，多采用手工清洗 PCB 组件的助焊剂。常用手工清洗方法有两种，即用蘸有清洗剂的棉纱或者棉球逐点擦洗焊点，还可将清洗剂放入容器中，用毛刷刷洗。清洗剂一般使用无水乙醇。

手工清洗不需要专用设备，清洗工艺简单，在手工焊接时可边焊接边清洗，此法适用于小批量和单件生产，但随着组装密度的提高，这类方法就表现出明显的缺点，即清洗效果不好，大的集成电路芯片底部不易清洗干净，清洗效率不高，同时由于型号任务的不断增加，手工清洗 PCB 组件消耗时间过多，严重限制了整体的工作效率。

半水清洗能够最好地融合溶剂清洗和水清洗方法，其工艺有如下优点：

（1）对松香助焊剂有较好的溶解力；

（2）当溶解变脏时，溶解力保持不变；

（3）既适用于批量系统，也适用于在线系统；

（4）低毒；

（5）有益于环境，气氛的扩散是无害的，封闭系统使水的使用和液体废物降到最低程度；

（6）可以使用当前状态的焊膏和焊剂，无须对工艺设备进行较大变更。

GJB3243—98《电子元器件表面安装要求》明确规定水清洗不适应类似插座、继电器、微动开关、电位器、可变电容器等一些非密封型或密封不良的元器件。

对于使用水清洗的问题，QJ3173—2003《航天电子电气产品再流焊接技术条件》在 5.4 条清洗设备中指出可以使用半水或纯水清洗机。我国电子行业军用标准 SJ20883—2003《印制电路组件装焊后的清洗工艺方法》中提出了喷淋、喷流清洗、离心清洗和气相清洗等清洗工艺方法。据了解，目前国内外比较认同的是半水清洗（或乳化清洗）。

第12章 导电胶与其他胶黏剂

12.1 胶黏剂

随着电子产品的发展，对于胶黏剂的需求也在不断地发生变化，特别是一些新兴胶黏剂产品的出现和应用。胶黏剂是电子生产中必不可少的一种重要材料，它们对某些关键部件主要起到黏合、固持、密封、灌装等作用，是其他材料或工艺处理所无法替代的。

12.2 胶黏剂的分类

根据胶黏剂的组成可分为有机和无机两大类，有机胶黏剂使用广泛，又分为天然和合成两类，其中，与整个电子产品制造环节关系最密切的则是合成胶黏剂。

合成胶黏剂种类繁多，成分和分类方法多种多样。常用分类方法如下。

1．按主要材料属性分类

热固性胶黏剂：包括环氧树脂、聚氨酯、酚醛树脂、有机硅树脂等。

热塑性胶黏剂：包括聚乙烯及其共聚物、聚乙烯醇、聚丙乙烯、丙烯酸类聚合物等。

弹性体：包括丁基胶、氯丁胶、丁氰胶、丁苯胶、硅橡胶等。

胶黏剂和金：包括酚醛复合型、环氧复合型结构件。

2．按固化方式

按照固化方式可分为常温固化、热固化、UV 固化、湿固化、热—UV 固化和阳离子固化等。

3．按组成分类

胶黏剂有单组分、双组分和多组分等多种类型：单组分的胶黏剂可直接使用，双组分或多组分的胶黏剂在使用时必须准确计算和准确称量。

导电胶是一种固化或干燥后具有一定导电性能的胶黏剂，主要组成成分为导电填料和环氧树脂，导电粒子被环氧树脂紧紧包围，使导电粒子和被粘接材料粘接在一起，容易形成导电通路。因此，导电胶同时具有导电和粘接的功能。随着电子工业的飞速发展，电子产品的不断更新，致使电子封装业迅速、蓬勃发展，对电子器件的精密度要求也越来越高，胶黏剂以势不可当的趋势进入组装市场，并占有不小的比例。导电胶由于同时具备粘接性能和导电性能，并能在低温、较窄施工范围内涂装，已成为电子工业中的重要材料。

Sn/Pb 焊料虽然仍在电子装联领域特别是高可靠性要求的军工电子产品中大量使用，但自身存在的缺陷限制了其在现代电子技术中的应用，尤其是需要更细微互联的封装领域，Sn/Pb 焊料的不足有：

（1）线分辨率太低。其最细线条间距一般为 381～635μm，只能应用在 0.65mm 以下节距的连接中，焊料在印刷后易流动，也影响了线条精度。

（2）环保性能差。锡铅焊料中铅含量在 40%左右，其对人体和环境的危害众所周知，世界各国纷纷立法，禁止或限制铅在电子行业中的应用，许多国家也在考虑对含铅材料征收额外的附加税。

（3）连接温度高。连接工艺的温度高于 200℃，容易损坏器件和基板，特别是当线路板是优质沥青线路板时。焊料中还存在“架桥”现象，不能用于高密度集成电路。同时，连接温度也限制了有机材料、液晶显示材料（LCD）、电致发光（ELD）材料等的使用。

（4）抗蠕变性能差。随着高集成度、高性能电子技术的发展，连接点越来越小，而所承载的力学、电学和热学的负载越来越重，对连接可靠性的要求也越来越高，锡铅焊料已无法满足对连接可靠性的要求。

（5）与玻璃及有机材料的浸润性能差，无法使用在有机材料与金属材料的连接上。同时，在 LCD、LED 显示技术中，激励电路与 ITO 电路之间的连接是影响使用可靠性的重要因素。由于 Pb/Sn 焊料的浸润性能差，无法应用在 LCD、LED 显示技术中。

（6）对金、银层有“浸析”或“熔蚀”现象。金和银在锡铅焊料中快速溶解，出现金和银向焊料的扩散溶蚀现象，并与焊料形成脆性的金属间化合物。所以，在高可靠性场合，不宜用锡铅焊料焊接金层和银层。

自从 1956 年 H.wolfson 等获得第一项关于导电胶的专利以来，导电胶以其突出的环境友好性、良好的线分辨率和更加简单的工艺操作性被广泛应用于微电子组装领域。近年来，随着微电子产品向低成本、便携式、高性能、多功能、对环境和用户友好等方面转化，电子组装也逐步在向系统级集成组装迈进。在电子组装制造行业中，研究者越来越多地将研究兴趣转向导电胶黏接剂，以期取代沿用多年的锡铅焊料，特别是研究用于表面组装元器件互联到印制电路板的导电胶黏接剂。Sn/Pb 焊料与导电胶的性能比较如表 12.1 所示。

表 12.1　Sn/Pb 焊料与导电胶的性能对比

性　　能	Sn/Pb 焊料	导　电　胶
对环境的影响	不利	微小
体积电阻率（Ω·cm）	1.5×10^{-5}	3.5×10^{-4}
最小节距（mm）	0.3	<0.15
热导率[$W(mK)^{-1}$]	30	3.5
冲击强度（mW）	10～15	<25
剪切强度（MPa）	15.17	13.79

续表

性　能	Sn/Pb 焊料	导　电　胶
最低处理温度（℃）	215	150～170
热疲劳	大	小

目前导电胶面临的主要问题有：

（1）电导率低，对于一般的元器件，大多数导电胶均可接受，但对于功率器件，则不一定；

（2）粘接效果受元器件类型、印制电路板类型影响较大；

（3）固化时间相对较长；

（4）相对较低的粘接强度，在节距小的连接中，粘接强度直接影响元件的抗冲击性能。

12.2.1 导电胶的种类

按照基体可将导电胶分为两类：一类是本征导电胶，是指分子结构本身具有导电功能的共扼聚合物，使用价值很有限；另一类是聚合物中填充导电粒子的复合导电胶（以下简称导电胶或者 ECA），电阻率较低，是目前使用最广泛的类型。

按照导电方向的不同，导电胶可分为各向异性导电胶（Anisotropic Conduetive Adhesive，ACA）和各向同性导电胶（Isotropic Conductive Adhesive，ICA），两者互连结构的比较如图 12.1 所示。

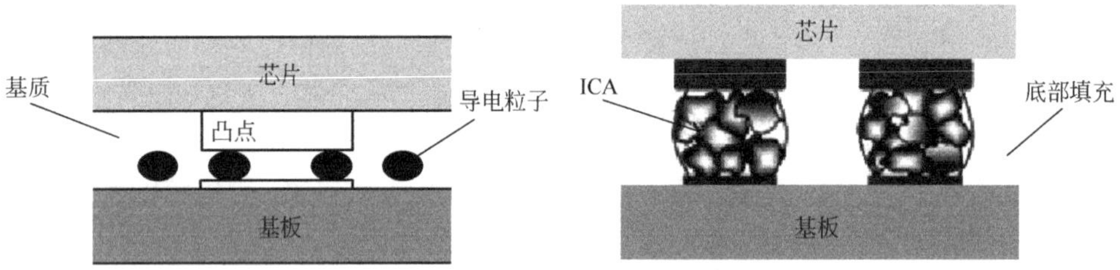

图 12.1　ACA 和 ICA 互连结构的比较

ACA 代表了聚合物键合剂的第一个主要分支。各向异性导电胶只在 Z 方向导电，在 X、Y 方向不导电，有相当好的细线印刷能力。Z 方向导电通路的形成是通过使用相对较低添加比例的导电颗料填充（5%～20%体积分数）来实现的。较低的填充水平导致导电填料粒子间接触不充分，使得导电胶在 X、Y 平面内导电性变差，而 Z 轴方向上，不论是以薄膜形式还是以粘胶形式，ACA 都在待连接表面之间穿插。对这种堆叠结构施加热和压力时，在两个元件上所施加导电表面之间的导电颗粒将被俘获，一旦产生了电子连续性，通过化学反应（固化反应）或者冷却（对于热塑性树脂）来对 ACA 进行硬化，硬化后的导电胶将两个元件粘到一起，并且能够维持元件表面和导电颗粒之间的接触压力。

由于各向异性导电胶具有相当好的细线印刷能力，胶状和薄膜状的 ACA 被广泛用于液晶显示电路板电连接、倒装芯片等对线间距要求极小的工艺连接。然而各向异性导电胶中金属粒子的浓度远低于“渗流阈值”，能够在 Z 方向导电是因为在固化的同时对准对应的焊盘施加压力，促使在这一方向形成导电通道。这对工艺和设备的要求较高，不容易实现，因而使各向异性导电胶的使用受到了限制。

各向同性导电胶也被称为聚合物焊料，是聚合物树脂和导电填料的混合体。导电填料通过导电颗粒之间的接触达到导电的目的，随着填料浓度的增加，ICA 的电性能从绝缘体向导体转变。聚合物树脂提供了机械连接，而导电填充物提供了导电性，填料如果太多将破坏粘胶的机械特征。因此，在 ICA 配料中需要折中考虑，为了达到高的电导率，在不影响机械特征的前提下，使用尽可能多的填料。

按照基体的不同，导电胶可分为热固性导电胶和热塑性导电胶。组成热固性导电胶的基体材料最初是单体或预聚合物，在固化过程中发生聚合反应，高分子链连接形成三维交联结构，在高温下很稳定，不会流动。热固性导电胶的优点在于在高温和强胶粘键合中保持一定强度，并且具有长期可靠的低接触阻抗。热固性导电胶常用的基体有环氧树脂和硅酮。而热塑性基体材料由很长的聚合物链构成，这些聚合物链很少有支链，不易形成交联的三维网状结构，所以在高温下易流动。热塑性导电胶黏剂重要的优点之一是修理过程简便，只需要通过加热就可以比较容易地将元件拆卸下来。其缺点是粘胶的强度不够，特别是经过热冲击后，接触电阻会上升，因而应用不是很普遍。

根据固化条件，导电胶分为热固化型、常温固化型、高温烧结型、光固化型和电子束固化型等；按导电粒子的种类导电胶分为银系导电胶、铜系导电胶和碳系导电胶等。

其中温度固化最为常见，目前应用也最广泛，按照温度的不同，又可将温度固化分为几个区间：高温固化（150℃～300℃）、中温固化（100℃～150℃）、低温固化（室温–100℃），三种不同温度固化的导电银胶的优缺点如表 12.2 所示。

表 12.2　三种不同温度固化的导电银胶的优缺点

导电胶类型	优　点	缺　点
低温	可以不通过加热，在常温下就可以固化，能源得到了节约	不能在常温下保存很长时间且性质不稳定，导电率随着外界环境的改变而变化，在常温下固化需要较长时间
中温	固化时间、温度适中，应用最广泛	
高温	固化时间较短，节约固化时间，提高效率	固化温度高会对器件的性能产生影响，容易造成器件的损伤；金属粒子易氧化

12.2.2　导电胶的组成

导电胶主要由高分子树脂、导电填料、固化剂、促进剂、偶联剂、稀释剂等组成，虽然有些共轭高分子材料本身具有导电性能，但电阻过大，很难达到与金属一样的导电性能，故不作过多的讨论。导电胶主要组成如表 12.3 所示。

表 12.3　导电胶主要组成

	种　类	作　用
基体树脂	环氧树脂、有机硅树脂、酚醛树脂、聚酰亚胺树脂、聚氨酯、丙烯酸树脂等	导电胶的载体，是导电胶粘接性能的来源，提供组织框架
导电填料	金、银、铜、铁、铝、石墨等	在导电基体中提供导电通道

续表

	种　类	作　用
固化剂	酸酐、胺类、咪唑类化合物	与树脂基体反应生成三维网状稳定结构
稀释剂	乙二醇乙醚、丙酮等	调节黏度，适用于丝网印刷

导电胶中常用的热固性基体树脂有环氧树脂、有机硅树脂、聚酰亚胺树脂、酚醛树脂、聚氨酯、丙烯酸树脂等体系。基体树脂含有活性基团，在固化后形成了导电胶的分子骨架结构，并使导电填料粒子形成导电通道，它在很大程度上将直接决定导电胶的力学性能和连接性能，导电胶对基体树脂的粘接强度、黏度、韧性以及耐腐蚀性能等均有一定的要求。其中环氧树脂可以在室温或低于150℃时固化，且具有稳定性好、黏结力强、黏结面广、收缩率低、耐腐蚀、柔顺性好等优点，更重要的是具有丰富的配方可设计性能。但是环氧树脂在潮湿环境下易吸湿，在加速老化实验中效果一般，具有一定的毒性。尽管如此，综合比较，在没有出现更合适的替代品之前，目前环氧树脂仍然是研究最多、应用最广的基体。

导电填料通常有碳、金属、金属氧化物三大类。导电填料是导电胶具有导电性能的基础，以片状、球状或纤维状分散在基体中，构成导电通路。碳类材料中的炭黑的导电性较好，但加工困难；石墨很难粉碎和分散，且导电性随产地等变化较大，限制了它的普遍应用。金属氧化物导电性普遍较差。因此常用的填料多为Au、Ag、Cu、Ni等电阻率较低的金属粉末。

Au 粉具有优异的导电性和化学稳定性，是最理想的导电填料，但价格昂贵，只用在要求稳定性和可靠性较高的产品上。Ag 粉价格及导电性都比较理想，且在空气中不易氧化，即使发生氧化，生成的 AgO 也不会对导电性产生大的影响。但在潮湿的环境下会发生电迁移现象，使得导电胶的导电性能下降。Cu 粉和 Ni 粉具有较好的导电性，成本低，也不会发生电迁移现象，但在空气中容易氧化，使得导电性变差。目前，在民用品上多选择铜粉或银粉做导电胶的导电填料。目前低熔点的合金也开始被使用在导电胶中作为导电填料，这样，在固化过程中随着温度的升高，金属颗粒之间可以形成连接，降低电阻。另外，结合铜粉与银粉的优劣势，镀银铜粉导电填料也成为研究的一大热点。

固化剂（交联剂）也是导电胶的重要组成部分，一般为多官能团化合物。在固化过程中参与固化反应，可以连接基体树脂，形成网络结构，既可以增加导电胶的粘接强度，又使基体树脂的体积缩小，使得基体树脂内部的导电填料粒子之间形成更加紧密的接触，从而形成更多的导电通路，减小体系的体积电阻率。常用的环氧树脂固化剂有胺类、有机酸酯、乙二胺、二乙烯三胺等。

导电胶中另一个重要成分是稀释剂。由于导电填料的加入量至少都在50%以上，使得导电胶的树脂基体的黏度大幅度增加，影响了胶黏剂的工艺性能。为了降低黏度，实现良好的工艺性和流变性，一般需要加入稀释剂。稀释剂分为两类：一类不参与交联，仅仅起调节作用，固化前需要去除；另一类含有活性端，可以参加交联反应，固化前不需去除，固化后成为体系的一部分。稀释剂的量虽然不大，但在导电胶中起到重要作用，不但影响导电性，而且还影响固化物的力学性能。溶剂的加入量要控制在一定范围内，以免影响导电胶胶体的胶接整体性能。

12.2.3　导电胶的应用

导电胶具有很高的线分辨率，而且制作工艺简单，对环境友好，随着电子元器件逐渐向微型化、薄膜化、集成化等方向迅速发展，导电胶得到了广泛的应用，如表 12.4 所示。

表 12.4　导电胶的应用领域

应用领域	具体方面	优　点
微电子装备	电镀底板、细导线与印刷线路、陶瓷被粘物的金属层、粘接元件与穿过印刷线路的平面孔、金属底盘连接、粘接导线与管座	很高的线分辨率、不易造成被粘接材料的损坏
点焊	广播、电视、计算机，电话等行业；医用设备；汽车工业；解决电磁兼容（EMC）等方面	锡铅焊料的替代品
粘接	结构胶黏剂	能形成足够强度的接头
电磁屏蔽	通常用金属罩屏蔽电磁，涂抹导电胶于材料表面，也可以实现该功能	操作方便、大大减少了电磁干扰

目前，导电胶已经广泛应用于半导体集成电路的组装。其应用主要包括晶片粘贴（Die Attach）、倒装芯片连接（Flip Chip Connection）和表面安装（Surface-mount Technology）三个方面。

1．晶片粘贴

晶片粘贴胶的基本功能是将集成电路晶片以高可靠性机械安装在衬底上。在实际的安装应用中，需要有足够的黏结力以确保晶片保持固定。在热性能方面，它必须能够在膨胀时具有最小的应力，而且可以有效地将晶片所产生的热传递到组装材料以利于散热。

聚合物粘胶在集成电路组装领域已经得到了广泛使用，其具有许多优点，如储存和损失模量带来的集成电路晶片上的低应力集中，较低的固化温度，生产过程中的方便使用和相对于无机粘胶较低的成本等。对于特定场合，一些 IC 裸片的粘贴需要晶片背面的电接触，需要使用导电晶片粘贴胶。聚合物粘胶的电子可靠性对于特定 IC 晶片的组装是至关重要的，而且与组装过程中导电胶所经受的热处理过程相关。

剪切强度在微电子器件试验相关标准中有相应规定，如图 12.3 所示。

当芯片粘接面积大于 4.13mm^2 时，应最小承受 25N 的力或其倍数；

当芯片粘接面积大于或等于 0.32mm^2，但不大于 4.13 mm^2 时，芯片承受的最小应力可通过图 12.2 确定；

当芯片粘接面积小于 0.32mm^2，应承受的最小力为 1.0 倍时的 6N/mm^2 或 2 倍时的 12N/mm^2。

2．倒装芯片连接

1）使用 ICA 作为倒装凸点

目前，被用来在芯片和组装之间形成电连接和结构连接的凸点化材料有很多种。凸点可以由单一金属组成，也可能由合金或多种金属、一组合金、一组聚合物等组成。近年来，发展趋势是发展低成本、无铅、无助焊剂的倒装芯片技术。从成本和制造能力上考虑，印制的导电胶凸点具有替代其他凸点化技术的趋势。

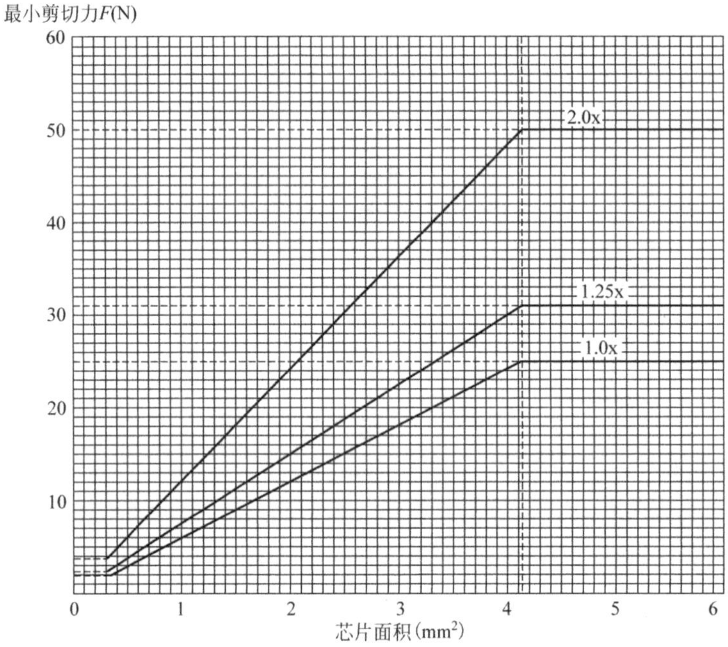

图 12.2　芯片剪切强度标准（最小剪切力与芯片附着面积的关系）

典型的印刷过程会用到丝网或者模板，丝网或者模板带有开口或孔洞以便于凸点的沉积。一张丝网是由带感光胶的交织线网所组成的，感光胶的形状与需要凸点化部位相一致。模板由金属箔片支撑，凸点沉淀处相对应的孔通过腐蚀、电镀和激光钻孔等制成。

在印刷过程中，导电胶一般放置在距离模板一定尺寸的位置。图 12.3 为使用 ICA 的印刷流程示意图。通常，模板离衬底有一段脱模距离。橡胶滚轴降低，导致模板与衬底或与硅片表面发生接触，橡胶滚轴沿着模板表面移动，被碾压的导电胶就形成了稳定的液体图案。接着，液压将导电胶推入到模板的孔洞中。在橡胶滚轮的边缘处，模板从衬底表面移开，将导电胶留在了衬底上。导电胶沉积到衬底以后，通过加热就可以使胶固化。在有些情况下，根据导电胶的化学组分和所加填料，可以使用紫外辐射来使导电胶固化。随着倒装过程的进行，使用 ICA 在模板印刷中对芯片进行了凸点化。

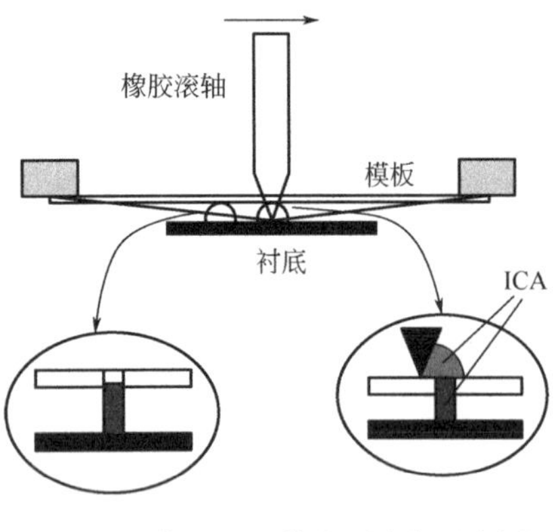

图 12.3　使用 ICA 的印刷流程示意图

2）使用 ICA 进行倒装焊接

当 ICA 应用于倒装芯片连接时，将它们选择性地添加到需要电气连接的部位，同时要保证在键合和固化处理时不会发生材料的扩散，以避免需要开路区域的短路。ICA 通常只以胶状形式使用。

为了更精确地沉积 ICA，经常应用丝网或模板印刷技术。然而，这种级别精确度的倒装芯片连接需要非常高的精确度，为了达到这种要求，需要使用转移法。衬底的每一面都有预制的凸点，将衬底的表面接触 ICA 的薄膜，则 ICA 就与凸出的表面粘接了起来，这样 ICA 就转移到了凸出的区域。待接触的 ICA 薄膜可以通过丝网印刷技术产生，转移厚度可以通过改变所印刷薄膜的厚度来进行调整。这种方法将 ICA 限制在待接触表面区域，粘胶的量可以适当地进行控制，从而在芯片组装时，避免了 ICA 在各通路之间的扩散。在焊接过程中不需要施加压力，从而可以选择使用炉内固化来进行组装。

3. 表面安装

导电胶的表面安装形式如表 12.5 所示，无论通孔安装还是 SMT，导电胶都能实现较好的可操作性。

表 12.5　导电胶的表面安装形式

元　器　件	作　　用	形　　式
四边引脚扁平封装（Quad Flat Package，QFP）	印刷基板表面上直接用导电胶连接，易于电子产品小型化	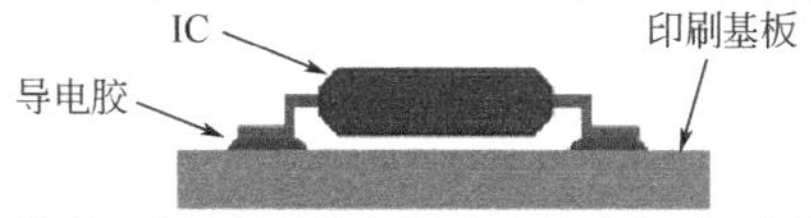
球栅阵列封装（Ball Grid Array，BGA）		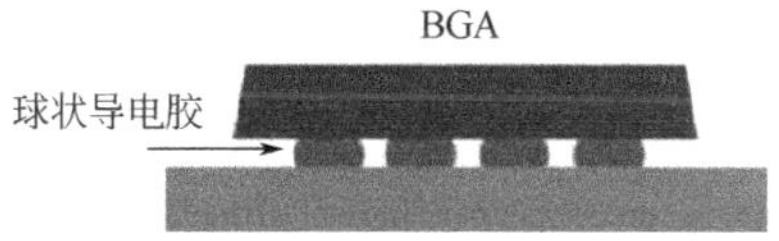
双列直插式封装（Dual in-line Package，DIP）	印刷基板孔中插入，易于印刷基板孔组装	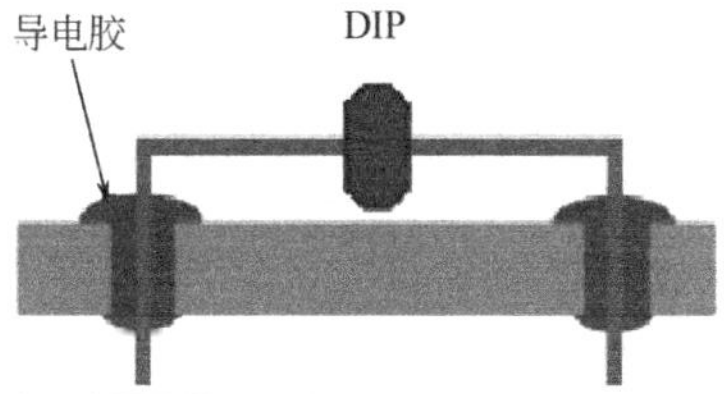
针栅阵列插入式封装（Pin Grid Array Package，PGA）		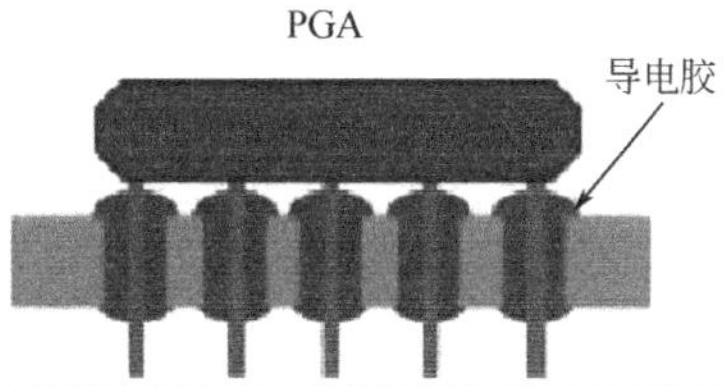

12.2.4　导电胶的使用

芯片导电胶粘接工艺主要包含四个步骤：清洗、点胶、贴片、固化。

1. 清洗

芯片一般出厂前已清洗，并包封较好，可免于清洗。基板清洗可采用溶剂清洗、烘干，或采用等离子清洗。

2. 点胶

使用前将胶液按比例配制并充分搅拌均匀，用针或点胶头将胶液涂覆于基板或芯片载体上，根据芯片大小，胶液要适量。

3. 贴片

将芯片用镊子或真空吸嘴轻放在胶液上，再稍用力压一下，芯片要放平。涂胶后应在一小时内完成贴片，否则因溶剂挥发使胶液变干失去黏性而无法粘片。为了保证粘片成品率，一般在固化前对芯片装配情况进行检验，如发现芯片粘歪、电极方向不对，可以及时进行处理、改进。

4. 固化

放置在通风良好的烘箱内进行固化，根据具体情况，合理选择固化温度和时间。

12.3　常见胶黏剂

快速黏合剂类—乐泰 401 瞬干胶：主要含 α—氰酸树脂并配有多种助剂的单组分胶液可用于一些表面较难胶接材料，如在需要有较大拉伸和剪切强度时，并可提供比较均匀的应力分布。其特点是均相、低黏度、单组分，无须搅拌，使用方便，空气湿气固化，固化速度快（一般≤30s 即可室温初步固化）。缺点是接头韧性差、不耐水、不耐碱、不耐热。

环氧类黏合剂—JW—1 环氧聚酰胺胶黏剂：本品主体树脂为双酚 A 型环氧树脂，可用于粘接各种金属和非金属材料，如对油箱、气缸裂缝、计量工具、铸件、农机、蜂窝结构等的粘补等。可分为有填料型和无填料型两种。其特点是室温或中温固化，使用方便，胶接性好，粘接强度大，粘接范围广，具有耐热、耐碱、耐潮、耐冲击等优良性能。

硅橡胶—南大 703 硅橡胶：常温下吸收空气中的水汽固化，具有优良的耐老化、防潮、电绝缘和抗电弧性能，良好的粘接性能。广泛用于密封、涂覆和小型元器件的黏合。单组分脱醇型，使用方便。室温湿气固化，不含溶剂，无腐蚀、无污染，属非危险品。

厌氧胶—乐泰 290 厌氧胶：适合于锁固和密封螺纹紧固件。通过低黏度和毛细管渗作用进入螺栓中，在隔绝氧气的条件下固化，从而消除由于震动或冲击引起的螺栓松动或泄漏。此外，还可以用于填充焊缝、铸造或粉末冶金部件的缺陷。单组分的二甲基丙烯酸酯，无须混合，使用方便，具有荧光性，低黏度，中高强度，厌氧快速固化，有促进剂参与可进行二重固化。

第四部分

常用连接方法

连接是整机电子装联过程中的一项基础技术，通常指用焊接、紧固件、胶黏剂或其他连接件等将产品的元器件和零、部、整件按图样要求装接在规定位置上。在电子设备整机中所用到的安装技术主要有绕接、压接、粘接、铆接及螺纹连接、焊接、引线键合等。

第13章 绕　　接

13.1　绕接工艺

绕接技术是用一种专用工具对单股实心裸导线施加一定拉力，使之按规定的圈数紧密地缠绕在带有棱边的接线柱上，使导线与接线柱形成牢固连接接点的技术，从而达到可靠的电气连接。绕接使用的专用绕接器（也称绕枪）如图 13.1 所示，它由旋转驱动部分和绕线机构（绕头、绕套等）组成。接线柱又称接线端子，它一般由铜或铜合金制成，其截面为有棱角的方形或矩形，如图 13.2 所示。

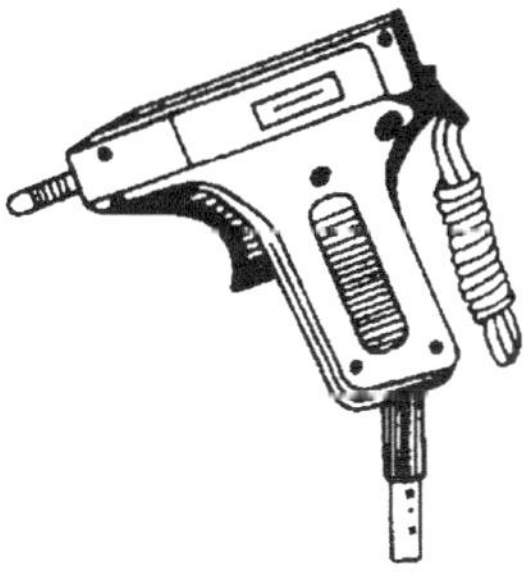

（a）电动型绕枪外形

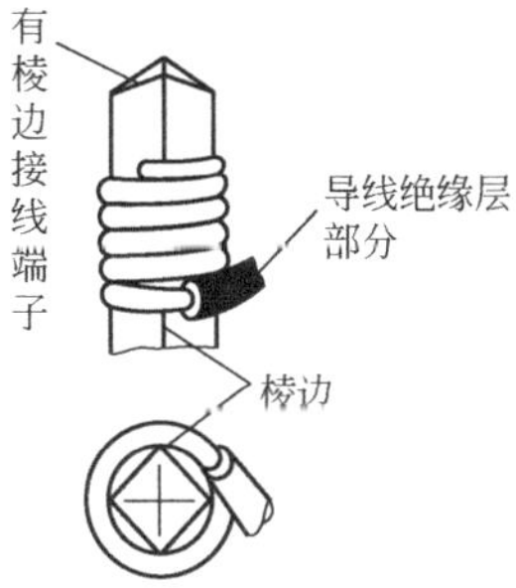

（b）常规型绕接示意图

图 13.1　绕接使用的专用绕接器

图 13.2　绕接端子的截面形状

绕接是一种不同于螺钉连接、焊接、压接、刺破连接的连接方式。绕接属于压力连接，绕接时，导线以一定的压力同接线柱的棱边相互摩擦挤压，使两个金属接触面的氧化层被破坏，金属间的温度升高，从而使金属导线和接线柱之间紧密地结合。

导线与接线柱绕接而成的接点有两种形式：一种为常规型，另一种为防震型。绕接工艺是美国最大的电话公司西方电气公司贝尔电话实验室20世纪50年代早期首次进行研究，并于 1953 年获得了成功应用。1960 年前后已普遍应用于电话自动交换机，后来又应用于计算机、电视机和录音机等各种电子设备。不少国家制定了本国绕接标准，技术先进的国家采用了自动或半自动绕接工艺。国际电工委员会于 1971 年制定了 IEC（352）绕接技术标准，并于 1979 年颁布了该标准的修正草案。我国 20 世纪 70 年代中期首先开始在通信设备和计算机设备上进行绕接工艺的试用和研究，并开始了绕接专用的工具、测试工具、接插件和导线的批量生产，研制了半自动绕接机。

13.2　绕接工艺要素

（1）绕接工具：绕接工具的好坏，直接关系着绕接点的质量，是绕接工艺的一个关键因素。

绕枪：亦称绕接器，是绕接工艺的必备工具，起着给绕头定位和提供旋转动力的作用。绕枪的种类较多，有电动、气动和手动等多种。绕枪转向为反时针方向，转速不能超过 3000 r/min，以免绕接时导线产生脆断。

绕头和绕套：绕头和绕套是绕接工艺的关键，是保证绕接质量的一个重要因素。其规格的选择应根据导线规格、接线柱形状尺寸和间距及绕接点工作条件来进行选择。绕头分为常规型、防震型和自动剥皮型三种类型。

退绕器：退绕器是用来退除错绕的绕接点之用的。

拉脱力测试器：拉脱力测试器是用来检验绕接连接点性能的测试工具。测试的同时，也检验了绕枪和绕头的性能。

（2）绕接用导线和接线柱：在绕接连接中，绕接用导线和接线柱是保证绕接质量的重要因素。

绕接用导线：为了保证绕接接点的拉脱力质量指标，绕接用导线除了要有良好的导电性外，还要具有良好的机械性能，包括足够的弹性性能（直径为 0.5mm 以下的导线其最小伸长率应在 15%以上）和适当的硬度（维氏硬度为 95～220）。一般采用单股实心圆形的铜或铜合金材料。导线镀层为锡、铅锡合金或银，镀层厚度最佳为 20μm 左右。导线绝缘层要求绝缘性能好，附着力低，容易剥落和非脆性。剥除绝缘层时应注意不得损害导线的性能，切忌导线的径向刻伤。

接线柱：接线柱的结构外形、材料和镀层的选择对保证绕接技术的可靠性起很重要的作用。接线柱应有较好的弹性和足够的抗扭刚度，使之能经受绕接应力和导线的机械负荷。接线柱的硬度要求为维氏硬度 95～220。对角线小于 1.3mm 的接线柱应能经受 5 次重绕，对角线大于 1.3mm 的接线柱应能经受 10 次重绕。接线柱常用材料有磷青铜、铜锌合金、铜铍合金等。镀层要求同绕接用导线。接线柱的截面必须采用至少有两个锐利棱角的几何形状，这样才能保证绕接时产生气密性接触区和防止导线脱绕。常用截面为正方形和矩形，并以矩形为最佳。矩形的宽与厚之比不宜大于 2。

13.3 绕接工艺过程

绕接的操作是很简单的。选择好适当的绕头及绕套，准备好导线并剥去一定长度的绝缘皮，将导线插入导线槽，并将导线弯曲嵌在绕套缺口后，即可将绕枪对准接线柱，开动绕线驱动机构，绕头即旋转，将导线紧密绕接在接线柱上，绕接过程如图13.3所示。

图13.3 绕接过程

导线剥皮：按绕接圈数调节专用去皮钳，控制剥皮长度的挡块，调整好后固定。然后将导线压入V形刃口并拉直，剪掉多余线头，再用手把导线由V形刃口中拉出，剥去导线外皮。

插导线：把剥皮的导线的裸露部分沿绕套的漏斗端插入绕头的导线槽中，把导线在绕套的导线固定缺口处折弯。

套接线柱：一只手捏住导线，另一只手握绕接器，把绕头上的接线柱孔套在被绕接的接线柱上。

绕接：手对绕枪施加一定的推力，扣动扳机，使导线紧密地缠绕在接线柱上。绕接质量的好坏与绕接时的压力、绕接圈数有关。有时为了增加绕接的可靠性，将有绝缘层的导线再绕一、二圈，并在绕接导线的头、尾各锡焊一点。绕接点要求导线紧密排列，不得有叠绕、断绕的现象。常见的不合格绕接示例如图13.4所示。

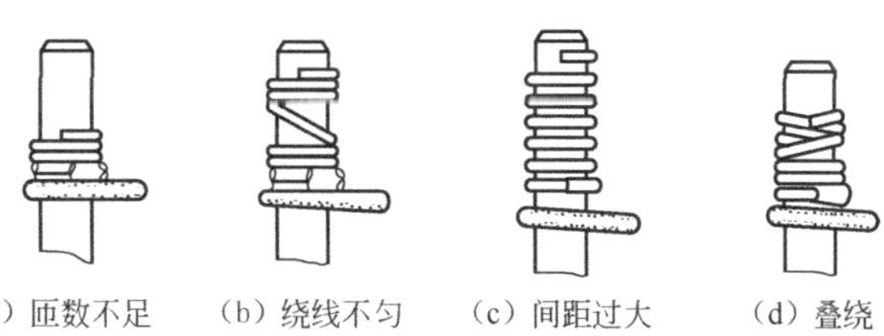

(a) 匝数不足　(b) 绕线不匀　(c) 间距过大　(d) 叠绕

图13.4 常见的不合格绕接示例

退出绕头：退出绕头，完成一个绕接点。

不合格绕接点处理。接线错误的接点或更改布线时，需将相关接点拆下，用退绕器退绕。退绕器中心孔应比接线柱对角线大0.1mm左右，孔深比接线柱长1～2mm。进行退绕时，将退绕器中小孔套在接线柱上，并反向旋转，这时退绕器顶端螺旋状尖角开始切入接点线圈之间，把螺旋线圈从接线柱上分离开，随着退绕器的旋进，接点线圈一边被松开，一边随着退绕器螺旋槽的轨道旋绕在退绕器上。退绕完接点线圈后，拉出退绕器，保持接点引出线不动，旋转工具，使导线从工具上慢慢褪下。

13.4　绕接点的质量检测

绕接点质量要求：除了第一圈和最后一圈外，绕接点其他相邻两圈的最大间隙不得大于导线直径的一半，这些间距的总和不得大于导线的直径。绕接点呈螺旋形紧密排列，绕接圈数应大于规定的最少绕接圈数，接点不得有叠绕现象。在防震型绕接中，绝缘导线的第一圈允许在同一接线柱下一个接点的最后一圈上。绕接点完成后，不得有圈数不足现象；接点不应有明显外形损伤或撕裂现象。绕接点中，导线最后一圈的尾端允许沿切线方向延伸，但伸出部分长度不得大于导线的直径。一个绕接柱上以不超过三个绕接点为宜，不允许由于绕接点在接线柱上布局不均匀而出现超出接线柱的现象。

接触点数可以按照下式计算：

接触点数（个）=（圈数–第一个半圈–最后一个半圈）×接线柱棱边数×0.75

式中，0.75 是接触系数。

计算圈数时，规定从无绝缘层的导线与接线柱棱边开始相交之点为零（基准点）。

绕接点引出线的走向应与接点旋转方向一致，绕后的接点圈数不应该有松动。应尽量避免焊接点、绕接点在同一接线柱上，在确实需要的情况下，应该使绕接点与焊接点隔开较大的间距，而且要先焊接，后绕接。

绕接点的检验方法有很多，下面谈谈我们生产中常用的几种检验方法：

（1）直观检验：用肉眼直观检验绕接点的有效圈数和有无叠绕、散绕等。抽查导线剥头有无导体损伤。

（2）退绕检验：每日有间隔地抽查 2～3 个绕接点，主要是用于观察绕接导线是否有脆性断裂现象。

（3）拉脱力检验：直观检查绕接点有效圈数（除去首尾端的半圈）及拉脱力要求，如表 13.1 所示。

表 13.1　绕接点有效圈数及拉脱力要求

线径 d（mm）	有效圈数	接脱力 F（kg）	线径 d（mm）	有效圈数	接脱力 F（kg）
0.25	7	1.33	0.65	5	3.57
0.32	7	1.73	0.80	4	4.59
0.40	6	2.24	1.00	4	5.40
0.50	5	2.86			

（4）接触电阻的检验：通过绕接点的电压应不大于 4mV。对于线径为 0.4mm、0.5mm、0.6mm 的绕接点，测试接触电阻时所用电流为 2.4A。对于线径为 0.7mm 的绕接点，测试接触电阻时所用电流为 7.5A。

13.5　绕接的特点

绕接连接同锡焊连接有本质区别，比锡焊连接有更大的优越性，具有如下特点：可靠性为锡焊连接的10倍以上，工作寿命长达40年。

绕接连接从根本上消除了锡焊连接存在的虚焊问题。绕接点牢固耐久，抗老化和耐腐蚀。防震型绕点的抗震能力是锡焊连接无法比拟的。绕接连接的生产质量稳定，外观整齐，无锡焊连接需清理导线头、锡渣和熔剂余痕的麻烦，也就消除了由此而产生的短路和腐蚀的隐患。

绕接操作简单，容易掌握，工人一般经1～2天的培训便可进行操作，而锡焊工人熟练掌握操作需半年至一年时间。绕接对导线的绝缘层及元器件无热影响；绕接无污染物，改善了工作条件；能充分利用空间，可以实现高密度装配，有利于产品小型化，还为产品电气连接操作向自动化方向发展提供了有利条件；退绕方便，质量容易控制，检验直观简单。

绕接不用锡焊料和熔剂，降低了生产成本，比锡焊连接可提高工效1倍，如果采用半自动或自动绕接，则可大幅度地提高工效。与锡焊相比，绕接可节约电能一半以上。

尽管绕接有无可比拟的优点，但也存在一定的局限，比如，绕接点使用的导线头比锡焊点的长，多股导线不能进行绕接，直径大于1.32 mm的导线不能进行绕接，生产或维修中需要改换错绕点时比锡焊麻烦，再进一步提高装配密度比较困难。

第14章 压接

所谓压接，就是通过外部工具或者设备施加的压力使端子沿导线四周产生机械压缩或者变形，从而使导线和端子之间形成机械连接和电连接的方法，再充分借助金属原子之间的扩散作用，为导线和端子之间实现机械与电气的连接提供保障。压接技术主要用于电力电子产品内部线束端子的连接或者一些电子器件与外部的连接，相比于传统的焊接工艺，压接工艺提高了产品的可靠性及生产效率，同时由于压接无须焊料便可实现连接的特点，一方面员工工作环境得到了改善；另一方面解决了焊锡长时间容易氧化的问题，所以压接具有节约成本、环保等优点，随着社会经济的快速发展，目前已广泛应用于电气整机装联。

14.1 压接机理

利用专门的压接工具或设备，给导线和压接端子施加一定的压力时，导线线芯与压接端子两种金属紧密接触，产生过热并发生变形，在变形过程中金属温度升高，从而导线线芯与端子金属很好地结合在一起，相互之间由于温度的升高，发生扩散现象，形成合金层，达到可靠的连接，两者接触电阻几乎为零。压接的好坏取决于压接设备的上下模形状结构、压接高度、导线本身线径及端子结构，其中压接高度压接过程中可以进行调节，压模结构需要在压接以前根据导线线径及端子结构匹配好。压接通常是将导线压到接线端子中，靠外力使端子变形挤压导线，形成紧密接触，如图 14.1 所示。

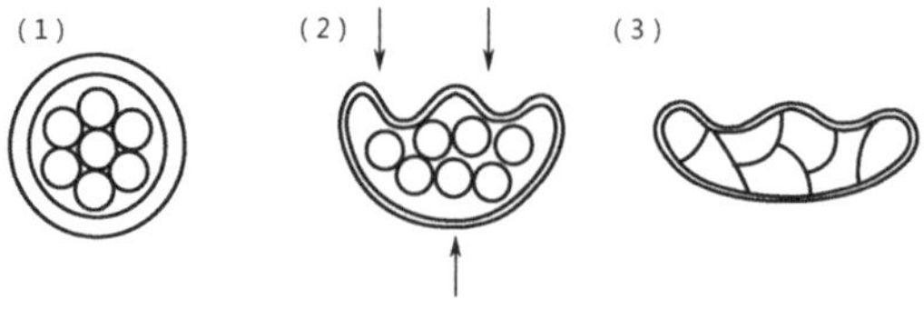

图 14.1　压接

（1）在压力作用下端子发生塑性变形，紧紧挤压导线。

（2）导线受到挤压，间隙减小或消失，并产生变形。

（3）压力去除后端子变形基本保持，导线因弹力对端子内壁产生压力而紧密接触，破坏表面氧化膜，金属间形成一定程度的扩散，从而形成良好的电气连接。

14.2　压接工艺要求和特点

端子的压接是整个电缆线束生产的灵魂，那么什么样的压接才是我们理想的压接工艺要求呢？除了满足相应的拉力要求以外，导体压接区还需满足如下要求：

（1）导体绝缘皮与导体压接区入端的间距低于全部线径的 50%；导线压接区和插接区之间的芯线通常露出长度为 0.5～1.5mm。

（2）导线压接区两侧应有钟形压口，俗称“喇叭口”，如果只有一侧，应在绝缘层侧；导线压接区、绝缘层压接区不可有变形和损坏，如果端子有轻微的变形，为了达到最终的验收标准可能需要进行配接试验。

（3）插接区不可有变形，卡口片不可变形；伸过钟形压口的多根导线长度齐平。

端子的压接在电子装联体系中不可或缺，它有工艺简单，操作方便，不受场合、人员的限制；连接点的接触面积大，使用寿命长；耐高温和低温，适合各种场合，且维修方便；成本低、无污染、无公害等优点。缺点是压接点的接触电阻大，因而压接处的电气损耗大。

压接相比于焊接虽然效率提高不少，但是压接却是一个不可逆过程，生产过程中如果出现端子压错或者不牢固的现象基本都是报废处理，没有很好的办法来进行维修。

14.3　压接端子及工具

压接端子主要有图 14.2 所示的几种。想要达到一个理想的压接，必须要选择一种合适的工具。

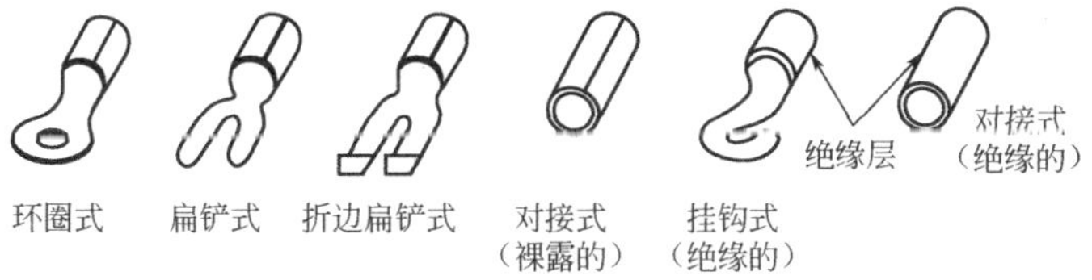

图 14.2　常见的压接端子

1. 手动压接工具

手动压接工具比较适用于小批量或者新品试制阶段未制作合适模具的端子的压接。手动压接工具及压接成形示意如图 14.3 所示。

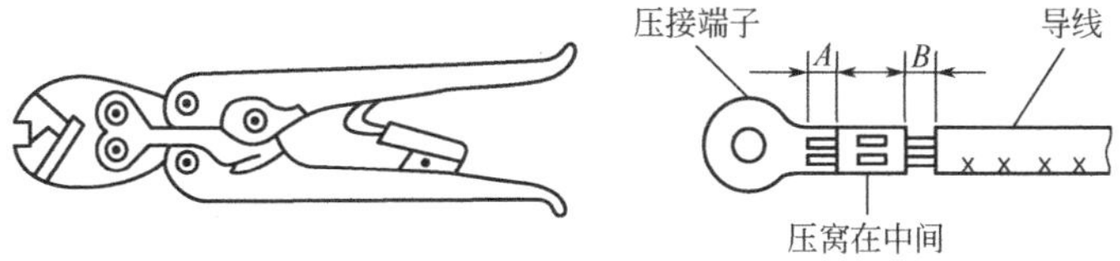

图 14.3　手动压接工具及压接成形示意

此类型工具一般分为两种：一种是手工工具，通过某种形式的机械装置来控制压接操作，一旦压接操作开始后，压接工具便不能被打开，直到整个压接循环完成，具有自锁功能。此种压接工具由于是全手工，比较费劲，而且压接位置不易统一。另一种就是手工压接模具，通过手工来控制上模移动来完成压接，此种模具操作简单，但是压接力量无法控制，不能很好地保持压接的一致性，如图 14.4 所示。

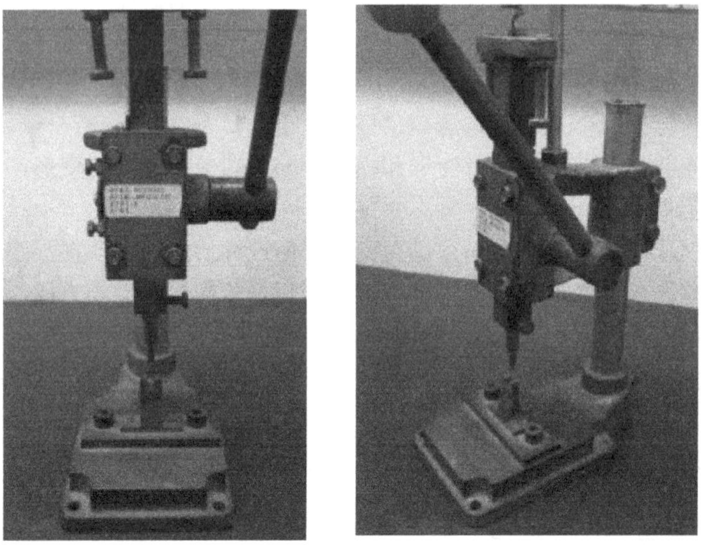

图 14.4　手动压接模具

2. 气动压接模具

气动压接模具主要适用于形状简单的闭环型裸线端子的压接，如常见的 OT 系列端子，它一般包括 3 种齿牙结构，适合 0.5～2.5mm^2 导线的压接。但是此设备的缺点就是：上模行程不固定，脚踏开关松开，上模就松开；由于一般工厂用气设备比较多，导致气压可能不稳定，从而导致上模压不到指定的位置，端子压接的可靠性不能得到保证。气动压接模具如图 14.5 所示。

图 14.5　气动压接模具

3. 电动压接模具

电动压接模具如图 14.6 所示。该设备主要用于端子的压接，一般适用于链式开环型端子的压接，可以实现连续压接，该压接模具具有传送机构、定位机构，且上模行程可调，具有计数功能，工作效率高，一致性好；另外，也可以通过修改压接模具，实现单个端子的压接，但是这样端子压接位置的一致性就需要人工去控制，可以针对不同大小的端子做一个定位模块，就能很好地控制压接一致性。有条件的还可以将超静音端子机上加装压力监测仪器，从而可以实时地检测上模的压力大小，保证端子压接的可靠性。

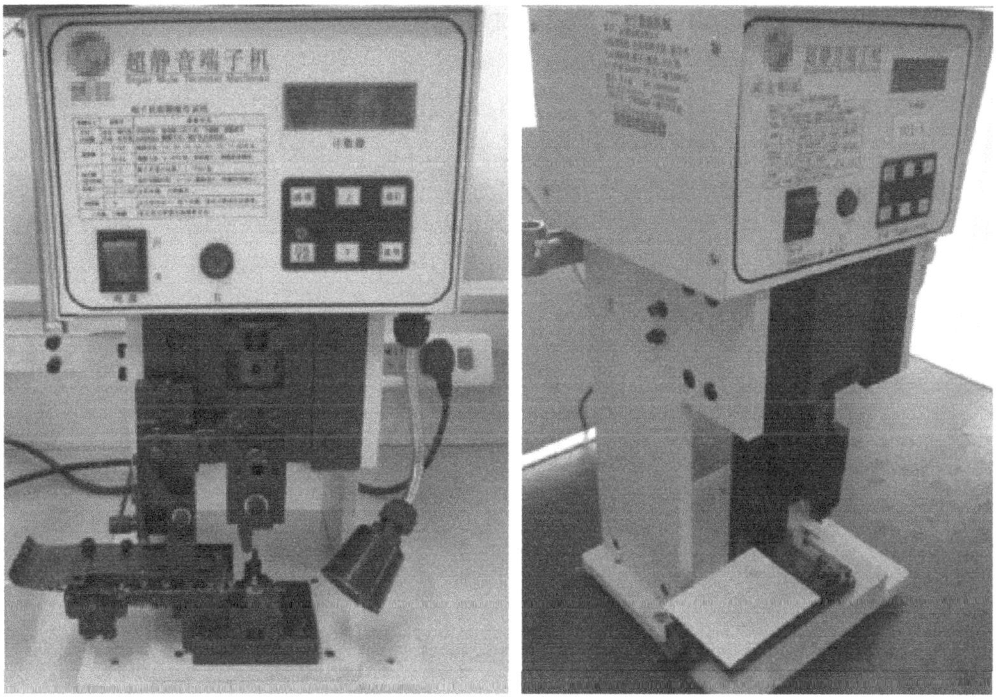

图 14.6　电动压接模具

14.4　端子压接质量影响因素

端子压接质量影响因素比较多，任何一个环节没控制好都会影响压接质量，其中最主要的因素就是工具的选择，必须要针对不同结构的端子，选择合适的压接工具或者压接模具。端子压接质量除了与压接模具有关外，还与电缆本身有很大关系，同种类型的电缆本身的粗细也不一定一样，国内与国外的、不同厂家的，甚至同一厂家不同批次的产品，也会存在差异。线径相同的情况下，绝缘外皮的厚度也可能不同，从而引起压接质量、效果的不同。

另外，端子的材质、材料厚度也是一个重要因素。一般选择刚性端子，可以承受较大的抗拉脱力。因此，除压接模具保证压接形状好坏之外，影响端子压接质量的工艺参数有模具压接高度、电缆的线径和端子结构。

不同的线径要调整压接模具的压接高度，而不同的端子，模具就各不相同，在具体使用时，我们应遵循以下原则：

（1）电缆的线径要符合端子的使用范围；导线剥头部分的长度要合适，保证端子压接后导线末端突出导体压接区的末端。

（2）压接模具要合适，压接点位于导体压接区域的中心，并在导体压接区域的两端有明显的钟形压口。

（3）每种端子压接前，必须要经过拉力测试仪测试合格后方可批量压接。

（4）单芯线切记不能进行压接，所有需要压接的导线不得进行上锡处理，若有具体要求，可以在压接完成后再进行上锡加固。

（5）每次批量压接前，针对不同结构的端子要选择好合适的工具，并对首件进行检查合格以后方可批量生产。

（6）定期检查压接模具的高度，以防压接过程中上模松动。

（7）如果选择气动压接设备，注意保持气压的稳定，另外还需要确保上模一个行程完毕才能松开脚踏开关。

第15章 粘　接

粘接又称胶接，是近年来迅速发展的一种连接工艺，在电子工业中有着广泛的应用。特别是不同材料的连接，如塑料、陶瓷、玻璃等材料采用焊接、螺钉和铆接都不易实现连接。例如，在电子产品装配中常用硅橡胶固定引线、接插件及质量较大的元器件已成为提高产品可靠性的常用工艺措施之一。在一些不能承受机械力、热应力的地方，粘接更有独到之处。在电子仪器实验、维修中也常常用到粘接。

15.1　粘接机理与粘接表面的处理

1．粘接机理

由于物质之间存在分子、原子间的作用力，当种类不同的两类材料紧密靠在一起时，可以产生粘接作用。这种粘接作用又可分为本征粘接和机械粘接两种，本征粘接表现为粘合剂与被粘工件表面之间分子的吸引力，机械粘接则表现为粘合剂渗入被粘工件表面孔隙中，粘合剂固化后被机械地镶嵌在孔隙中，从而实现被粘工件的连接。

作为对粘接作用的理解，也可认为机械粘接是扩大了本征粘接接触面的粘接作用。为了实现粘合剂与工件表面的充分接触，要求工件的粘接表面必须清洁。因此，粘接的质量与粘接表面的处理紧密相关。

2．粘接表面的处理

由于各种原因，在工件粘接面上不可避免地存在杂质、氧化物、水分等污染物质，粘接前粘接表面处理是获得牢固连接的关键之一。任何高性能的粘合剂只有在清洁的工件表面才能形成良好的粘接层。

对于一般要求不高或较干净的工件表面，用酒精、丙酮等溶剂清洗去油污，待清洗剂挥发后即可进行粘接。有些金属粘接前应进行酸洗，如铝合金须进行氧化处理，使表面形成牢固氧化层再施粘接。有些接头为增大接触面积需用机械方法形成粗糙表面。

15.2　粘接接头的设计

虽然不少粘合剂都可以达到或超过粘接材料本身的强度，但接头毕竟是一个薄弱点，设计接头应考虑到一定的裕度。粘接接头设计要点如下：

（1）针对工作要求正确选择粘合剂；

（2）合理选择接头形式；

（3）恰当选择工艺参数；

（4）充分利用胶缝的承载特性，尽可能使胶缝承受剪切和拉伸载荷，而避免承受扯离，特别是剥离载荷；

（5）从结构上采取防止剥离的措施；

（6）减少胶缝处的应力集中，如板材端部切成斜角；

（7）当有较大冲击、振动时，应在胶接面之间增加玻璃布层等缓冲材料。

图 15.1 是几种常见的粘接接头。

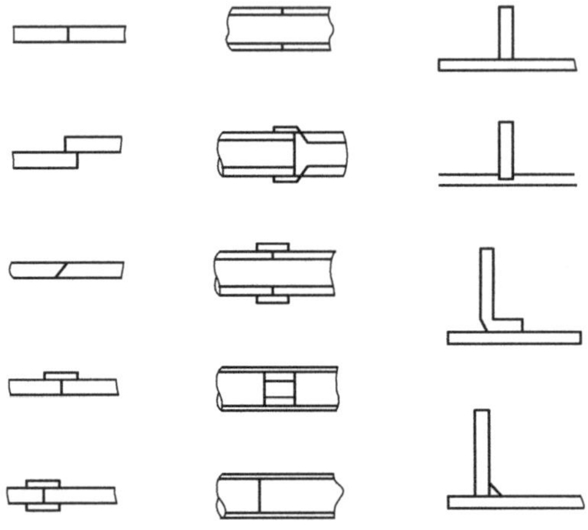

（a）对接　　（b）管子连接　　（c）角接

图 15.1　几种常见的粘接接头

15.3　粘合剂的选用

在具体进行粘接前，要根据所粘接材料的性质，选择合适的粘合剂。例如，在粘接小的塑料齿轮时，一般可用 502 等粘合剂。粘接 ABS 工程塑料、有机玻璃等高分子材料制作的物品时，可以使用有机溶剂，让材料直接溶合粘接，也可选用 501、502 等。粘接金属时，采用 701 胶等。

粘接中使用的有机溶剂，一般是三氯甲烷、丙酮等，应当尽量采用溶解速度快、污染小、毒性小、对人体刺激小的溶剂。

在使用胶合剂前，一定要详细阅读使用说明书，按照指定的方法使用，才能保证粘接质量。

第16章 机械连接

16.1 铆接

铆接是一种通过铆钉将两个或两个以上的零部件连接起来的机械连接方法。铆接有冷铆和热铆两种方法。在电子产品装配中，通常是用铜或铝制成铆钉，采用冷铆法进行铆接。

16.1.1 铆钉尺寸的选用

铆接时所选用的铆钉长度要适当。如果铆钉杆太长，在铆接时容易偏斜；铆钉杆太短，做出的铆接头就不会圆满完整，并会降低结构的坚固性。铆钉长度应等于被铆件总厚度与留头长度之和。半圆头铆钉的留头长度为铆钉直径的1.25～1.5倍，沉头铆钉的留头长度为铆钉直径的0.8～1.2倍。

铆钉的直径大小与被连接件的厚度有关，铆钉直径应大于铆接厚度的1/4，一般应取板厚的1.8倍。铆孔直径与铆钉直径的配合必须适当。若孔径过大，铆钉杆易弯曲，孔径过小，铆钉杆不易穿入，若强行打进，又容易损坏被铆件。

16.1.2 铆接工具

在铆接过程中，所用的工具主要有圆头手锤、压紧冲头和垫模。圆头手锤的大小应按铆钉直径的大小来选定。压紧冲头外形如图16.1所示，当铆钉穿入铆孔后，用它来压紧被铆接件。

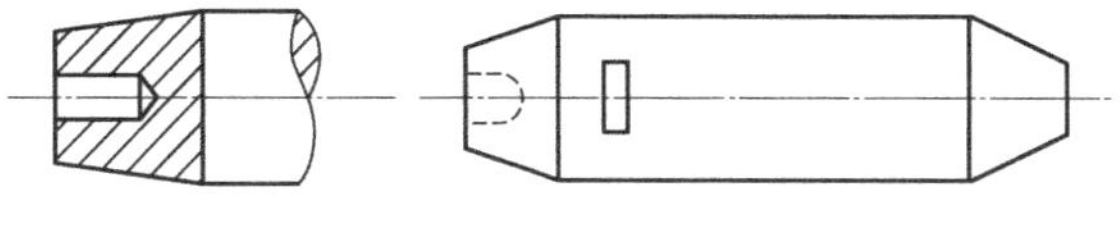

图16.1　压紧冲头外形

根据冲头形状，冲头可分为半圆头冲头、平头冲头、尖头冲头和凸心冲头。半圆头冲头外形如图16.2所示，用于铆接铆钉的圆头。其工作部分是凹形半圆球面，按半圆头铆钉头部尺寸，用钢料车制后经淬火和抛光制成。平头冲头用于铆接沉头铆钉。尖头冲头又称样冲，用于空心铆钉扩孔。凸心冲头用于空心铆钉扩边的成形及轧紧。

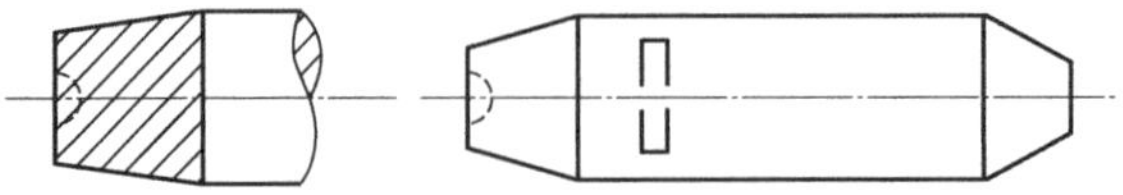

图 16.2　半圆头冲头外形

16.1.3　空心铆钉的铆接

空心铆钉在电子产品装配中使用最多，它一般由黄铜或紫铜制成，为增强电性能及可焊性，有些空心铆钉的表面镀银。铆接空心铆钉时，先将装上了空心铆钉的被铆装件放到垫模上，用压紧冲头压紧。然后用尖头冲头将铆钉孔扩成喇叭口状，再用榔头砸紧，如图 16.3 所示。

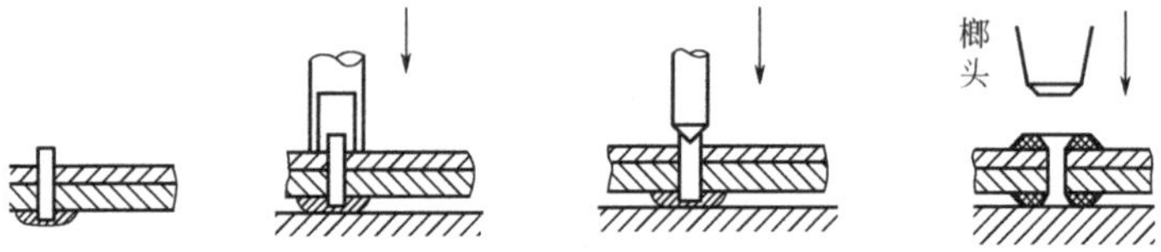

图 16.3　空心铆钉的铆接

16.2　螺纹连接

螺纹连接是一种用螺栓、螺钉、螺母等紧固件把电子设备中的各种零部件或元器件连接起来的连接方法。螺纹连接的工具包括螺丝刀、扳手及钳子等。

16.2.1　螺钉的选用

螺钉在螺纹连接中连接着零部件，起着至关重要的作用。因此，其选用关系着螺纹连接质量。螺钉类型的主要区别是螺钉头部的形状和螺纹的种类，如图 16.4 所示。根据螺钉螺丝刀口的不同，螺钉可分为十字头螺钉和一字头螺钉。通常情况下，十字头螺钉的刀口相对不易损坏，所以使用较为广泛。在大多数对连接表面没有特殊要求的情况下，都可以选用圆柱头或半圆头螺钉。其中，圆柱头螺钉特别是球面圆头螺钉，因其槽口较深，改锥用力拧紧时一般不容易损坏槽口，因此比半圆头螺钉更适用于需要较大紧固力的部位或改锥不能垂直加压力的部位。

当连接面较平整时，应该用沉头螺钉；当沉头孔合适时，可使螺钉与平面保持同高且使连接件准确地定位。因为这种螺钉的槽口较浅，一般不能承受较大的紧固力。为解决这一问题，在某些场合可使用内六角螺钉，它具有同沉头螺钉一样的特性，且不易在拧紧过程中脱扣。在使用内六角螺钉紧固时，要使用专用的内六角扳手。

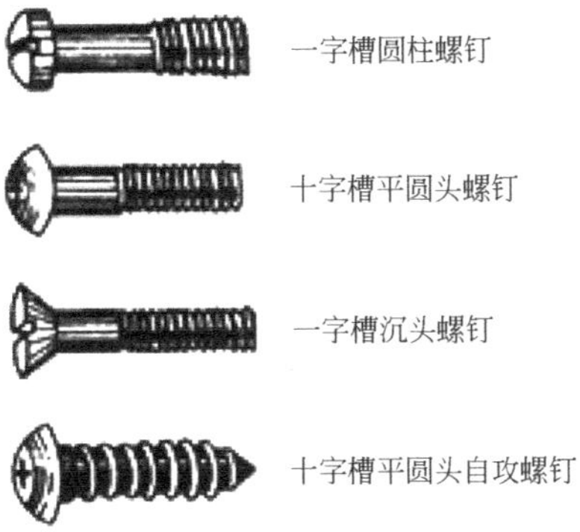

图 16.4　常见的螺纹

自攻螺钉是一种不需要预先攻制螺纹的特殊螺钉，一般用于薄铁板与薄铁板、薄铁板与塑料件、塑料件与塑料件之间的连接。因此，这种螺钉不能作为经常拆卸或承受较大扭力的连接。自攻螺钉适用于固定那些重量轻的部件，而像变压器、铁壳电容器等相对重量较大的零部件，绝不可以使用自攻螺钉固定。

16.2.2　螺纹连接工艺要点

在实施螺纹连接过程中，应注意以下要点：

（1）合理选择紧固件组合；

（2）合理选用改锥，拧紧时不要打滑，不能损伤螺钉头；

（3）多个螺接点旋紧时应遵循用力均匀、交叉对称、分布拧紧的步骤，以免造成连接件歪斜或应力集中损坏；

（4）用扳手上紧六角螺钉时，不可用大扳手拧小螺钉，也不可用力过大，以免损坏螺钉或连接件。

16.2.3　防止螺纹松动的方法

螺纹连接的螺钉安装固定后，在受到机械振动或者冲击时易出现松动。在电子设备中，一般采用安装垫圈的方法防止螺钉松动。常用的垫圈有平垫圈、弹簧垫圈、波形垫圈、齿形垫圈和止动垫圈。平垫圈可以防止拧紧时螺钉与连接件的相互作用，但不能起到防松作用。弹簧垫圈使用最为普遍且防松效果好，但这种垫圈经过多次拆卸后，防松效果就会变差。因此，应在结构调整完毕时的最后工序再紧固它。波形垫圈的防松效果稍差，但所需的拧紧力较小且不会吃进金属表面，常用于螺纹尺寸较大且连接面不希望有伤痕的部位。齿形垫圈也是一种所需压紧力较小的垫圈，但其齿能咬住连接件的表面，特别是在涂漆表面上的防松垫，在电位器类的元件中使用较多。止动垫圈的防震作用靠耳片固定六齿螺母实现，仅适用于靠近连接件的边缘但不需要拆卸的部位，一般不常用。

第17章 焊接

焊接是金属连接的一种方法。通过在两金属连接处的加热熔化和加压，或两者并用，以造成金属原子之间或分子之间的结合，从而使两种金属永久连接，这个过程称为焊接。焊接通常可分为熔焊、压焊和钎焊三大类，电子整机装配中应用最多的是钎焊，本章主要介绍钎焊原理及常见的电子软钎焊方法。

17.1 钎焊基本原理及特点

钎焊是在金属母材之间融入比金属母材熔点低的焊料，依靠毛细管作用，使焊料进入金属母材之中，并发生化学变化，从而使金属母材与焊料结合为一体。按焊料熔点的高低不同又可将钎焊分为硬钎焊和软钎焊两种，通常以 450℃为界，低于 450℃的为软钎焊，高于 450℃的为硬钎焊。

采用铅锡焊料进行的钎焊称为铅锡焊，简称锡焊。锡焊是指在焊接温度低于被焊接表面(元器件引线和导线与连接盘、焊槽、接线柱的连接)的固相线、而高于焊料液相线时，借助焊剂的帮助，使熔融的液态锡铅焊料润湿被焊接的金属（铜或铜合金）表面，并与之进行物理、化学作用，而实现焊接界面的金属（Sn-Cu）相互结合的过程；锡焊属于钎焊中的软钎焊。锡焊的对象称为焊件，绝大部分的焊件是金属零件，如焊片、导线、元器件的引线、焊盘等。

锡焊的主要特征如下：

（1）焊料熔点低于焊件；

（2）焊接时将焊件和焊料共同加热到焊接温度，焊料熔化而焊件不熔化；

（3）连接的形式是由熔化的焊料润湿焊件的焊接面产生冶金、化学反应形成结合层而实现的。

17.1.1 焊点形成的必要条件

要形成一个良好的焊点，必须满足以下条件：

（1）被焊金属材料应具有良好的可焊性。可焊性是指被焊接的金属材料与焊锡在适当的温度和助焊剂作用下，形成良好结合的性能。在众多导电性能良好和易于焊接的金属材料中，金、银、铜的可焊性较好，其中铜的应用最为广泛。

（2）被焊金属材料表面要清洁。由于金属与空气相接触会生成氧化膜，为保证焊接良好，对于轻度的氧化膜可使用焊剂来清除，对于较重的氧化膜可借助化学（如酸洗）或机械的方法清除。

（3）助焊剂的使用要适当。助焊剂在加热熔化时可溶解被焊金属表面上的氧化物和污垢，使焊接界面清洁，并帮助熔化的焊锡流动，从而使焊料与焊件牢固结合。助焊剂的性能一定要适合焊件的焊接性能，适当使用助焊剂能保证焊接质量。

（4）焊料的成分与性能要适应焊接要求。焊料的成分及性能应与焊件的可焊性、焊接的温度及时间、焊点的机械强度相适应，以达到易焊与焊牢的目的，并应注意焊料中所含杂质对焊接的不良影响。

（5）焊接要有一定的温度。只有焊件的表面和焊料加热到焊接温度，才能使熔化的焊料在焊件表面湿润扩散并形成金属化合物，保证焊点的牢固。

（6）要有适当的焊接时间。焊接时间是指在焊接全过程中进行物理和化学变化所需要的时间。焊接时间过长会损坏焊接部件或元器件，时间过短则达不到焊接要求。

17.1.2　对焊接的基本要求

对焊接的基本要求如下：

（1）焊点机械强度要足够。为保证焊件在受到振动或冲击时不至脱落、松动，要求焊点要有足够的机械强度。为增加强度，在焊接时通常增大焊接面积，或将焊件的引线、导线先进行网绕、绞合、钩接在接点上再进行焊接。

（2）导电性要良好。焊点良好，才能有良好的导电性。一个良好的焊接点应是焊料与焊件的金属面相互扩散形成金属化合物，而不是简单地将焊料依附在焊件的金属面上。

（3）焊接点表面应有良好光泽。良好的焊接点不应有凹凸不平和颜色及光泽不均的现象。这主要与焊接温度及焊剂的使用有关。

（4）焊接点上的焊料要适当。焊接点上的焊料过少，将导致焊接点的机械强度降低；焊接点上的焊料过多，不仅会浪费焊料，并容易造成接点相碰和掩盖焊接缺陷。

（5）焊接点不应有毛刺、空隙。这对于高频、高压电子设备极为重要。如果有毛刺，高频和高压电路的焊接点易造成尖端辐射和放电。

（6）焊接点表面要清洁。焊接点表面的污垢，尤其是焊剂的有害残留物质，如果不及时清除掉会给焊接点带来隐患。

17.1.3　润湿理论与影响因素

1. 润湿理论

润湿是指由固—液相界面取代固—气相界面，从而使体系的自由能降低的过程。也就是液态钎料与母材接触时，钎料将母材表面的气体排开，沿母材表面铺展，形成新的固体与液体界面的过程。液态钎料能够较好地润湿母材，是钎料能够填充到钎缝的毛细间隙中，并进而依靠毛细作用力保持在间隙内，经冷却凝固而形成钎焊接头的前提条件。其作用原理的相关描述如下：

根据杨－拉普拉斯方程：

$$p_1 - p_2 = \sigma_{LG}\left(\frac{1}{R_1}+\frac{1}{R_2}\right) \tag{17-1}$$

式中，p_1, p_2 为液体表面对应凹液面和凸液面的压强；σ_{LG} 为与气体介质边界上液体表面张力；R_1 和 R_2 为液面曲率半径。

同平直界面的液体相比具有曲率的液体表面层在液体上会产生附加应力（表面张力），这一附加应力主要由毛细现象引起的。钎料在固体母材表面不同程度的润湿和铺展主要是由于固—液相界面张力和液体表面张力不同造成的。

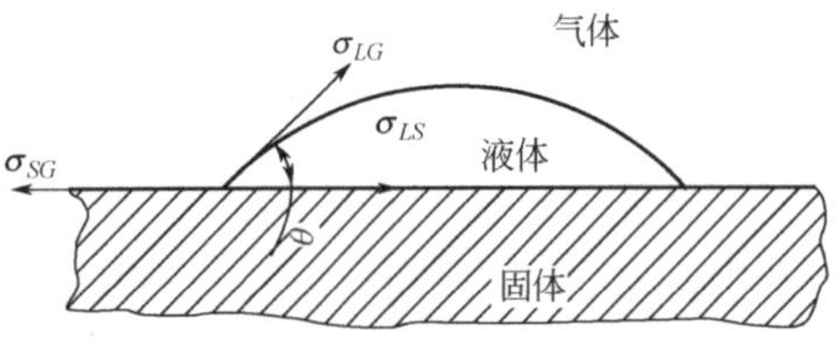

图 17.1　固体表面上液滴的表面张力平衡

固体平界面上液滴发生铺展润湿后，最终会达到平衡状态（见图 17.1），即体系三相边界点上表面张力达到力的平衡，亦即

$$\sigma_{SG} = \sigma_{LS} + \sigma_{LG}\cos\theta \tag{17-2}$$

式中，σ_{SG} 为固体和气体介质间沿边界作用于液滴上的表面张力；σ_{LS} 为在液固边界上的表面应力。

将 $\sigma_{SG} = \sigma_{LS} + \sigma_{LG}\cos\theta$ 稍做变换即可得到杨氏方程：

$$\cos\theta = \frac{\sigma_{SG} - \sigma_{LS}}{\sigma_{LG}} \tag{17-3}$$

将 $\cos\theta$ 作为描述液体润湿能力的润湿系数，θ 是指平衡状态下的润湿角，其大小表征了体系润湿与铺展能力的强弱，当 θ=0° 时，称为完全润湿；当 0° ＜θ＜90° 时，称为润湿；当 90° ＜θ＜180° 时，称为不润湿；当 θ=180° 时，称为完全不润湿。

杨—拉普拉斯方程与杨氏方程均是由施加于材料上的力的平衡得到的。必须指出的是，这两个方程是在液体与固体无相互作用的情况下导出的。在实际钎焊过程中，母材和熔融的钎料间会发生剧烈的相互作用，在这种情况下进行的表面润湿、铺展及毛细现象更为复杂，因此上面推导出的方程式只是一种近似的描述。

2. 润湿力

润湿力即液态焊料在被焊接金属表面铺展的能力，熔融钎料沿母材表面的铺展是由多种因素决定的，其中金属间相互作用性质和钎料性能（黏度）是两个最主要的影响因素。当钎料晶体结构具有较大的晶格间隙，而钎焊又是在液相线以下的温度进行时，钎料的流动性就具有特别的意义。

熔融钎料中固相的存在、消失的原晶体的结构及其分布性质不同都会对钎料的流动性产生很大影响。钎料铺展的过程不但与熔融钎料性质有关，还与母材和钎料相互作用、钎料进入母材表面的扩散作用及最终的毛细流动等有关。钎料铺展过程取决于钎料与母材间的物理化学性能关系，甚至取决于钎焊条件。

固体表面上熔融钎料的铺展是由液态钎料对母材表面的附着力和钎料原子或分子间接合力产生的内聚力的相互对比关系决定的。

附着力所做功可由液体润湿固体时释放的表面自由能确定：

$$A_{附着} = \sigma_{SG} + \sigma_{LG} - \sigma_{LS} \tag{17-4}$$

在润湿角 θ=0 处沿母材表面完全润湿。

钎料粒子的内聚力由形成两种新的液体表面所必需的功来估算：

$$A_{内聚} = 2\sigma_{LG} \tag{17-5}$$

若接近表面的附着功等于或者大于钎料的内聚功，那么沿母材表面的钎料熔滴的铺展就会发生。它们之间的差值 K 称为铺展系数：

$$K = A_{附着} - A_{内聚} = \sigma_{LG}(1+\cos\theta) - 2\sigma_{LG} = \sigma_{LG}(\cos\theta - 1) \tag{17-6}$$

因此，母材表面的熔融钎料的铺展性由它的表面张力和润湿角决定。润湿角和表面张力之间的关系很复杂。例如，对于铅-锡合金，当锡含量为 60%～80%时，表面张力按线性规律降低。在同样的锡含量情况下，用铅-锡合金焊接含铬 15%钢时，润湿角近似不变。由式（17-4）～式（17-6）可以看出，钎料对母材的润湿性取决于具体条件下三相间的相互作用，但不论情况如何，σ_{SG} 增大、σ_{LG} 或 σ_{LS} 减小，都能使 $\cos\theta$ 增大、θ 角减小，即能改善液态钎料对母材的润湿性。从物理概念上讲，σ_{LG} 减小意味着液体内部原子对表面原子的吸引力减弱，液体原子容易克服本身的引力趋向液体表面，使表面积扩大，钎料容易铺展。σ_{LS} 减小，表明固体对液体原子的吸引力增大，使液体内层的原子容易被拉向固体-液体界面，即容易铺展。上述分析给改善钎料对母材的润湿性指出了方向。

表 17.1～表 17.3 分别提供了部分液体金属的表面张力 σ_{LG}、部分固态金属的表面张力 σ_{SG} 和部分金属系统的界面张力的数据。除液态纯金属的表面张力数据比较齐备以外，后两项数据目前为数不多。至于通常均为多元合金的钎料，上述各项数据更为稀少，因此无法来指导生产实践。

表 17.1　部分液体金属的表面张力

金属	σ_{LG} (N·m^{-1})	金属	σ_{LG} (N·m^{-1})	金属	σ_{LG} (N·m^{-1})	金属	σ_{LG} (N·m^{-1})
Ag	0.03	Cr	1.59	Mn	1.75	Sb	0.38
Al	0.91	Cu	1.35	Mo	2.10	Si	0.86
Au	1.13	Fe	1.84	Na	0.19	Sa	0.55
Ba	0.33	Ga	0.70	Nb	2.15	Ta	2.40
Be	1.15	Ge	0.60	Nd	0.68	Ti	1.40
Bi	0.39	Hf	1.46	Ni	1.81	V	1.75
Cd	0.56	In	0.56	Pb	0.48	W	2.30
Ce	0.68	Li	0.40	Pd	1.60	Zn	0.81
Co	1.87	Mg	0.57	Rh	2.10	Zr	1.40

表 17.2　部分固态金属的表面张力

金属	温度 t(℃)	σ_{SG} (N·m^{-1})
Fe	20	4.0
	1400	2.1
Cu	1050	1.43
Al	20	1.91
M	20	0.70
W	20	6.81
Zn	20	0.86

表 17.3　部分金属系统的界面张力

系统	温度 t(℃)	σ_{SG} (N·m^{-1})	σ_{LG} (N·m^{-1})	σ_{LS} (N·m^{-1})
Al-Sn	350	1.01	0.60	0.23
Al-Sn	600	1.01	0.56	0.25
Cu-Ag	850	1.67	0.94	0.28
Fe-Cu	1100	1.99	1.12	0.44
Fe-Ag	1125	1.99	0.91	>3.40
Cu-Pb	800	1.67	0.41	0.52

实践经验表明，下述因素对钎料的润湿及铺展影响很大。

1. 钎料和母材成分的影响

由于不同的材料具有不同的表面自由能，所以当钎料和母材的成分变化时，其界面张力值必然发生变化，这将直接影响到钎料对母材的润湿和铺展。一般来说，如果构成钎料和母材的各元素之间可以发生相互作用，如形成固溶体、共晶体或金属间化合物时，就会表现出良好的润湿性，反之润湿性就较差。例如，Bi、Cd、Pb 等元素与 Fe 之间基本上不存在明显的相互作用，因此，这些元素在 Fe 表面上表现为明显的不润湿；而 Fe-Cu 和 Cu-Sn 等体系，元素之间就存在明显的相互作用，因而其润湿效果良好。又如，Cu 和 Pb 之间无相互作用，因此 Pb 在 Cu 表面表现为不润湿，当向 Pb 中加入 Sn 后，由于 Sn 和 Cu 之间存在相互作用，因此随着 Sn 含量的增加，润湿性也相应提高。当钎料成分发生变化时，其润湿角也发生变化。低 Pb 含量时的润湿角比高 Pb 含量时的润湿角要大，并以 Sn-Pb 共晶成分附近为最小。这是因为共晶成分的熔点最低，与给定实验温度的温差最大。但是，如果钎料与母材间的相互作用太强，则由于钎料在充分铺展之前就与母材发生了过分的相互作用，使液态钎料的熔点升高及黏度增大，造成液态钎料的流动性降低，因而也会造成润湿性下降。

2. 钎焊温度的影响

液体的表面张力 σ 与温度 T 呈下述关系：

$$\sigma A_m^{2/3} = K(T_0 - T - \tau) \tag{17-7}$$

式中，A_m 为一个摩尔液体分子的表面积；K 为常数；T_0 为表面张力为零时的临界温度；τ 为温度常数。

由上式可知，随着温度的升高，液体的表面张力不断减小。对于大多数液体来说，其表面张力都随温度的升高而降低。这一现象可以从化学热力学的角度加以证明。在温度变化不大时，表面张力随温度升高而呈线性下降。各种液态金属表面张力随温度变化大体上都可归结为这种关系。

一般来说，温度越高，润湿效果越好，铺展面积也就越大。但是，如果温度过高，就可能造成母材晶粒过分长大、过热、过烧等问题，而且钎料的铺展能力过强时，容易造成钎料的过分流失，不易添满钎缝，同时也容易造成溶蚀等缺陷。因此，在实际钎焊过程中，钎焊温度不宜过高，一般常取为钎料液相线以上 20℃～40℃，或取为钎料熔点的 1.05～1.15 倍。

3. 钎焊保温时间的影响

钎焊过程中，钎焊温度下保温时间增加到一定极限时，会导致润湿角的减小；进一步增加保温时间，不会影响润湿边界角的变化。

钎料成分对钎料的铺展性影响很大。在某些情况下，钎焊时沿母材表面钎料的铺展分为两个阶段：第一阶段是表面张力作用下的快速铺展，第二阶段是慢铺展（次铺展）。某些成分的合金会发生次铺展，例如，用含 30%～70%铅的钎料钎焊铜时会发生次铺展。这种现象的本质与母材和钎料之间形成比初始状态的钎料具有更高润湿能力的合金有关。有时在第二阶段铺展的钎料面积会发生某种程度的降低或次铺展的效果完全消失。这种情况与相互作用双方物质的物理化学性质及钎焊温度有关。例如，某些钎料在温度为 250℃时本身具有次铺展作用，而在 300℃时这种作用完全消失。

4. 真空度的影响

真空钎焊时钎焊室内的真空度对钎料铺展有很大影响。如果金属及其氧化物处在以饱和气体形式相互作用的体系中，那么反应的平衡常数由关系式确定：

$$n\mathrm{Me} + z\mathrm{O}_2 \longrightarrow \mathrm{Me}_{\frac{n}{m}}\mathrm{O}_{2\frac{z}{m}}$$

$$K_P = \frac{P_{\mathrm{Me}}^{n} P_{\mathrm{O}_2}^{z}}{P_{\mathrm{Me}_{\frac{n}{m}}\mathrm{O}_{2\frac{z}{m}}}^{m}} \tag{17-8}$$

式中，P_{Me}^{n}、$P_{\mathrm{O}_2}^{z}$、$P_{\mathrm{Me}_{\frac{n}{m}}\mathrm{O}_{2\frac{z}{m}}}^{m}$ 分别为金属气体、氧气和氧化物气体的分压。

当金属和它的氧化物处于液态时，平衡常数为：

$$K_P = P_{\mathrm{O}_2}^{z} \tag{17-9}$$

也就是说，如果在同样温度下金属及其氧化物为饱和溶液混合物，则该常数将不变。在不饱和溶液条件下，平衡常数将是符合相规律的金属及其氧化物浓度的函数。由式（17-8）得出，温度不变时金属及其氧化物之间的平衡是由氧的分压决定的，若钎焊区氧分压比该温度下氧化物分解产物平衡时的氧分压小，则氧化物将从母材和钎料表面被去除。因此，随着真空度的提高，在恒温下钎焊室中氧分压将下降，应当促使氧化物的分解和熔融钎料润湿母材条件的改善。但实验结果证明情况完全不是这样的。

真空度对润湿温度及母材上钎料的铺展强度的影响规律可用钎焊室中残余气体及母材与熔融钎料相互作用的特殊性解释。这在有关文献中有论述。

5. 金属表面氧化物的影响

在常规条件下，大多数金属表面都有一层氧化膜，氧化膜的熔点一般都比较高，在钎焊温度下为固态，其表面张力值很低，因此，钎焊时将导致$\sigma_{SG} < \sigma_{LS}$，产生不润湿现象，表现为钎料成球，不铺展。

另外，许多钎料合金表面也存在一层氧化膜，当钎料熔化后被自身的氧化膜包覆，此时，钎料与母材之间是两种固态的氧化膜在接触，因此产生不润湿。例如，当用 Al-Si 共晶钎料（熔点 577℃）置于 Al 母材（熔点 660℃）上加热到 600℃时钎料熔化，但不在母材表面上铺展。液态钎料因受固态氧化膜的制约而成为不规则球形。此时用加热的钢针刺入钎料并刺破母材氧化膜，钎料就会在母材与其表面的氧化膜之间铺展，从而将 Al_2O_3 膜"抬起"，形成所谓的"皮下潜流"现象。所以在钎焊过程中必须采取适当的措施来去除母材和钎料表面的氧化膜，以改善钎料对母材的润湿。

6. 母材表面状态的影响

母材表面粗糙度在许多情况下会影响钎料对其润湿。在实际钎焊过程中，不同钎料在不同状态的表面上的润湿情况也确实不同。例如，将 Cu 和 LF21 铝合金的圆片分成四份，分别采用抛光、钢丝刷刷、砂纸打磨和化学清洗的方法处理。在 Cu 的中心位置放 Sn60Pb40 钎料，在 LF21 铝合金片中心放置 Sn80Zn20 钎料进行铺展实验。实验结果表明，在 Cu 试片上以钢丝刷刷过的区域处铺展面积最大，在抛光区域处的铺展面积最小；但在 LF21 铝合金试片上，各部分的铺展面积几乎相同。铜试片上铺展面积的差异显然是由于不同的表面处理方法产生不同的表面粗糙度，从而影响到铺展面积。而对 LF21 铝合金来说，由于 Sn80Zn20 钎料与母材之间的相互作用十分强烈，母材的显微不平处迅速溶解进入钎料，从而降低了表面粗糙度的影响，使得各部分的铺展面积基本相同。

由此可见，母材的表面粗糙度对与它相互作用弱的钎料的润湿性有明显的影响。这是因为较粗糙表面上的纵横交错的细槽对于液态钎料起到了特殊的毛细管作用，促进了钎料沿母材表面的铺展，改善了润湿。但是表面粗糙度的特殊毛细管作用在液态钎料同母材相互作用较强烈的情况下不能表现出来，因为这些细槽会迅速被液态钎料溶解而不复存在。

17.1.4 影响焊接质量的四个过程

焊接面的结合包括了影响焊接质量的四个过程。

（1）活化：合适的焊接温度中，助焊剂的物理、化学特性在熔融焊料及焊接金属表面被有效激活，物理作用和化学作用得到充分发挥的过程。

（2）润湿：熔融焊料在被焊接金属表面的铺展过程。

（3）渗透：熔融焊料在被焊接对象缝隙中的毛细作用，对金属之间接触缝隙内的完全渗入过程。

（4）扩散：在熔融焊料与被焊接金属表面之间，金属离子的相互迁移过程。

17.1.5　活化过程

活化过程是指焊接过程中，在合适的温度下，助焊剂粒子在焊料晶粒间和被焊接金属表面的运动，并激活助焊剂的物理性能与化学性能，迅速清除焊料晶粒表面和被焊接金属表面的氧化层及粘污物的过程。

焊料晶粒表面和被焊接金属表面的氧化膜是影响钎料与被焊接金属润湿和铺展的重要因素，如何有效地去除表面氧化膜是钎焊过程中的一个重要环节。对于锡焊来讲，往往需要使用助焊剂来去除表面氧化膜。在助焊剂的作用下，表面氧化膜脱落、溶解、松动等，但其脱落的过程并不是一个简单的溶解机制，而且往往几秒或者几十秒内就完成了脱落过程，因此助焊剂活性的充分发挥直接决定后续能够顺利进行焊接。

在锡铅焊接过程中，助焊剂的活化主要受焊接温度的制约，合适的焊接温度可以使助焊剂的活性充分发挥，但如果焊接温度低，助焊剂不能达到有效的活化程度，会影响焊点质量；而焊接温度过高时，会使助焊剂迅速气化、挥发、炭化，不能有效清除焊料晶粒表面和被焊接金属表面的氧化层及粘污物，同时，碳化物会存留在焊料中，也会影响焊点质量。

17.1.6　润湿过程

润湿过程是指焊接过程中，焊料在温度、焊剂的活化下，表面张力迅速减小，充分熔融的焊料在被焊接金属表面迅速铺展，同时，引起界面间的金属离子相互迅速出现物理扩散、进而发生化学反应，形成微薄的 Sn-Cu 合金层。

润湿过程的顺利进行主要取决于润湿力，而润湿力与液态焊料在固态金属表面接触后的表面张力有关。表面张力属于物理学的一个概念，是指在不同相共同存在的体系中，由于相界面分子与体相内分子之间的作用力不同，导致相界面总是趋于最小的现象。由于此现象，液态焊料在被焊接的表面都有自动缩小的趋势。然后在焊接过程中，优良的焊点的形成则要求焊料尽可能摊开，形成小的润湿角。因此，液态焊料的表面张力下降得越多，其润湿能力越大，铺展面积就越大。在焊接过程中应设法降低焊料表面张力，提高焊料的润湿力。

提高液态焊料的润湿力的方法如下。

（1）优选共晶焊料：锡的表面张力很大，适当增加铅的含量可以降低表面张力，当锡铅合金比例为共晶成分 Sn63Pb37 时，表面张力明显减小，且趋于一个恒定值。

（2）洁净被焊接金属的表面，保护被焊接金属表面不受损伤。

（3）液态焊料与被焊接物表面之间应有一定的亲和力、互溶度，互溶度好，可以有很好的润湿力。互溶度过大，润湿力反而下降。液态焊料如果与被焊接物之间产生金属间化合物，也有利于焊料的润湿力，但化合物的量过大，液态焊料的润湿力反而变差。

（4）添加助焊剂，活化并去除焊料晶粒及金属表面的氧化层、污染物，会有效地降低焊料的表面张力，提高液态焊料的润湿力。

（5）规范焊接温度、焊接时间。焊接温度低、焊接时间短，焊料不会充分熔融，润湿能力差。过高的温度、过长的焊接时间，破坏了焊剂活性，影响了润湿力，会导致焊点内金属界面合金成分比例的改变，致使界面合金层的机械性能变脆，焊点的导电性能变差，甚至使焊点和元器件受损。

润湿角是目前最直观、最实用可行的一种评定润湿程度的方法，是指金属表面和熔融焊料表面在其交点处的切线和金属表面间的夹角，用 θ 表示。电子产品焊接，锡铅焊料润湿程度存在下列几种状态：

（1）完全润湿：润湿角在 $0° < \theta \leqslant 30°$，焊料在焊接面上完全铺展，焊点中焊料较少，一般情况下，可以透过这层薄的焊料看见被焊接面的外貌形状，此类焊点属于优良焊点。

（2）良好润湿：在被焊接金属交角处留下均匀、连续、光滑、无裂痕、附着良好的焊料层，润湿角为 $30° < \theta \leqslant 40°$。如引线与连接盘焊接。连接盘上焊料的润湿面积不小于其表面面积的 90%，此类焊点为好焊点，如图 17.2（b）所示。

（3）部分润湿：润湿角在 $40° < \theta \leqslant 55°$，焊料承接表面部分面积被焊料润湿，部分面积表现为不润湿或不完全润湿。返工后，连接盘焊料的润湿面积不小于其表面面积的 90%为合格。

（4）弱润湿：润湿角在 $55° < \theta \leqslant 70°$，焊接表面开始被润湿，但加热体离开后，焊料立即从部分表面回缩分离，焊接表面形成不规则的焊料堆积或有薄层焊料，而显露出局部基体的金属，为不合格焊接。

（5）不润湿：润湿角在 $\theta > 70°$，焊料在焊料承接面未能有效铺展，甚至在外力作用下，焊料可以剥离或者与其承接表面脱开，为不合格焊接，如图 17.2（a）所示。

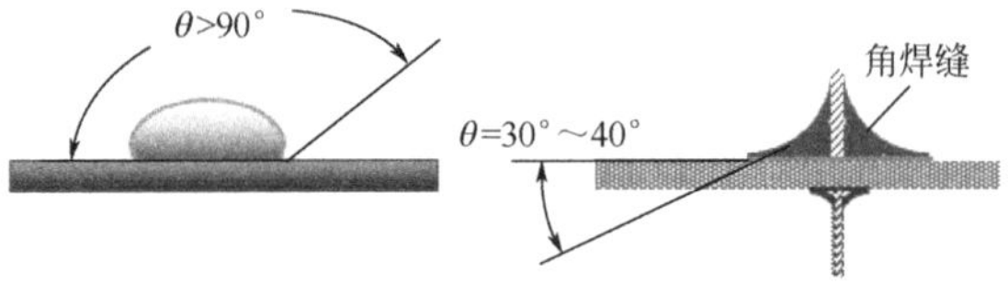

（a）熔融焊料在金属表面的表面张力大，没有发生润湿　　（b）良好润湿，焊点好

图 17.2　焊料润湿程度的几种状态

需要特别指出的是，在电装工人和检验人员中经常存在一种错误认识，认为 90°、75° 属于焊点饱满，而 15°、30° 则是锡量较少，但事实上却相反，90°、75° 的焊点不仅强度低，而且其内部界面处由于润湿不足，无法形成良好的冶金界面，焊点的质量存在较大的隐患，即产生普通检测手段无法确定的“虚焊”。

17.1.7 渗透过程

借助焊接温度和被其激活的焊剂的作用，充分熔融的焊料沿着角焊缝、被焊接金属之间的接触缝隙，产生毛细作用，瞬间填充到被焊接金属之间的全部缝隙。渗透过程，实际是液态焊料的润湿+毛细作用的过程；毛细作用能力取决于液态焊料在缝隙表面的润湿力、缝隙（引线与金属化孔的间隙、表贴元器件端电极或引线底部与连接盘之间的间隙、角焊缝）的大小。

在评定钎料的毛细作用能力时应指出，在钎缝中熔融钎料的上升高度与钎料在母材表面的润湿角之间没有直接的依赖关系，即缝隙中钎料的较大上升高度并不总是对应较小的润湿角。例如，将锢引入铜-银钎料中，虽然润湿角减小，但在真空钎焊铜时，铜-银钎料在缝隙中的上升高度却不提高，而是降低。但具有较大润湿角的钎料在缝隙增大时（0.2～0.5mm）通常能更好地流动。钎缝处熔融钎料的流动与被连接件在钎焊前的加工性质、表面状态、缝隙值及缝隙的均匀性、钎焊过程中氧化膜的去除方法等因素有关。由于这些因素的影响，理论上很难计算钎料流入深度。

缝隙太大或太小，液态焊料将不会产生毛细作用或影响毛细作用能力变差。焊料的渗透主要依靠熔融焊料在焊料承接体缝隙中的毛细作用，在合适温度与助焊剂的作用下，沿着被焊接对象之间的缝隙渗透到相关接触面的每一部位。电子元器件引线（端电极）、连接导线与金属化孔壁或表面连接盘表面、接线柱接触面之间，应有焊料的完全渗透。为了不影响焊料对通孔插装的渗透作用，元器件引线与金属化孔壁之间的合理间隙：手工焊接应为 0.2～0.4mm；波峰焊接应为 0.2～0.3mm（见图 17.3）。

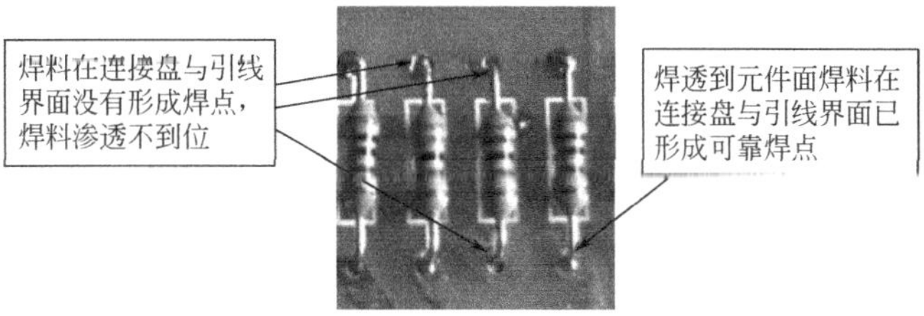

图 17.3 元器件引线与金属化孔壁之间的缝隙

在再流焊料中，元件的端电极与焊盘之间也构成毛细现象，有利于焊接；焊料在粗糙的金属表面可以借助毛细现象，沿着固体金属表面上的微细凹凸面向四方渗透。但其间隙越大，焊料的毛细作用越小，加上熔融焊料的表面张力，会明显降低焊料的渗透能力，满足不了焊接的质量要求。

在实际填缝过程中，液态钎料与固态金属母材间存在着溶解、扩散作用，致使液态钎料的成分、密度、黏度和熔点都发生变化。此外，按理想状态，液体在平行板毛细间隙中的填缝是自动进行的过程，即填缝过程中扩大固液界面面积、减少固气界面面积是释放能量的自发过程，而且液体填缝速度应该是均匀的，液体流动前沿形状是规则的。但是，实际钎焊填缝过程与其完全不同。利用X射线及工业电视研究用锡铅钎料钎焊铅纯铜的填缝动态过程摄影发现，平行板间隙钎焊时，液态钎料填缝速度是不均匀的，有时还受钎料沿焊件侧向流动影响。因此，钎料填缝前沿不整齐，流动路线紊乱。实际上这种毛细填缝特点将会直接影响钎焊接头质量，形成钎缝不致密，产生夹气、夹渣等缺陷。

17.1.8　扩散过程

随着熔融焊料的润湿与渗透，由于在焊接温度及焊剂的作用下，焊料与被焊接金属表层的界面间金属离子出现相互迁移，即承接体表层金属离子向液态焊料接触层迁移，液态焊料金属离子向承接体表层迁移，称为扩散。

扩散可分为四类，即表面扩散、晶内扩散、晶界扩散和选择扩散。焊接时，锡在铜表面既有晶内扩散，又有晶界扩散。选择扩散是指两种以上的金属元素组成的焊料焊接时，其中某一金属元素先扩散，或只有某一金属元素扩散，而其他金属元素根本不扩散。锡焊时主要是焊料中锡的选择扩散。

在钎焊过程中，液态钎料在毛细填缝的同时会与母材发生相互扩散作用，这种扩散作用包括母材原子向液态钎料中的扩散（通常所说的溶解）以及钎料组分向母材中的扩散。钎料与母材之间发生的这些相互作用使得钎焊接头的成分与组织同钎料原有成分和组织有很大差别，其结构和组成是不均匀的，如图 17.4 所示。

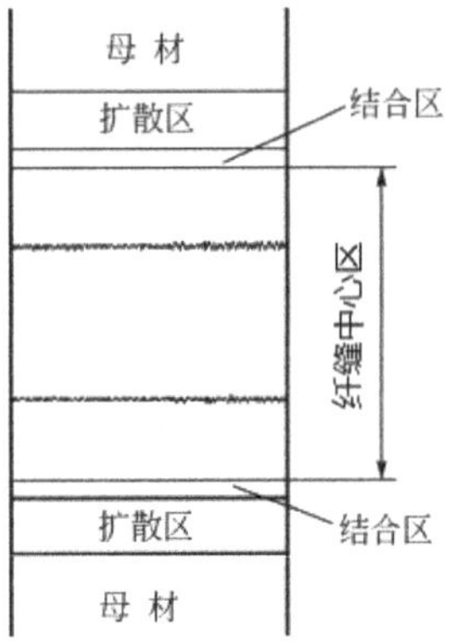

图 17.4　钎缝结构

钎缝结构一般由三个区域组成：

（1）钎缝中心区——该区域是由钎料与母材相互作用及钎缝中熔融钎料进一步结晶形成的。由于母材原子的溶解和钎料组分向母材中的扩散及钎缝结晶时可能形成的偏析，使得该区域也是组织和结构不均匀且有别于钎料原始组织的细小夹层。

（2）钎缝结合区——是母材边界与钎缝中心区的过渡层，是由母材与熔融钎料相互作用后冷却形成的，它一般是固溶体或金属间化合物。结合区的形成建立了钎缝与零件表面之间的结合，是实现钎焊连接的关键部位。钎缝结合区组织对钎焊接头的性能影响很大。

（3）扩散区——扩散区是同钎缝结合区相连的母材边界层，由于钎料向母材中的扩散使得该层的化学组成和微观结构同母材相比都发生了变化。

对于锡铅焊接来讲，扩散过程是熔融焊料与被焊接金属表面的接触界面之间，不同金属粒子相互渗入并形成 Sn-Cu 和 Cu-Pb-Sn 合金界面，达到被焊接对象表层之间的结合与连接的过程。当用液态锡铅焊料在高温下接触某一金属时，焊料成分中的锡向基体表层扩散，而铅不扩散，这就是选择扩散。由于扩散作用而形成两者接触面合金层的物理与化学过程，称为合金效应。合金层多为金属间化合物，简称 IMC。这种化合物至少要由两种原子组成晶格，才能处于稳定状态。在锡焊工艺中，锡能与多种金属，如铜、银、金、镍等形成 IMC。

以常见的 SnPb 共晶焊料与铜表面的焊接为例，当焊接温度达到焊料熔点温度以上，特别是 210℃～230℃时，Sn 向 Cu 表面扩散，而 Pb 是不扩散的，共晶焊料熔融的初期生成 Cu_6Sn_5，其中 Cu 的重量百分比达到 40%。随着温度的升高以及时间的延长，Cu 原子溶解到 Cu_6Sn_5 中，局部开始反应生成 Cu_3Sn，Cu 含量也增加到 66%。当温度继续升高、时间进一步延长时，SnPb 焊料中 Sn 不断向 Cu 表面扩散，此时焊料中只留下 Pb，形成富 Pb 层（见图 17.5 和图 17.6）。需要特别指出的是，Cu_6Sn_5 和富 Pb 层之间界面结合力非常低，是常见焊接界面裂纹萌生区域。

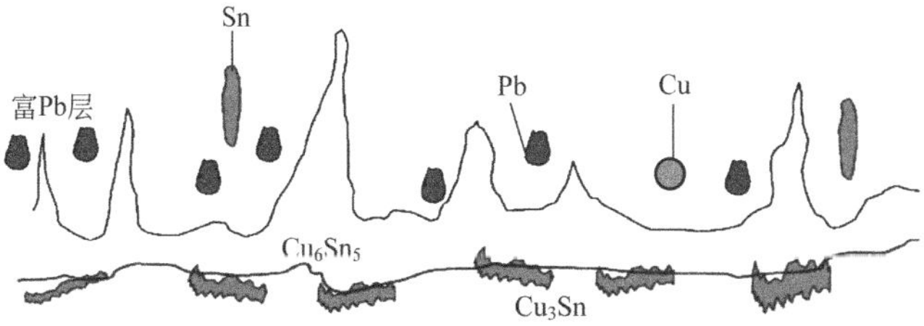

图 17.5　SnPb 共晶焊料与铜表面的焊接界面

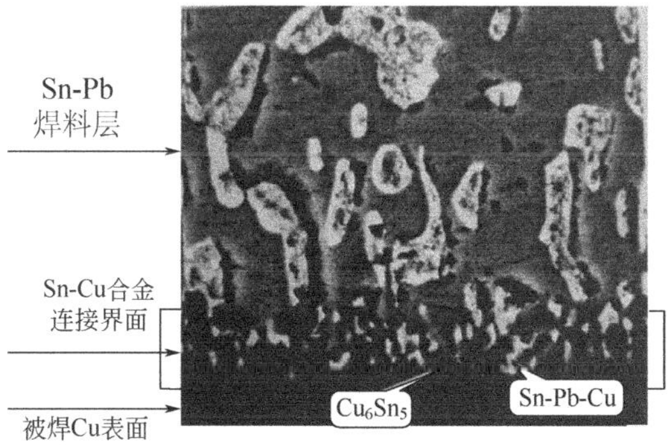

图 17.6　SnPb 共晶焊料与铜表面的焊接界面的微结构

焊接温度过高，或焊接时间过长，焊点结合面会出现富铅层（Pb-rich）和富锡层（Sn-rich），会改变界面合金层的金属化合物的成分或结合比例，影响焊点结合面的强度和焊点质量。

焊接界面连接的可靠性，取决于焊接界面合金层的形成、合金成分及厚度，而焊接界面合金层成分、厚度的形成取决于焊料与被焊金属之间的材质、焊剂的活性和焊接温度与焊接时间等合理的工艺参数及匹配条件。

目前国内关于界面合金层的厚度的评价标准为：0.5～4μm，此时焊点的抗拉强度属于可以接受；而厚度在 1.3～3.5μm 时则为最佳；当厚度小于 0.5μm 时，由于金属间合金层太薄，几乎没有强度；而当厚度大于 4μm 时，金属间化合物层太厚，连接处结构疏松、发脆，强度变小，当受到温度、振动等冲击时，就会在焊接处产生裂纹，引起焊点失效。

17.2 电子工业中的软钎焊

17.2.1 软钎焊在电子工业中的地位

在电子工业中，软钎焊技术由于以下几方面的原因而使其始终并将继续居于主导地位。首先是软钎焊的应力匹配能力。由于软钎料在室温下通常是塑性优良的自退火合金，没有加工硬化等问题，能吸收应力。这种独特的特性使这种工艺能将不同膨胀系数、不同刚度水平和不同强度等级的材料连接到一起。例如，普通印制电路板的设计与制造几乎违背了所有的结构设计原则，如果不是由于软钎焊连接所具有的这种应力匹配能力，那么，印制电路板可能就不会存在了。其次是软钎焊具有显著的经济性、高效性和可靠性。由于连接是在相对较低的温度下完成的。使得许多常规有机高分子材料和电子元件因受热而改变性能和破坏等问题得以有效避免。并且，相对低成本的材料，简单的工具和可控的工艺使得软钎焊具有特别明显的经济性和高效性。而且在自动化软钎焊操作中，在一般民用产品上，已经取得接头返修率低于百万分之一的水平，而在北美航空部门，已有了每小时钎焊 150 亿个焊点而无失败的报道。这些都充分说明了软钎焊方法的经济、高效和可靠的特点。最后是软钎焊具有制造和修理的方便性。与其他冶金连接方法相比，软钎焊是对操作工具要求相对简单和易于操作的工艺，并且由于软钎焊接头是可以“拆卸”的接头，或者说软钎焊过程是“可逆”的，使得软钎焊连接的修补十分简单方便，并且修补过的接头可以像原始接头一样可靠。

可以预料，只要我们还使用由导体、半导体和绝缘体等构成的基于电脉冲的电路，软钎焊技术就是必不可少的。

17.2.2 电子工业中钎焊连接的特点及发展趋势

电子工业中的软钎焊技术与传统的焊接有着明显的区别。从材料来看，与传统焊接技术大量涉及以铁为主的黑色金属的情况形成鲜明的对比。在电子工业中的被连接材料主要是有色金属，并且种类繁多，经常涉及贵金属和稀有金属以及多元合金多层金属组合体系。此外，还常常涉及非金属材料的连接问题。由于被连接对象的多样性，因而完成连接所使用的材料（钎料等）也表现出种类繁多和组成复杂的特点。从被连接对象的尺寸特征来看，小、细、薄、精构成了这类被连接对象最为鲜明的标志。例如，许多焊点的尺寸常常不足一平方毫米；连接对象可能是直径为零点几毫米的丝与厚度仅为几十微米的金属镀层；焊点间距也可能仅有零点几毫米等。并且随着电子产品小型化、轻量化、高精度及高可靠性的要求，使得连接对象的尺寸还在不断减小。

电子产品的这种特点和发展趋势对连接技术提出了新的更高的要求，因而，一些新的工艺方法不断涌现。目前最具生命力、最有影响力的当首推表面组装技术（Surface Mount Technology，SMT）。这一技术的出现使得在印制电路板制造中传统的通孔安装技术迟早将被淘汰。在技术发达国家，SMT 技术在印制板上的应用已达到 90%，在我国，SMT 也在迅速推广。SMT 技术的出现对软钎焊材料提出了新的要求，使得对钎料膏的需求量迅速增加，并且推动了一些产业的发展和进步。

任何电子设备，从几个零件的整流器到由成千上万个零部件组成的计算机系统，都是由基本的电子元器件和功能构件，按电路工作原理，以一定的工艺方法连接而成。虽然连接的方法有多种（如铆接、绕接、压接、粘接等），但使用最广泛的方法是锡焊。

对于一个电子产品来说，通常只要打开机箱，看一看它的元器件焊接质量，就可以大致判断定它的性能优劣，也能够判断出生产单位的技术力量和工艺水平。因此，关注每一个元器件的装配及焊接质量，成为提高产品质量和可靠性的基本环节，也关系着生产单位的声誉。

随着现代电子产业的飞速发展，新的焊接方法和设备不断推陈出新，在现代化生产中早已摆脱手工焊接的传统方式，但手工焊接仍有广泛的应用，不仅是小批量生产研制和维修必不可少的连接方法，也是机械化、自动化生产获得成功的基础。

17.3　软钎焊方法

17.3.1　手工焊接

手工焊接是利用电烙铁加热焊件和焊料，实现金属可靠连接的一种工艺技术。它既适用于一般结构的电子设备整机产品，也适用于小批量产品的生产。手工焊接还适用于某些不便使用机器焊接的复杂多变的线路结构，以及对温度敏感的元器件和调试及维修中需更换元器件及线材等的焊接。虽然现代电子工业已采用自动焊接设备进行焊接，但也还有一定数量的焊接点需手工焊接。所以，在目前还没有一种焊接方法可以完全替代手工焊接。

1. 焊接步骤

在焊接过程中，焊接工具要摆放整齐，电烙铁要拿稳对准，常见电烙铁的拿法有反握法、直握法和笔握法三种，如图 17.7 所示。

（a）反握法　　（b）直握法　　（c）笔握法

图 17.7　电烙铁的握法示意

焊接时，对于一般的接点焊接，最好使用带松香的管状焊锡丝。要一手拿电烙铁，一手拿焊锡丝。具体的焊接方法示意如图 17.8 所示。

具体焊接步骤如下。

（1）清洁烙铁头：将烙铁头放在松香或湿布上擦洗，以擦掉烙铁头上的氧化层及污物。

（2）加热焊接点：将烙铁头放在焊接点上，使焊接点升温，如图 17.8（a）所示。

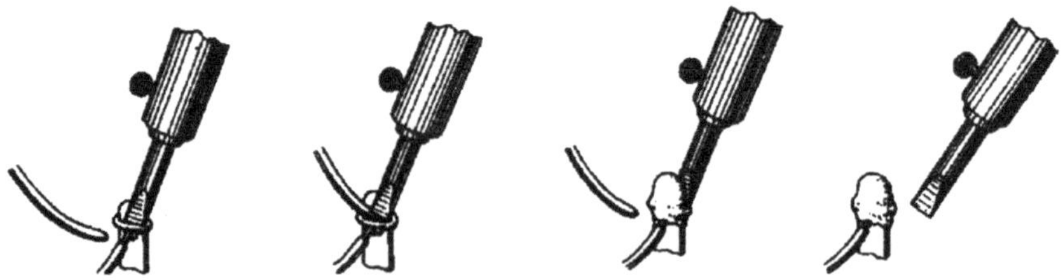

（a）加温焊接点　（b）熔化焊料　（c）移动烙铁头，移走焊锡丝　（d）移开电烙铁

图 17.8　焊接方法示意图

（3）熔化焊料：当焊接点上的温度达到合适温度时，应及时将焊锡丝放到焊接点上熔化，如图 17.8（b）所示。

（4）移动烙铁头，移走焊锡丝：在焊接点上的焊料开始熔化后，应将烙铁头依附在焊接点的表面移动，以使熔化的焊料在焊剂的帮助下流布接点，并渗入被焊面的缝隙。在焊接点上的焊料适量后，移走焊锡丝，如图 17.8（c）所示。

（5）移开电烙铁：在焊接点上的焊料接近饱满且焊剂尚未完全挥发（焊锡最光亮、流动性最强）时，应迅速移走电烙铁，如图 17.8（d）所示。

以上介绍的是焊接过程的一般步骤。在实际工作中，对于比较容易焊接的一般焊接点，在连续焊接时，为了加快焊接速度，可将焊接步骤简化如下：将电烙铁和焊锡丝同时移向焊接点，在快要接触焊接点时，用烙铁头熔化一段焊锡丝，然后迅速将烙铁头接触焊接点。接着将烙铁头在焊接点上移动，使熔化的焊料流布焊接点并渗入被焊接面的缝隙。最后迅速移开烙铁头，完成焊接。在采用这种方法时，操作者应熟练掌握焊料的用量及焊接的时间，要在焊剂尚未完全挥发之前就完成烙铁头在焊接点上的移动及移开步骤，这样才能获得满意的效果。

2. 焊点形成过程

手工焊接的焊点形成主要分为以下几个过程：

（1）被焊物和焊锡丝被加热到松香的熔点时，松香里的松香酸开始去除被焊接物表面氧化物，同时降低被焊接物表面张力，为焊点的形成提供热传导及提高焊锡流动性。

（2）随着温度继续升高，焊锡丝开始熔化，在助焊剂的作用下，熔化的焊料沿着被焊物表面细微的凹凸和结晶的间隙向四周扩散，并附着在被焊物表面，使焊料与被焊物之间的金属原子相互接近。

（3）待温度进一步升高时，金属原子的活动程度加剧，使焊料与被焊物之间的金属原子相互扩散，进入对方的晶格点阵，形成焊料与被焊物的金属化合物，又称合金层。

（4）在松香还没有分解与炭化之前需撤走热源，让焊接处自然冷却，形成焊点。

需要特别指出的是，锡铅共晶焊料从室温升到熔点 183℃时，体积会增大 1.2%，而从 183℃降到室温，体积的收缩却为 4%，因此锡铅焊料焊点冷却后会有缩小的现象，并且缩小比例比增大比例还多。

3. 手工焊接的操作要领

（1）采用正确的加热方法。用电烙铁加热时，应让焊接部位受热均匀。正确的操作方法是：根据焊接部的形状不同选择不同形状的烙铁头，让烙铁头与焊接部位形成面的接触，而不是点的接触。

（2）焊料焊剂的用量要适中。焊料适中，则焊接点美观、牢固；焊料过多，则浪费焊料，延长了焊接时间，并容易造成短路故障；焊料太少，焊接点的机械强度降低，容易脱落。使用适当的焊剂有助于焊接，焊剂过多，容易出现焊接点的“夹渣”现象，造成虚焊故障。若采用夹有松香的焊锡丝时，无须再使用其他的助焊剂。

（3）焊料的施加方法。如图 17.9 所示，当焊件加热到一定温度时，用左手的拇指和食指捏住松香芯焊锡丝（端头留出 3～5cm），先在图中的①处（烙铁头与焊接的结合处）供给少量焊料，然后将焊锡丝移到②处（距烙铁头加热的最远点）供给合适焊料，直到焊料润湿整个焊点时便可撤去焊锡丝。

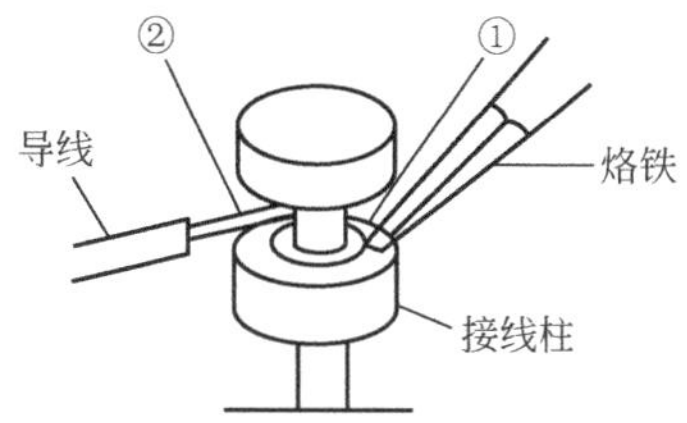

图 17.9 焊料的施加方法

（4）掌握合适的焊接时间和温度。掌握合适的焊接时间和温度，可以保证形成良好的焊接点。温度过高，易造成元器件损坏、印制电路板上铜箔翘起，还会加速焊剂的挥发，被焊金属表面氧化，造成焊接点夹渣而形成缺陷；温度过低，焊锡的流动性差，在焊料和焊件的界面难以形成合金层，不能起到良好的连接作用，并会造成虚焊（假焊）的结果。

焊接的温度与电烙铁的功率、焊接时间、环境温度有关。合适的焊接温度可通过选择电烙铁和控制焊接时间来调节。电烙铁的功率越大，焊接时间越长，则焊接温度就越高。当环境温度较高时，由于散热较慢，对于相同功率的电烙铁而言，达到合适焊接温度所需的时间就越短。真正掌握焊接的最佳温度，获得最佳的焊接效果，还须操作者进行严格的训练，并在实际工作中去体会。

（5）电烙铁移开方法。移开电烙铁是整个焊接过程中相当关键的一步，它对焊接点的形状形成有很大的关系。正确的方法是先慢后快，同时轻轻旋转一下电烙铁，沿 45° 方向迅速移去。

焊接时要掌握好电烙铁移开的时间。另外，电烙铁移开的方向对焊接点的焊料量有一定影响。图 17.10 所示为电烙铁移开方向与焊料量的关系。当电烙铁以 45° 的方向移开时，形成的焊接点圆滑，带走的焊料少；当电烙铁以垂直向上方向移开时，焊接点易拉尖；当电烙铁以水平方向移开时，带走大量的焊料；当电烙铁沿焊接点向下移开时，带走大部分焊料；当电烙铁沿焊接点向上移开时，带走的焊料较少。

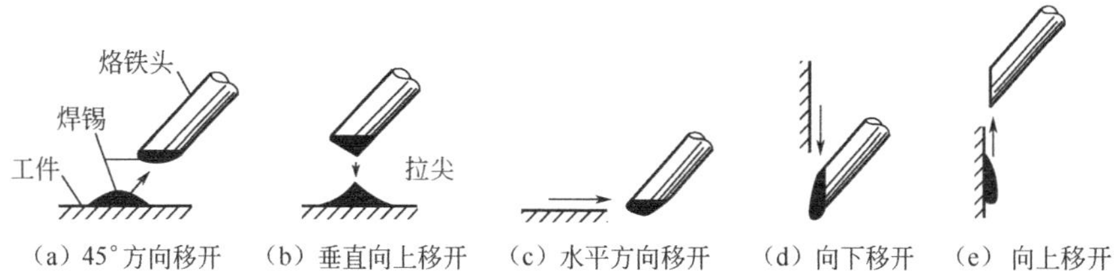

图 17.10 电烙铁移开方向与焊料量的关系

（6）焊接点的凝固。焊料和电烙铁移开焊接点后，焊件应保持稳定，并让焊接点自然冷却，严禁用嘴吹或采用其他强制性的冷却方式，避免在焊接点凝固之前，因相对移动或强制冷却而造成虚焊现象。

（7）焊接后的处理。为确保焊接质量的持久性，待焊接点完全冷却后，应对残留在焊接点周围的焊剂、油污及灰尘进行清洗，避免污物长时间地侵蚀焊接点造成后患。

4. 手工焊接温度和时间的设定

为了保证焊点有良好的机械连接，必须控制金属间化合物层的厚度。金属间化合物层的增长速度取决于焊接温度和焊接时间。焊接温度太高会使金属间化合物层太厚，这会使焊点太脆；而金属间化合物层太薄，则说明焊接温度不足，导致冷焊点。

SJ/T10188—91 标准中关于印制板安装用元器件的设计和使用指南中提出：印制板组装件的实际焊接条件应当是：①多点一次焊的典型焊接条件应是：温度为 250℃，时间为 2～5s；②烙铁焊接的极限条件应是：温度为 400℃，时间为 1s。

QJ3011 航天标准中规定：手工焊接温度一般设定在 260℃～300℃范围之内，焊接时间一般不大于 2s，对热敏元器件、片状元器件不超过 2s，若在规定时间内未完成焊接，应待焊点冷却后再复焊，非修复性复焊不得超过 2 次。

QJ3117A 对通孔插装元器件焊接中要求：对于一般电子元器件的焊接，烙铁头温度宜为 280℃，在任何情况下不应超过 330℃；对于特殊场合，允许烙铁头温度为 360℃，如引线或端子较粗、焊盘与印制板大面积铜箔相连等散热快的情况。一般通孔插装元器件焊接时间为 2～3s，热敏元器件焊接时间为 1～2s。

通过上述标准可以看出，焊接时间和焊接温度在不同行业标准中体现不一，具体应根据实际操作场景进行选择。不能为了提高焊接效率而将焊接温度提高，有时反倒会使焊接效率降低，而且影响质量。焊接温度对焊锡的状态和助焊剂的分解是有影响的。

5. 焊接质量的要求

对焊接质量的要求应包括良好的导电性、足够的机械强度和外形美观三方面。要保证焊接质量，最关键的就是必须避免虚焊。

1）良好的导电性

要保证有良好的导电性，首先要保证焊点有良好的焊接性。良好的焊接点是焊料与金属表面相互扩散形成的金属结合层。焊接时，若只有一部分形成结合层，而其余部分没有形成结合层，这种焊接点在短期内虽然能导电，但随着时间的推移，没有形成结合层的表面就要被氧化，电路时通时断，或者不导通。这类焊料与焊件没有形成金属合金，只是简单地依附在焊件表面上，使焊接点成为有接触电阻的连接状态，这种现象称为虚焊。

虚焊是焊接工作中最常出现的故障，也是最难发现的焊接质量问题。在手工焊接操作时尤其要注意。

2）足够的机械强度

电子产品完成装配后，由于搬运、使用或自身信号传播等原因，或多或少地产生振动。因此要求焊接点具有可靠的机械强度，以保证使用过程中，不会因正常的振动而导致焊接点脱落。

影响焊接点机械强度的主要原因有：焊锡过少、焊点不饱满、冷焊、夹渣或裂纹等。

3）外形美观

美观的焊接点不仅是外形的要求，而且是焊接质量的反映。例如，焊点表面有金属光泽是焊接温度合适并生成合金层的标志。合格的焊接点应满足以下几点：

（1）外形以焊接点为中心呈裙形均匀拉开；

（2）焊料面呈半弓形凹面，焊料与焊件交界处平滑，接触角尽可能小；

（3）元件引线、导线与印制电路板焊盘应全部被焊料覆盖；

（4）从焊接点上能辨别出元器件引线或导线的轮廓；

（5）焊料适量，浸润到导线、引线与焊盘、金属化孔之间；

（6）焊接点表面光滑、清洁，无气泡针孔、拉尖、桥接、挂锡和虚焊等缺陷。

合格的焊接点与焊料、助焊剂的选用，电烙铁的选用及操作方法和使用熟练程度都有着直接的关系，图 17.11 为合格焊接点的示例。

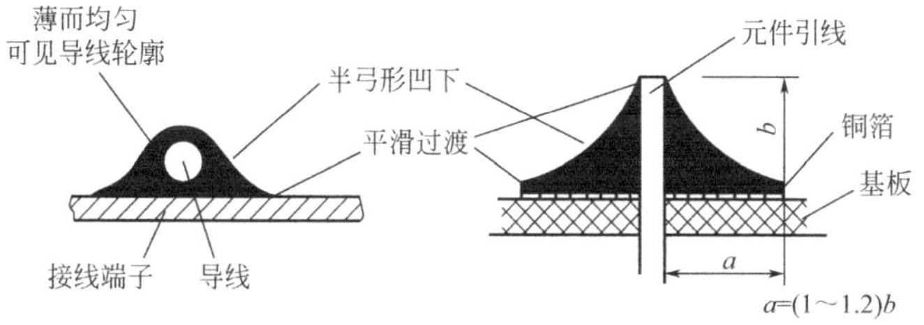

图 17.11　合格焊接点的示例

6．焊点缺陷及原因分析

（1）虚焊：虚焊又称假焊，是指焊接时焊点内部没有真正形成金属合金的形象，如图 17.12（a）和图 17.12（b）所示。

造成虚焊的主要原因是：元器件引线或焊接面未清洁好、焊锡质量差，助焊剂的还原性差或用量不够，镀锡不牢，烙铁头的温度过高或过低，表面有氧化层，焊接时间过长或过短，焊接中焊锡尚未凝固时元件松动。

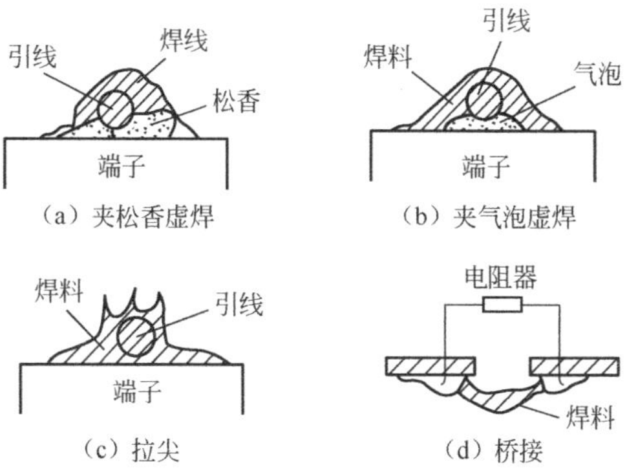

图 17.12　常见的焊接缺陷

（2）拉尖：拉尖是指焊接点表面有尖角、毛刺的现象，如图 17.12（c）所示。

产生拉尖的原因是：温度太低、焊料过多、焊接时间过长、烙铁离开焊点太慢、焊料不合格。这种缺陷外观不佳，容易造成桥接，尤其在高频高压电路中，两个相近的焊接点间易造成尖端放电、打火现象。

（3）桥接：桥接是指焊料将印制电路板相邻的铜箔连接起来的现象，如图 17.12（d）所示。

造成桥接的主要原因是：焊料过多、焊接时间过长、焊料温度过高、烙铁撤离角度较小、印制电路板的印制导线有毛刺或金属丝。桥接多发生在自动化焊接中，明显的桥接容易通过目测发现，细微的桥接只有通过电性能的检测才能发现。桥接造成的后果是导致产品出现电气短路，有可能使相关电路的元器件损坏。

（4）球焊：球焊是指焊点形状像球形、与印制电路板只有少量连接的现象。

造成球焊的主要原因是由印制电路板表面的氧化物或杂质造成的。发生球焊时，由于被焊部件只有少量连接，因而机械强度极差，略微振动就会使连接点脱落，造成断路故障。

（5）空洞：空洞是指印制电路板的插孔未被焊料全部填满而形成的洞。

造成空洞的主要原因是：插孔的开孔位置偏离焊盘中心、焊盘不完整、焊料不足、焊盘清洁处理不当造成湿润不完全。对于发生空洞的焊点机械强度将减弱，在使用中容易脱焊。

（6）过热：焊点的过热现象是指焊点发白、无金属色、表面粗糙。

造成过热的主要原因是：电烙铁功率过大、加热时间过长。这种缺陷易使焊盘脱落，强度降低，造成元器件受热损坏。

（7）铜箔翘起、脱落：这种缺陷是指铜箔从印制板上翘起，严重的会引起焊盘脱落。

造成印制板铜箔翘起、焊盘脱落的主要原因是：焊接时间过长、温度过高、反复焊接、焊盘受力过大。这种缺陷会导致电路出现断路或元器件无法安装，甚至整个印制板的损坏。

7. 焊接检验

焊接质量的好坏主要是看它是否有虚焊，其次是外观。焊接质量的检验有多种方法，自动化焊接的印制电路板可用专门的设备进行检验，如在线测试仪。而手工焊接下，都是用外观检查和烙铁重焊的方法来检验。

（1）外观检查：外观检查就是通过目测或借助放大镜、显微镜观察焊点和装接情况。

外观检查时，首先要从焊料的润湿、用量，焊点的形状有无毛刺、气泡、球焊、空洞等，焊点的光泽和颜色等方面进行检查。然后从装接质量方面进行检查，检查有无漏焊、虚焊、桥接、焊盘脱落，元器件有无错焊，元器件引线极性是否正确，元器件有无损伤，印制板上是否有飞溅的焊料及剪断的线头等。最后检查焊接点的机械强度是否符合要求，可用手指触、镊子拨、拉线等方法，检查有无引线断线、松动等现象。

（2）烙铁重焊检查：检查一个焊接点是否存在虚焊，最可靠的方法就是对该焊接点重新焊接，用带松香、少量焊锡的烙铁重新熔化焊点，如果有虚焊，焊接点上的焊料将会被较大的表面张力带走，使虚焊暴露。

17.3.2 浸焊技术

随着电子产品制造业的高速发展，以提高工效、降低成本、保证质量为目的的自动化焊接技术也得到了迅速发展。特别是电子产品向微型化发展，使得单靠人的技能已无法满足焊接要求。在自动化焊接技术中，最常用的焊接技术是浸焊、波峰焊和再流焊。

浸焊是将插装好元器件的印制板，浸入装有熔融焊料的锡锅内，一次完成印制板上全部元器件焊接的焊接方法。浸焊比手工焊接效率高，可消除漏焊，但焊接质量较差，焊接后应对焊点进行检查并作必要的修整。常见的浸焊有手工浸焊和机器浸焊两种。

1．手工浸焊

手工浸焊是指由人工用夹具夹持装有元件的印制板，浸入锡锅内完成焊接的方法。其具体步骤如下：

（1）锡锅加热。浸焊前应先将装有焊料的锡锅加热，温度控制在 240℃～260℃为宜。温度过高，会造成印制板变形，损坏元器件；温度过低，焊料的流动性变差，会影响焊接质量。为去掉锡层表面的氧化层，可随时添加松香等焊剂。

（2）涂敷焊剂。插有元器件的印制板在浸焊之前，需要在焊盘上涂一层助焊剂，一般是在溶有松香的酒精溶液中浸一下。

（3）浸焊。用简单夹具夹住印制板的边缘，浸入锡锅时让印制板与锡锅内的锡液面成 30°～40° 的倾角，然后将印制板与锡液面保持平行浸入锡锅内，浸入的深度以印制板厚度的 50%～70%为宜，浸焊的时间为 3～5s，浸焊完成后仍按原浸入的角度缓慢取出，如图 17.13 所示。

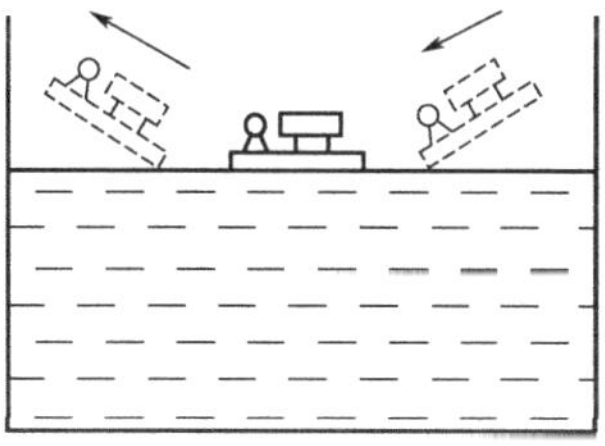

图 17.13 浸焊示意

（4）冷却。刚焊接完的印制板上有大量余热未散，如不及时冷却可能会损坏印制板上的元器件。所以一旦浸焊完成后应马上对印制板进行风冷。

（5）检查焊接质量。待印制板冷却后，检查是否有焊接缺陷。常见的缺陷有虚焊、假焊、桥接、拉尖等。

（6）浸焊后若只有少数焊接点有缺陷，可用电烙铁进行手工修补。若存在缺陷的焊接点较多，可重新浸焊一次。但印制板只能浸焊两次，超过两次，板上铜箔的粘接强度就会急剧下降，或使印制板翘曲、变形，元器件性能变坏。

2．机器浸锡

将插装好元器件的印制板放在具有振动头的专用设备上，首先经过泡沫助焊剂槽被喷上助焊剂，加热器将助焊剂烘干，再由传动机构送入锡锅浸焊，浸焊 2～3s 时开启振动头 2～3s。待焊料凝固后再送到切头机剪去过长的引线。其工艺流程如图 17.14 所示。

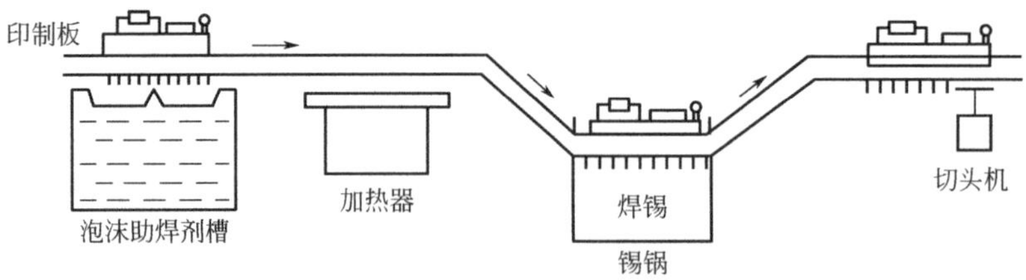

图 17.14　机器浸锡的锡焊一般工艺流程

振动头的作用不仅使焊料渗入焊接点的缝隙中，而且可以振掉多余的焊锡，使焊接牢固美观。机器浸锡比手工浸锡质量要好。

使用锡锅时要注意以下问题：

（1）为防止锡锅内的高温损坏不耐高温的元器件以及半开放性元器件，必须先用耐高温的胶带贴封这些元器件。另外，对于未安装元器件的孔也须贴上胶带，以免焊锡填入孔中。

（2）由于浸焊设备比较简单，锡锅内的焊料表面是静止的，表面氧化物容易沾在焊点上，因而须经常清理。

3．浸焊设备

（1）普通浸焊设备。普通浸焊设备有人工浸焊和机器浸焊两种。人工浸焊设备由锡锅、加热器和夹具等组成。机器浸焊设备由锡锅、振动头、传动装置和加热器等组成。

（2）超声波浸锡设备。超声波浸锡设备是利用超声波来增强浸焊的效果，适于用一般锡锅浸焊较困难的元器件，利用超声波增加焊锡的渗透性。此设备由超声波发生器、换能器、水箱、焊料槽和加温控制设备等组成。

17.3.3　波峰焊

波峰焊是将插有元器件的印制板与熔融焊料的波峰相接触，实现焊接的一种方法。波峰焊工艺是目前应用最广泛的自动化焊接技术之一，不但生产效率高，而且焊接质量可以得到保证，焊点的合格率可达 99.97%以上，因而在工厂里它取代了大部分传统的焊接工艺。波峰焊不仅用于焊接通孔元器件，还广泛用于 SMT 元器件。

1．波峰焊机简介

波峰焊是高效率、大批量焊接电路板的主要手段之一，操作中如有不慎，可能出现焊接质量问题。所以操作者要对波峰焊接机的构造、性能、特点有全面的了解。

波峰焊接机在构造上有圆周形和直线形两种，它的基本构造都是由助焊剂装置、预热器、焊料槽、冷却风扇和传送装置机构等组成，如图 17.15 所示。

（1）泡沫助焊剂发生槽：泡沫助焊剂发生槽是由塑料或不锈钢制成的槽缸，内装微孔型发泡瓷管或塑料管，缸内盛有助焊剂。当发泡管接通压缩空气时，助焊剂即从微孔内喷出细小的泡沫，喷射到印制电路板敷铜面，如图 17.16 所示。为使助焊剂喷涂均匀，微孔直径一般为 0.1nm。

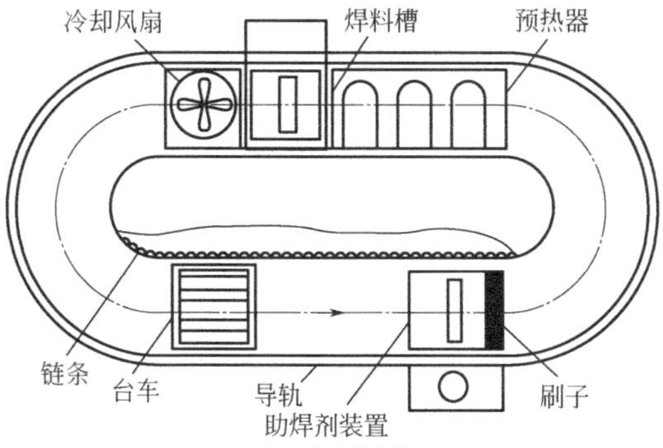

（a）圆周形结构

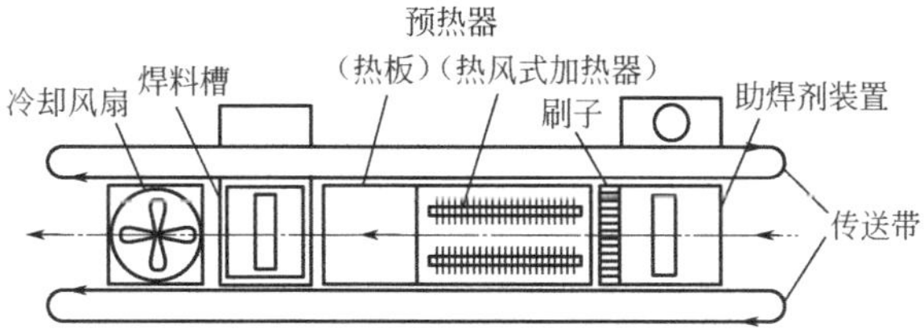

（b）直线形结构

图 17.15　波峰焊接机

（2）热风器和预热板：热风器和预热板的作用是将插件板焊接面上的水淋状助焊剂加热成糊状，增加助焊剂中活性物质的作用，同时缩小插件板和锡锅焊料温差，防止印制板翘曲和助焊剂脱落。由于助焊剂被加热成糊状，或接近于固态，因此可有效防止“锡爆炸”，消除印制板引线之间的桥接现象。

热风器是由不锈钢板制成箱体，上加百叶窗口。其箱体底部安有小型风扇，中间安装加热器，如图 17.17 所示。当风扇转动时，空气通过加热器后形成热气流，经过百叶窗口对插件板进行预加热。

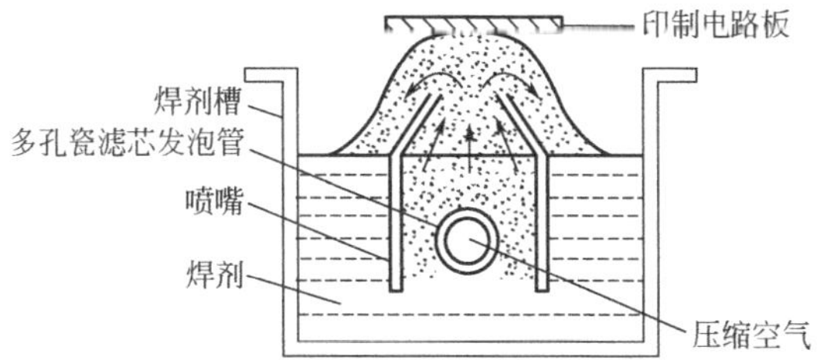

图 17.16　泡沫助焊剂发生槽

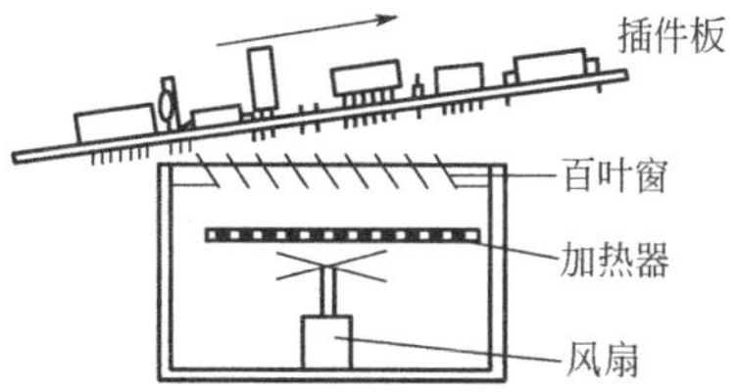

图 17.17　热风器示意

预热板的热源一般是电热丝或红外石英管等。预热板的加热速度要快，对插件板加热温度要均匀、节能、温度易控制。

（3）波峰焊焊料槽：焊料槽是完成印制板波峰焊接的主要部件。熔融的焊料在机械泵（或电磁泵）的作用下由喷嘴不断地喷出而形成波峰，当插件板经过波峰时即达到焊接的目的，如图 17.18 所示。

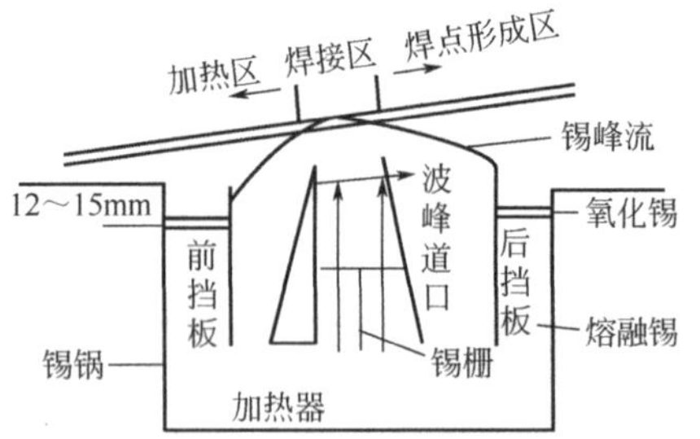

图 17.18　波峰焊锡锅结构示意

波峰焊接机的型号和品种很多，但就其波峰形状而言可以分为 λ 波、Z 波、P 波、T 波、双 T 波和双 λ 波等几种，如图 17.19 所示。

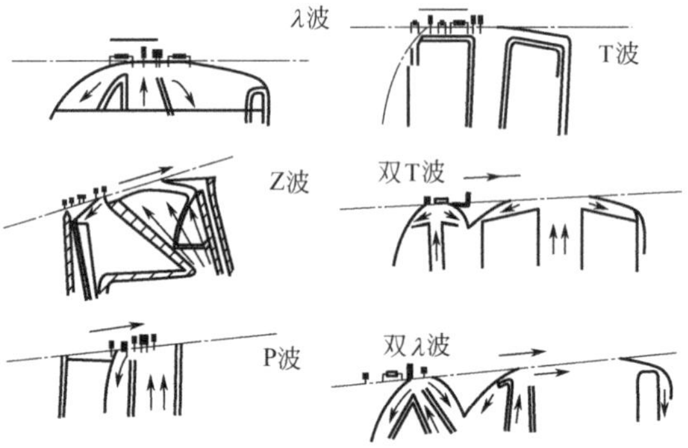

图 17.19　常见的波峰形状

2. 波峰焊接工艺

波峰焊接工艺的一般步骤：涂助焊剂→预热→波峰焊接→焊后冷却→焊后清洗→检验。

（1）涂助焊剂：涂助焊剂的作用是去除焊件表面的氧化物和污物，阻止焊接时焊件表面发生氧化等。常用的方法有波峰式、发泡式和喷射式等。其中发泡式喷涂应用最多。涂助焊剂后紧跟着用风刀将其吹均匀，并除去多余的助焊剂，以提高波峰焊时浸锡的均匀性。

（2）预热：预热的目的是去除印制板上的水分，激活焊剂，减小波峰焊接时给印制板带来的热冲击，以防止印制板在焊接时产生变形。预热可使焊点光滑发亮。

预热的方法通常有辐射式和热风式。预热的温度对于溶剂型助焊剂为 70℃～90℃，对于水溶型助焊剂为 100℃～110℃，预热时间约为 40s。

（3）波峰焊接：这是波峰焊的重要步骤。印制板由传送机构控制，经过波峰时与波峰相接触进行焊接。

为了保证焊接质量，避免焊接缺陷，要严格控制焊接工艺参数。下面就一般要求进行介绍。

① 焊接温度和时间。这是指焊接处与熔化的焊料相接触时的温度。温度太低会使焊

点毛糙、不光滑、拉尖，造成虚假焊。温度过高易使焊料迅速氧化，还会造成印制板变形翘曲，损坏元器件。较合适的焊接温度在 230℃～260℃，焊接时间为 3～4s。焊接温度的确定，还因印制电路板的大小、元器件的多少和热容量大小、传送带速度以及环境气候不同而异。

② 波峰的宽度、高度及波峰平稳性。波峰宽度是指工件流动方向上有效浸渍行程，它反映焊接容量，决定焊接效率。波峰高度是作用波的表面高度，它影响到波峰表面焊锡的流动性和波峰的平稳性。

波峰的宽度、高度直接影响焊接质量。波峰过低易漏焊、挂焊，完不成焊接。波峰过高易拉毛、堆锡，使焊料溢到印制板上面，造成整个印制板报废。波峰的最佳高度要视印制板的厚度而定，一般要控制波峰顶端达到印制板厚度的 1/2～2/3 为好。可在焊接前用同样厚度的废板做试验。

③ 焊接角度。焊接角度是指印制板通过波峰的倾斜角，也就是传送带与水平面之间的角度。焊接角度一般取 5°～8°。适当的角度可以减少挂锡、拉毛、气泡等不良现象。

④ 传送带速度。印制板的传递速度决定了焊接时间。速度过慢，则焊接时间就长、温度就高，给印制板及元件带来不良影响。速度过快，则焊接时间过短，容易有假焊、虚焊、桥接等不良现象。一般传送带速度取 1～1.2m/min，视具体情况而定。冬季、板子线条宽、元器件多、元器件热容量大时，速度可放慢一些，反之，速度可快一些。

（4）焊后冷却：焊后要立即冷却，减少印制板的受高热时间，防止印制板变形，提高印制导线与基板的附着强度，增加焊接点的牢固性。常用的冷却方法有风冷和水冷，采用较多的是风冷。

（5）焊后清洗：各种助焊剂均有一定的副作用，焊剂的残渣如不及时清洗干净，会影响电路的电气性能和机械强度。目前常用的清洗法有液相清洗法和气相清洗法。

① 液相清洗法。使用无水乙醇、汽油或去离子水等作为清洗剂。清洗时，用刷子蘸清洗剂去清洗印制板，或利用加压设备对清洗剂加压，使之形成冲击流去冲击印制板，达到自动清洗的目的。

② 气相清洗法。使用三氯三氟乙烷或三氯三氟乙烷和乙醇的混合物作为气相清洗剂。清洗方法是将清洗剂加热到沸腾，把清洗件置于清洗剂蒸气中。清洗剂蒸气在清洗件的表面冷凝并形成液流，液流冲洗掉清洗件表面的污物，使污物随着液流流走，达到清洗的目的。

气相清洗法中，由于清洗件始终接触的是干净的清洗剂蒸气，所以气相清洗法有很高的清洗质量。

（6）检验：焊接结束后，应对焊接质量进行检查，少数漏焊可用手工烙铁补焊，大量漏焊问题要从工艺上分析原因。

3．使用波峰焊接机时应注意的问题

使用波峰焊接机时，除了要根据焊接对象，对焊接工艺技术参数进行控制外，还应注意以下两点：

（1）定期打捞氧化物。氧化锡密度小，浮在熔锡表面。少量的氧化锡不但没有害处，而且还能隔离空气，保护下面的焊锡不再氧化。但是过多的氧化锡会在泵的作用下随锡波喷到印制板上，造成焊点不光亮、有渣孔和桥接等缺陷，因此，须经常打捞锡锅中的氧化锡。

（2）定期化验波峰焊料成分。一般定期为 3 个月，在锡锅内取样化验，要求铅锡合金中所含杂质不能超过一定的比例。

17.3.4　回流焊

回流焊又称再流焊，是通过重新熔化预先放置的钎料而形成焊点，焊接过程中不再添加任何额外钎料的一种焊接方法。在进行再流焊焊接时，元器件贴装后只是被焊膏临时固定在印制电路板上相应的位置，当焊膏达到熔融温度时，钎料还要“再流动”一次。常用的再流焊方法有汽相再流焊、红外再流焊、激光再流焊和热风再流焊。

1. 再流焊技术的特点

再流焊与波峰焊相比，具有如下特点：

（1）进行焊接时，不需要将印制板浸入熔融的焊料中，而是采用局部加热的方式完成焊接任务。因而被焊接的元器件受到的热冲击小，不会因过热而造成元器件的损坏。

（2）由于再流焊技术仅需要在焊接部位施放焊料，并局部加热完成焊接，因而避免了桥接等焊接缺陷，所以焊接质量好，可靠性高。

（3）若在前道工序中施放焊料的位置正确而贴放元器件的位置有一定偏离，在再流焊过程中，当元器件的全部焊端、引线及其相应的焊盘同时浸润时，由于熔融焊料表面张力的作用，产生自定位效应，能够自动校正偏差，把元器件拉回到近似准确的位置。

（4）再流焊技术中，焊料只是一次性使用，不存在再次利用的情况，因而焊料很纯净，没有杂质，保证了焊接点的质量。

（5）由于再流焊采用局部加热的热源，因此在同一基板上可采用不同的焊接方法进行焊接。

（6）工艺简单，返修的工作量很小。

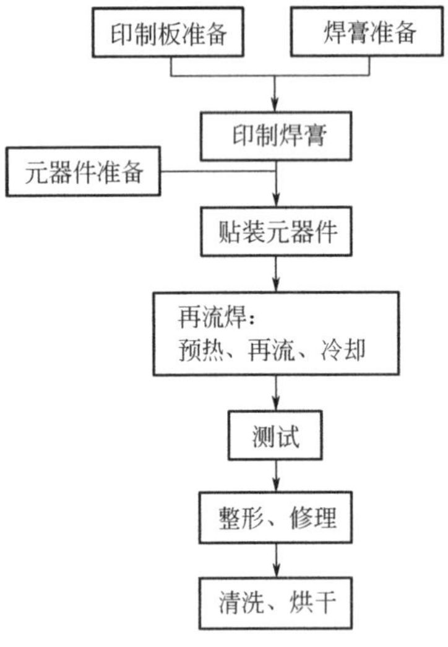

图 17.20　再流焊技术的一般工艺流程

2. 再流焊技术的工艺流程

再流焊技术的一般工艺流程如图 17.20 所示。

（1）焊前准备。焊接前，准备好需焊接的印制电路板、贴片元器件、焊膏等材料以及焊接工具。

（2）印刷焊膏并贴装 SMT 元器件。使用手工、半自动或自动丝网印刷机，如同油印一样将焊膏印到印制板上。同样，也可以用手工或自动化装置将 SMT 元器件粘贴到印制电路板上，使它们的电极准确地定位于各自的焊盘。这是焊膏的第一次流动。

（3）加热、再流。根据焊膏的熔化温度，加热焊膏，使丝印的焊料（如焊膏）熔化而在被焊工件的焊接面再次流动，达到将元器件焊接到印制电路板上的目的。由于焊膏在贴装 SMT 元器件过程已流动过一次，焊接时的这次熔化流动是第二次流动，称为再流焊。再流焊区的最高温度应使焊膏熔化，且使焊膏中的焊剂和黏合剂气化并排掉。

焊接完毕，及时将焊接板冷却，避免长时间的高温损坏元器件和印制板，并保证焊点的稳定连接。一般用冷风进行冷却处理。

（4）测试。进行电路检验测试，判断焊点连接的可靠性及有无焊接缺陷。

（5）整形、修理。若焊接点出现缺陷时，及时进行修复并对电路板进行整形。

（6）清洗、烘干。修复、整形后，对印制板面残留的焊剂、废渣和污物进行清洗，以免日后残留物侵蚀焊点而影响焊点的质量。然后进行烘干处理，以去除板面水分并涂敷防潮剂。

3．再流焊的结构和分类

再流焊炉主要由炉体、上下加热源、印制板传送装置、空气循环装置、冷却装置、排风装置、温度控制装置及计算机控制系统组成。

根据传热方式的不同，再流焊主要有辐射和对流两种方式。按照加热区域来分，再流焊可分为两类：一类是用于印制电路板整体加热的红外线加热法、汽相加热法、热风加热法、热板加热法或红外线与热风组合加热法，另一类是用于印制电路板局部加热的激光加热法、红外光束加热法、热气流加热法、光束加热法。

1）红外线再流焊

加热炉使用远红外线辐射作为热源的，叫做红外线再流焊炉。这种方法的主要工作原理，是在设备的炉膛内，通电的陶瓷发热板（或石英发热管）辐射出远红外线，热风机使热空气对流均匀，让电路板随传动机构直线匀速进入炉膛，顺序通过预热、焊接和冷却三个温度区域。在预热区，印制板在100℃～160℃的温度下均匀预热2～3min，焊膏中的低沸点溶剂和抗氧化剂挥发成烟气排出，同时，焊膏中的助焊剂浸润焊接对象，焊膏软化塌落，覆盖焊盘和元器件的焊端或引脚，使它们与氧气隔离，并且，电路板和元器件得到充分预热，以免它们进入焊接区因温度突然升高而损坏。在焊接区，温度迅速上升，比焊料合金熔点高 20℃～50℃，漏印在印制板焊盘上的膏状焊料在热空气中再次熔融，浸润焊接面，时间为60～90s。当焊接对象从炉膛内的冷却区通过，使焊料冷却凝固以后，全部焊点同时完成焊接。图 17.21 所示为红外线再流焊机的工作原理示意图，图 17.22 所示为红外线再流焊曲线。

红外线再流焊炉的主要优点是加热快，热效率高，温度变化梯度大且易控制，设备结构简单，操作方便，价格便宜。缺点是同一电路板上的元器件受热不够均匀，特别是当元器件的颜色和体积不同时，受热温度就会不同，为使深颜色的和体积大的元器件同时完成焊接，必须提高焊接温度。

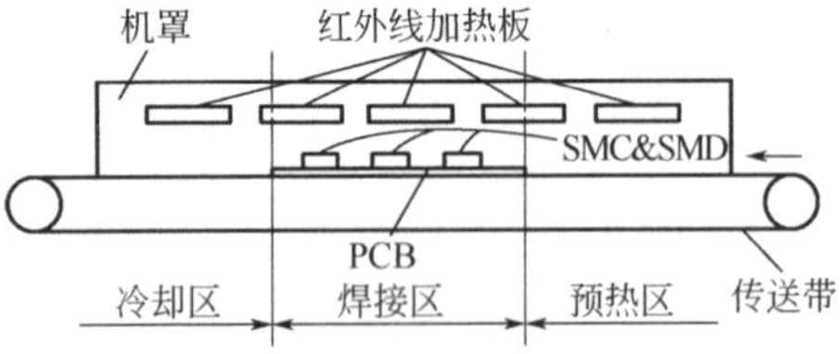

图 17.21　红外线再流焊机的工作原理示意图

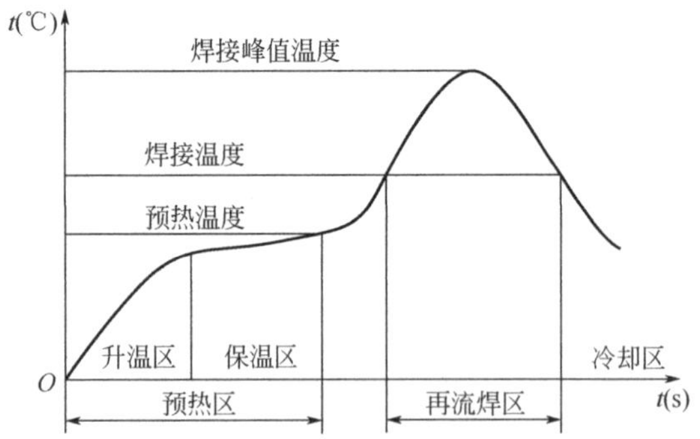

图 17.22　红外线再流焊曲线

红外线再流焊设备适用于单面、双面、多层印制板上 SMT 元器件的焊接，以及在其他印制电路板、陶瓷基板、金属芯基板上的再流焊，也可以用于电子器件、组件、芯片的再流焊，还可以对印制板进行热风整平、烘干，对电子产品进行烘烤、加热或固化黏合剂。红外线再流焊设备既能单机操作，也可以在电子装配生产线上配套使用。

红外线再流焊设备还可以用来焊接电路板的两面。焊接时先在电路板的 A 面漏印焊膏，粘贴 SMT 元器件后入炉完成焊接。然后在 B 面漏印焊膏，粘贴元器件后再次入炉焊。这时，电路板的 B 面朝上，在正常的温度控制下完成焊接，A 面朝下，受热温度较低，已经焊好的元器件不会从板上脱落下来。电路板两面再流焊接示意如图 17.23 所示。

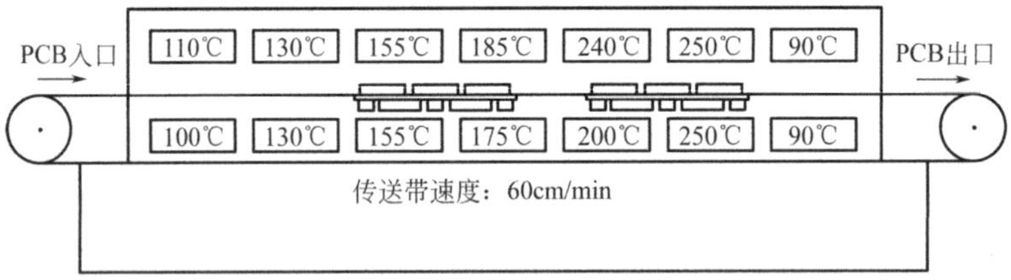

图 17.23　电路板两面再流焊接示意

2）汽相再流焊

汽相再流焊也称冷凝焊，它是利用饱和蒸汽潜热作为传热介质的一种自动化钎焊方法。其工作原理示意图如图 17.24 所示，其工作过程是把介质的饱和蒸汽转变成为相同温度下的液体，释放出潜热，使膏状焊料熔融浸润，从而使电路板上的所有焊点同时完成焊接。

汽相再流焊的优点是受热均匀、温度精度高、无氧化、工艺过程简单，适合焊接柔性电路、插头、接插件等异形组件。缺点是升温速度快（40℃/s），介质液体及设备价格较高，有环境污染。

汽相再流焊的主要工艺参数是：预热区升温速率 2～3℃/s，元器件表面温度在 120℃～150℃范围中停留 30～60s，汽相焊接区温度 215℃～220℃，停留时间 25～40s。

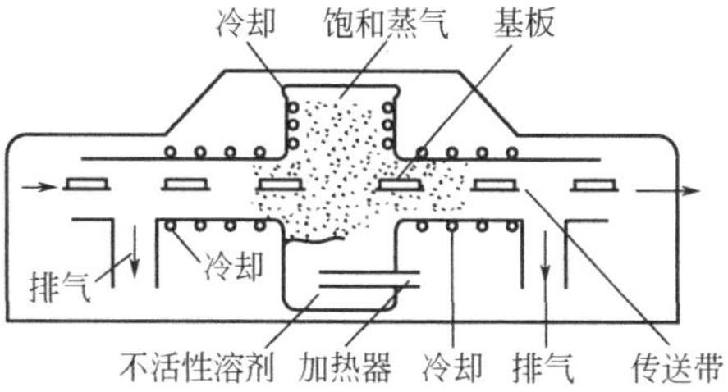

图 17.24　汽相再流焊工作原理示意图

3）热板再流焊

利用热板传导来加热的焊接方法称为热板再流焊。热板再流焊的工作原理如图 17.25 所示。

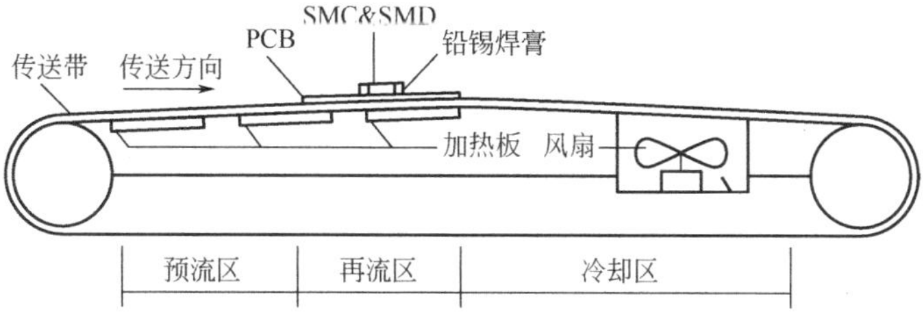

图 17.25　热板再流焊的工作原理

传送带由导热性能良好的材料制成，板型的发热器件放置在传送带下。印制板放在传送带上，热量先传送到电路板上，再传到焊膏与元器件上。待焊膏熔化后，再通过风冷降温，完成元器件与印制板的焊接。这种设备的热板表面温度一般不大于 300℃，适用于导热性好的单面印制板焊接，如氧化铝基板、陶瓷基板等，对普通覆铜箔电路板的焊接效果不好。

4）热风对流再流焊

热风对流再流焊是利用加热器与风扇，使炉膛内的空气或氮气加热并循环流动的焊接技术，其工作原理如图 17.26 所示。这种再流焊设备的主要特点是加热温度均匀但不够稳定，容易产生氧化，印制板上、下的温差以及沿炉长方向的温度梯度不容易控制。

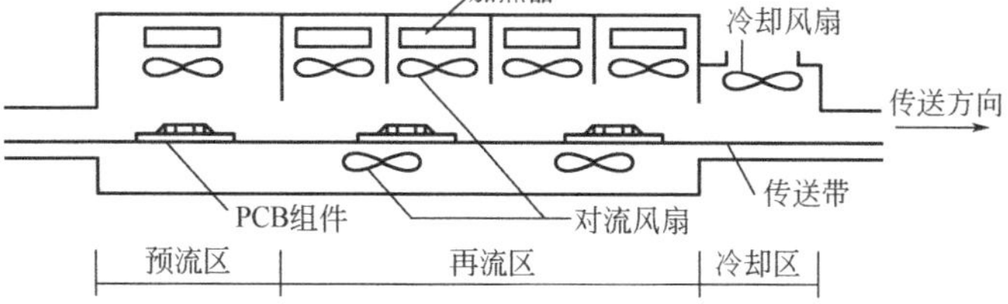

图 17.26　热风对流再流焊的工作原理

5）红外热风再流焊

红外热风再流焊是热风对流再流焊的改进型，它是利用红外线辐射和热风循环对流来加热的，因此又称热风对流红外线辐射再流焊。这种方法的特点是各空间可独立调节温度，在印制板的下面采取制冷措施，保证了加热温度均匀稳定，减小了印制板表面和元器件之间的温差，且温度曲线容易控制。红外热风再流焊设备的生产能力高、操作成本低，是 SMT 大批量生产中的主要焊接设备之一。

6）激光再流焊

激光再流焊是一种先进的焊接技术，它是利用激光束的良好方向性及功率密度高的特点，通过光学系统将激光束聚集在很小的区域内，在很短的时间内使被加热处形成一个局部的加热区，达到焊接目的。常用的激光有 CO_2 和 YAG 两种，图 17.27 为激光加热再流焊的工作原理。

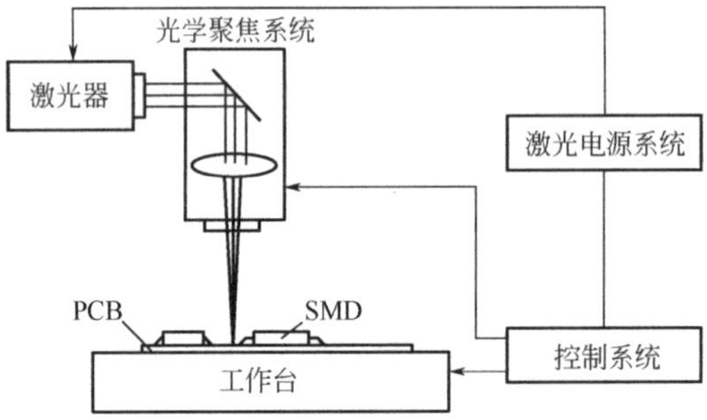

图 17.27　激光加热再流焊的工作原理

激光加热再流焊具有高度局部加热的特点，不产生热应力，热冲击小，热敏元器件不易损坏，用于焊接较小间距器件时，优点尤为突出，可靠性较高。但它不适用于批量自动化生产，激光焊接设备价格昂贵，一般限于特殊领域中的应用。另外，这种设备通常将焊接过程和检验结合起来，焊接的同时可通过显示器检查焊接情况，保证焊点质量。

激光再流焊的主要工艺参数如下：功率≤20W，照射时间 0.5～2.5s，照射点直径 0.2～1.2mm。

17.4　无铅技术

17.4.1　概述

目前，全球每年大约 500 万吨的铅被消耗掉，81%被用于蓄电池，10%用于军火及氧化铅，只有 5%用于电子行业。国外的观点是蓄电池中的铅被 100%回收利用，而电子产品中的铅，由于技术和经济原因，很难做到回收，一般填埋处理，所以欧盟、日本积极推动在电子产品中禁铅。

2005 年年初，原信息产业部根据《清洁生产促进法》、《固体废物污染环境防治法》等有关法律法规，制订了《电子信息产品污染防治管理办法》。该办法要求，从 2007 年 3 月

1 日起，列入电子信息产品污染重点防治目录的电子信息产品中不得含有铅、汞、镉、六价铬、多溴联苯 PBB 和多溴二苯醚 PBDE 6 种有害物质。这 6 种有害物质与欧盟指令中列举的 6 种有害物质基本一致，而且规定的最后期限也和欧盟指令保持一致。其中所指的电子信息产品包括电子雷达产品、电子通信产品、广播电视产品、计算机产品、家用电子产品、电子测量仪器产品、电子专用产品、电子元器件产品、电子应用产品、电子材料产品。这也与欧盟对机电产品范围的界定基本相符。

17.4.2 无铅焊料的选择

在无铅工艺技术的开发和应用中，无铅焊料的选择是最基本、最关键，也是最具挑战性的工作，它直接关系到后续工作中工艺设备的选择（改造）、工艺路线和工艺方法的确定、检验标准的修改、产品可靠性以及产品的成本等问题。因此，需要杜绝随意性和盲目性。实际上，国内大多数企业都不具备无铅焊料研发的能力和技术。近几年来有关无铅焊料的研究工作发展很快，世界上各大著名公司、国家实验室和研究院所都投入了相当的力量开展无铅焊料的研究，有大量的研究成果发表并投入实际应用。目前已知的无铅焊料多达几十种，所用的合金材料也是千变万化，合金成分包括两元系、三元系以及多元系。但概括起来，大多数都采用以锡（Sn）为主，适当添加银（Ag）、锌（Zn）、铜（Cu）、锑（Sb）、铋（Bi）、铟（In）等金属元素所组成，且主要通过焊料合金化来改善合金性能，得到理想的机械、电气和热性能。目前全球无铅焊料的实际应用较广泛的主要有五大系列无铅合金焊料，分别是 Sn-Ag 系、Sn-Cu 系、Sn-Bi 系、Sn-In 系以及 Sn-Zn 系。实际上二元系合金要做成能满足各种特性的基本材料是不完善的，目前最常见的无铅焊料主要是以 Sn-Ag、Sn-Zn、Sn-Bi 为基体，在其中添加适量其他金属元素所组成的三元合金和多元合金。该五大系列无铅合金焊料各有优缺点，各有成功应用的案例。常见的几种无铅焊料如表 17.4 所示。

表 17.4　常见的几种无铅焊料

序号	无铅合金系	有代表性的合金成分	熔点（℃）
1	Sn-Ag 系	Sn-3.5Ag	221
2	Sn-Ag 系	Sn-3Ag-0.5Cu	217～220
3	Sn-Cu 系	Sn-0.7Cu	227
4	Sn-Bi 系	Sn-58Bi	138
5	Sn-Bi 系	Sn-10Bi-5Zn	168～190
6	Sn-In 系	Sn-20In-28Ag	179～189
7	Sn-Zn 系	Sn-9Zn	198

面对纷繁的无铅焊料种类和成分，无铅焊料的选择主要考虑以下九个方面：

（1）从金属的价格和金属资源的角度考虑，尽量选择低成本和全球供应充分的金属。

（2）熔点选择。大多数电子设备都要求固相温度最小为 150℃，以满足电子设备的工作温度要求，因此最高液相温度应视具体应用而定。一般情况下，受现有回流焊设备的最高温度限制，以及元器件的受损和 PCB 板的变色变形影响，回流焊工序要求液相温度低于 250℃，普遍认为越接近 220℃越好；手工焊和返修工序则要求液相温度应低于烙铁头的工作温度 350℃。

（3）导电、导热性能好。具有良好的物理特性，如强度、拉伸度、疲劳度等，合金必须能够提供锡铅合金所能达到的机械强度和可靠性，而且不会在通孔器件上出现突起的角焊缝（特别是对固液共存温度范围较大的合金）。

（4）较小的固液共存温度范围，一般要求固相和液相温度范围控制在 10℃以内。

（5）低毒或无毒性，合金成分中要求无铅、无镉、无汞以及无六价铬（禁止使用 6 种有害物质的要求）。

（6）具有良好的可焊性，在现有的设备和免洗助焊剂条件下，应具备良好的润湿度，具备空气条件下焊接的能力。

（7）生产重复性和熔点的一致性考虑。如果某些合金的成分不能在大批量下重复制造，或者其熔点在批量生产时由于成分的变化而发生较大变化，则不予考虑。

（8）所选择的无铅焊料应该是在自己的研究中证明了的，或是权威机构或文献所推荐的，或是已有成功应用经验的。

（9）尽量与现有的焊接设备和工艺兼容，可在不更新设备、不改变现行工艺的条件下进行可靠焊接。

在现有的条件下，要选择同时满足上述九大条件的无铅焊料还比较困难，因此需要结合各企业的产品情况、设备状况以及工艺技术应用情况，进行综合考虑。基于上述九大原则的综合考虑，目前使用较多的无铅焊料为 Sn96.5Ag3Cu0.5（熔点为 217℃～220℃）。

17.4.3　无铅技术对组装工艺的影响

无铅在工艺上带来的较大改变，是在焊接工艺上。这改变出于无铅焊料熔点上的变化，以及较不被关注的焊剂配方的转变。较高的焊料合金熔点使焊接温度必须提高，而这温度需求的提高，加上焊剂的新配方，也影响前工序的预热和助焊工艺。而焊接温度的提高，使许多器件材料处于较高的过热风险下，工艺窗口变小了，所以加热工艺的调整要求也提高了。这意味着虽然掌握焊接的原理不变，但以往的焊接工艺规范已经不能使用而必须重新进行工艺认证。

曾有报告和论文指出，无铅在锡膏印刷和贴片工艺上没有什么改变。这种说法并不完全精确。锡膏印刷方面，无铅带来的改变虽然不会有焊接带来得大，但对于一些工艺要求较高的产品来说，我们还是可以看出无铅和含铅是有些不同的。这种差异其实也存在于含铅技术中不同锡膏牌子型号之间。因为造成这种工艺差异是来自锡膏的配方差异。在无铅技术中，无铅合金材料不同的熔点温度、不同的表面能量（张力）、不同的金属密度（重量）和给锡膏焊剂配方带来了改变的必要。而这质和量上的改变，也使一些锡膏的黏性和流变性产生了变化。而锡膏印刷工艺的要点就是掌握和处理锡膏的流变性。所以无铅其实也给印刷工艺带来了改变。即使使用的锡膏牌子不变，但其配方的改变将使工艺需求改变，关键在于产品对印刷工艺的要求是否需要细腻的设置和控制。

由于器件方面在无铅技术中的改变主要在于耐热能力的加强，焊端材料改变不多，贴片工艺的影响应该十分轻微。唯有在器件工艺特性处于工艺临界的情况下，贴片压力可能需要更严谨的调整，以补无铅润湿能力较差的特性。

至于波峰焊接工艺方面，焊料熔点增高了之后，助焊剂配方也受到影响。因此预热和焊接工艺参数都必须重新处理。试验中发现“阴影效应”情况会较含铅技术严重些。这可能需要 PCB 工艺设计上较好的配合。

其实无铅在工艺设置、工艺调制方法上都没有什么改变，需要的只是重新制定参数和工艺规范罢了。

17.4.4 无铅技术对 DFM（可制造性设计）和外观检验的影响

无铅焊料在焊接特性（如润湿性等）和含铅有所差异，如果要很好地处理工艺，在 DFM 规范上也必须有所改变。例如，回流中“立碑”、“气孔”等现象以及波峰焊接中的“阴影”现象，在无铅焊接技术中会较严重，如果通过 DFM 的修改配合，可以很好地预防和解决这类问题。

在 DFM 中的焊盘和钢网设计部分，由于和焊接工艺密切相关，无铅的出现因此也带来一些影响。此外，一些检查标准，包括 MVI 和 AOI 等，也都会有些改变。这是因为无铅焊点的表面状况（光滑度和润湿度）都没有含铅焊点的理想（但不表示有质量问题），所以检验标准也应该进行修改。

17.4.5 无铅技术对组装设备的影响

作为支持工艺的设备，主要是在回流炉和波峰焊接炉方面，也因为工艺窗口的缩小而受到影响。基本上是对其工艺控制能力的要求提高了。例如，回流炉子的高温能力、加热效率和冷却控制等，以及波峰炉子的预热能力，以及第一波设计和控制等，都必须有较好的表现。而除了工艺能力外，炉子中和无铅锡有直接接触的部分也必须采用适当的材料来抗其腐蚀性。对炉子制造商来说，提高加热温度和采用不同的熔锡槽材料是无铅技术的改革重点。目前推出的炉子，许多都表示可以支持无铅技术。而这所谓能支持无铅技术，很多也就是说能够提供更高的温度以及采用抗腐蚀材料而已。对于更好地处理缩小的工艺窗口的加热效率等特性则未必有改进措施。

17.4.6 无铅技术的总体状况及在商业上的影响

无铅技术自研发以来，目前对于民用家电以及一些不涉及生命安全的电子产品上，已经算是可以被大量使用的技术。焊料的选择上虽然还并未完善，业界要达至认同尚需要一些努力，但趋势已经逐步形成，供应也开始普及。PCB 无铅化技术也已可行。器件无铅化，虽然结果尚未及无铅技术理想，暂无法在成本、质量、工艺各方面找到单一优化的选择。但工艺和质量水平已经基本被业界接受，无铅器件供应也逐步普及。设备方面，受到主要挑战的焊接设备，与器件情况类似，虽然还有待改善，但基本能力已有。质量认证方面，在较温和测试条件（温度范围在 0℃～100℃）下，大多数无铅技术在大部分测试特性的表现可媲美含铅技术，甚至有些表现还更好。不过有关产品长期寿命方面的认证，虽然已经有相当的信心，还有待更多的研究以及实际使用观察来确定。例如，除去铅后高锡含量的金属须（或称金属针）问题还没有真正有效的解决方法。所以在高质量要求，或关系到生命安全的产品上，无铅技术的使用仍然需要进一步研究决定。而对于寿命要求不太高的家电或民用产品，则无铅基本被认为是可行的技术。

无铅技术的推动，目前已不再纯属环保考虑，而是包含了相当成分的经济和商务意义。无铅技术发展较好以及能力较强的国家和地区，已意识到它可以成为有理的贸易壁垒。而由于无铅技术所需要的是整体供应，谁能够较好地掌握和建立、工艺、设备等的系统性，谁就有较好的竞争能力。

和当时 Flip-Chip 技术的开发一样，企业们为了在新技术上多占些甜头，纷纷为其科研结果申请专利。不过由于有了以往的经验，“通用”和“普及”性已成为另外一个业界所关注到的重要特性。在这认识下出现了一个有趣的现象，就是以往的“专利”政策的失利。无铅技术的发展焦点在于焊料技术，因此初期许多研究都始于焊料的研究。可用的焊料合金种类很多，各有好坏。而各个开发商为了确保本身的利益，纷纷对其研究成果申请专利。然而，为了避免采购风险，业界在后期的推动和推荐材料工作上，认同采取了不采用“专利”配方作为其中一个考虑点的做法。

无铅的加工成本会较含铅高，但增长不算多。技术和环保虽然重要，但电子业界中价格仍然是最重要的竞争武器。谁能将无铅技术转换的成本透明化，谁就较具有竞争力。所以无铅技术的出现，也给电子组装业带来一次成本重整的机会。

17.4.7　无铅技术推行的问题

推行无铅技术的用户将会遇到几个方面的难处。

（1）众多材料的组合和选择要求用户对各种材料技术有足够的了解。但众多的可能组合以及有限的实验报告资料无法很好地协助用户做出仔细、精确的判断。

（2）无铅技术在技术以及技术和管理的整合做法上更加重要，但作为业界引进这门技术主要资源和依赖的供应商，一般缺乏提供技术整合上的协助。包括一些以集团形式出现在市场的供应商在内，其整合做法较偏向于商务方面而非技术及管理上的整合。

（3）大多数的企业都没有意识、计划或能力投入在无铅技术质量方面的研发工作，而业界提供这方面服务的机构，在相对用户素质和数量的质和量上都还缺乏，无法有效地降低无铅的质量风险。

（4）过渡期的管理和技术应用将是个大问题。由于无铅和含铅并不完全兼容，而产品设计工作，以及供应市场上并不可能做到同时的技术切换，同时使用无铅和含铅技术的情况是存在的，如何使这两种并不完全兼容的技术同时存在在管理和技术应用上必须小心处理。

（5）工艺能力的掌握。无铅工艺的窗口，尤其在必须很好地照顾产品寿命的情况下，较含铅技术小了许多。这就要求企业对工艺的掌握以及质量管理上有更细腻的做法。

第18章 引线键合

引线键合（Wire Bonding）是使用细金属线，利用热、压力、超声波能量使金属引线与基板焊盘紧密焊合，实现芯片与基板间的电气互连和芯片间的信息互通。在理想控制条件下，引线和基板间会发生电子共享或原子的相互扩散，从而使两种金属间实现原子量级上的键合。引线键合分为球键合和楔键合。根据键合条件不同，球键合可分为热压焊、冷超声键合和热超声键合。根据引线不同，又可分为金线、铜线、铝线键合等。冷超声键合常为铝线楔键合。热超声键合常为金丝球键合，因同时使用热压和超声能量，能够在较低的温度下实现较好的键合质量，从而得到广泛使用。

18.1 引线材料及其冶金反应

引线键合工艺中常见的材料主要有金丝、铝丝和铜丝。引线键合使用最多的导电丝材料是金丝。而键合金丝是指纯度为99.99%，线径为18～50μm的高纯金合金丝。

键合金丝主要有以下几项特性：

（1）金丝能承受树脂封装时应力的机械强度，具有规定的拉断力和延伸力。

（2）成球特性好。

（3）金丝表面无划疵、脏污、尘埃及其他黏附物，使金丝与半导体芯片之间、金丝与引线框架之间有足够的接合强度。

（4）随着金丝长度的加长，要防止卡丝，还要求金丝直径精度要高，表面无卷曲现象。

（5）焊接时焊点没有波纹。为此，金丝广泛应用于热压键合和热超声键合。

由于高纯的金丝非常软，为了获得机械性质稳定的金丝产品，需要在高纯金中加入微量元素进行调节，通过对微量元素种类及数量的控制，不仅可使金丝得到稳定、适合的机械性能，也可获得合适的金焊球形状和拱丝弧度。例如，添加Al、Si和Pb则不易成球；Cu、Fe和Mg则易在焊球表面形成氧化膜；Pd和Pt会使焊球表面产生皱褶；Pb、Al、Ti、Bi含量高常导致球颈端部断裂；Pb、Sn、In与弧圈下塌有关；Pt、Pd、Ag、Si易产生拖尾现象；另外添加Al、Ca、Tl、Be等可提高再结晶温度到400℃以上；添加钙还可降低铅的不良影响，与铅形成的化合物熔点可提高到 1000℃以上；金属铍的添加可细化晶粒，除了有利于加工外，还可提高再结晶温度，但加入量多了也会使金丝变硬变脆。

键合金丝直径一般在 12～75μm。由于大部分使用在高速自动键合机上，最高速焊机每秒可完成 20 根键合线。因此要求金丝具有均匀、稳定的机械性能和良好的键合性能。为适应自动化规模生产，同时要求每轴丝的长度在 300m、500m 或 1000m，国外的微细丝已达到 2000m，甚至 3000m 供货。

键合金丝按用途及性能分为普通金丝（Y）、高速金丝（GS）、高温高速金丝（GW）和特殊用途金丝（TS）。当金丝的延伸率一定的时候，高速键合机用金丝与手动键合机用金丝的室温强度是不一样的，按大小顺序 GW 型最大，Y 型最小；金丝的实际使用温度一般在 250℃～350℃，高温强度还是 GW 型的金丝最大，Y 型最小。延伸率则是 Y 型丝最大，GW 型最小。高速键合机一般使用强度较大的 GW 型和 GS 型金丝，Y 型丝则主要用于手动键合机。

为了满足微细金丝各种各样的性能要求，金丝还可以根据弧度高低的不同分为高弧度、中弧度、低弧度金丝。微细金丝的端部熔成球状压焊到半导体电极上，焊球在熔化的时候，球颈附近金丝发生再结晶，形成再结晶领域。产生弧度的时候金丝在比母线软的再结晶领域和母线的界面变形，再结晶领域越长，弧度越高，反之，再结晶领域越短，弧度越低。

引线键合除了常用的金丝外，铝丝由于其低廉的价格和优异的性能，常用于大功率器件的楔形键合。由于纯铝丝太软，通常要添加 1%的硅或 1%的镁提高铝丝的机械强度。室温条件下，1%的硅含量超过了铝的固溶极限，为此，铝合金中会出现硅析出。而硅析出的尺寸主要取决于材料的制备条件，较小的冷却速率会造成大颗粒的硅析出，而较大的冷却速率下，硅析出则为均匀弥散的小颗粒。硅颗粒的大小会影响铝丝的延展性，铝—硅两相界面是会形成裂纹的起始源。

近年来，铜丝由于其优异的经济性和导电性能在塑料封装中得到越来越广泛的应用。铜丝应用的最大问题是其可键合性。与金丝和铝丝相比，铜丝的硬度更大，由此造成缩孔和焊盘处受力过大，因此，焊盘需要用更硬的材料。同时，铜丝球焊需要在保护气氛条件下进行，以防止其氧化。

常用的金丝键合的金属学系统包括 Au-Au 系、Au-Al 系、Au-Cu 系、Au-Ag 系、Al-Ag 系和 Al-Al 系等，Au-Au 系可靠性非常好，没有界面腐蚀和金属间化合物形成等问题，键合的可焊性与焊盘的表面洁净度强相关；Au-Al 系是引线键合中应用最为广泛的系统，然而这一系统不可避免地将形成 Au-Al 金属间化合物和 Kirkendall 空洞，且随着温度和时间的增加，金属间化合物会加速生长。Au-Al 系共存在 5 种金属间化合物，键合初期，室温下，Au-Al 界面形成 $AuAl_2$ 化合物。Au-Cu 系主要是金丝与 Cu 引线框架键合会形成 Cu_3Au、AuCu 和 Au_3Cu 这 3 种金属间化合物，其激活能均在 0.8～1eV，在 200℃～325℃的高温下，形成 Kirkendall 空洞，从而降低键合强度。Cu-Au 系键合时，其可键合性与表面清洁度强相关。Au-Ag 系为无限固溶体，不存在金属间化合物和界面腐蚀问题，但硫黄类物质的污染可能导致可焊性问题。

18.2　引线键合的种类与方法

根据外部能量的提供方式，键合工艺可分为以下三种：热压键合、超声键合和热超声键合。具体的应用情况如表 18.1 所示。根据焊点形状，引线键合有两种基本形式：球键合与楔键合，如表 18.2 所示。目前有 93%的半导体封装采用球键合工艺，5%采用楔键合工艺。其中最为广泛采用的是热超声金丝球键合，主要原因是其键合速度快于超声波 Al 丝键合，且可靠性高。

表 18.1　引线键合工艺技术

	热压键合	热超声键合	超声键合
超声功率	无	有	有
键合力	高	低	低
温度	高（>300℃）	中等（120℃～220℃）	低（室温）
键合时间	长	短	短
引线材料	Au	Au	Au，Al
焊盘材料	Au，Al	Au，Al	Au，Al
污染	强相关	中等	中等

表 18.2　球键和楔键合的比较

	球键合	楔键合
键合技术	热压（T/C） 热超声（T/S）	热超声（T/S） 超声（U/S）
温度	T/C—>300℃ T/S—120℃～220℃	铝线—U/S 室温 金线—T/S 120℃～220℃
焊盘尺寸	大（3～5 倍引线直径）	与球焊相比焊盘较小，微波应用性能优异，焊盘尺寸为 2～3 倍引线直径，金带焊盘可为 1.2 倍带线宽度
焊盘材料	Au	Au，Al
引线材料	Au	Au，Al
速度	快（10 根线/秒）	相对低（4 根线/秒）

18.3　引线键合的工艺过程

1．热压键合

热压键合是利用加热和加压工艺，使金球发生很大的塑性变形，其表面上的滑移线使洁净面呈阶梯状，并在薄膜上也切出相应的凹凸槽，表面氧化膜被破坏，洁净面互相接触，发生扩散，实现连接。

热压键合法的机制是低温扩散和塑性流动（Plastic Flow）的结合，使原子发生接触，导致固体扩散键合。有人曾经描述过承受压力的部位，在一定的时间、温度和压力的周期中，接触的表面就会发生塑性变形（Plastic Deformation）和扩散。塑性变形是破坏任何接触表面所必需的，这样才能使金属的表面之间融合。在键合中，焊丝的变形就是塑性流动。该方法主要用于金丝键合。

热压键合工艺过程为：①从毛细管劈刀端头伸出金丝，丝夹夹紧，金线端头用电火花形成金球；②将毛细管劈刀端头压住焊球，移到芯片焊盘上方；③下降毛细管劈刀端头，让球与焊盘接触，通过加热和加压完成键合；④丝夹打开，完成第一点键合。具体过程如图 18.1 所示。

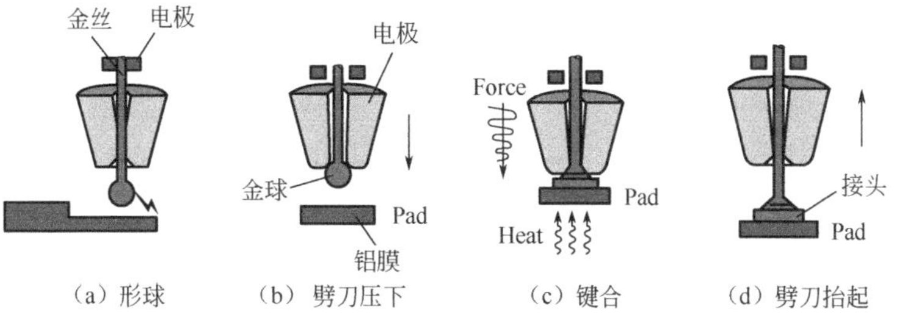

图 18.1　热压键合工艺过程

2．超声键合法

在常温下利用超声机械振动带动丝与膜进行摩擦，使氧化膜破碎，纯净的金属表面相互接触，通过摩擦产生的热量使金属之间发生扩散，实现连接。焊丝超声键合是塑性流动与摩擦的结合。通过石英晶体或磁力控制，把摩擦的动作传送到一个金属传感器（Metal“HORN”）上。当石英晶体上通电时，金属传感器就会伸延；当断开电压时，传感器就会相应收缩。这些动作通过超声发生器发生，振幅一般在 4～5μm。在传感器的末端装上焊具，当焊具随着传感器伸缩前后振动时，焊丝就在键合点上摩擦，通过由上而下的压力发生塑性变形。大部分塑性变形在键合点承受超声能后发生，压力所致的塑变只是极小的一部分，这是因为超声波在键合点上产生作用时，键合点的硬度就会变弱，使同样的压力产生较大的塑变。该键合方法可用金丝或铝丝键合。超声铝丝/带楔形键合焊点形状如图 18.2 所示。

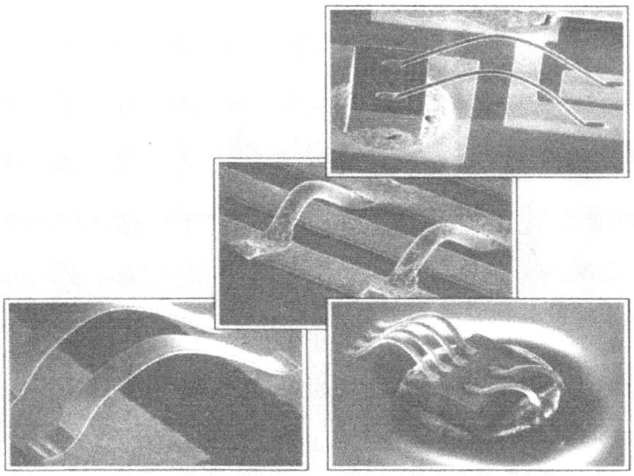

图 18.2　超声铝丝/带楔形键合焊点形状

3．热超声键合法

热超声键合原理同超声键合，只是同时提供外加热源，目的是激活材料的能级，促使两种金属的有效连接以及金属间化合物形成和生长，主要用于金丝键合，是目前应用最广泛的一种键合方式。热超声球形—楔形键合工艺过程如图 18.3 所示。

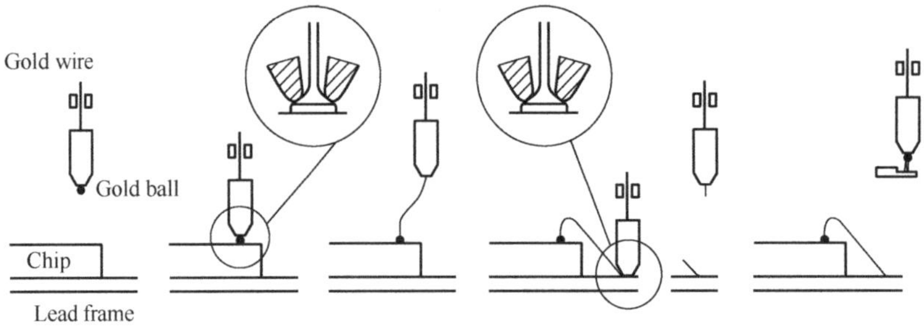

图 18.3　热超声球形—楔形键合工艺过程

18.4　引线键合的设备与工作原理

超声系统在引线键合机中担负着实现电声转换、产生超声振动、传递超声能量的重任，是键合机的核心部件。过去人们对超声系统的兴趣局限在频率和键合工具的物理兼容性，随着键合机高速高精化的推进，这种认识也在逐渐得到修正。全方位（综合考虑超声系统的阻抗、频率、位移和稳定性）、智能化（实时监控和检测）是新形势下超声系统所面临的挑战。引线键合机的超声系统结构如图 18.4 所示。

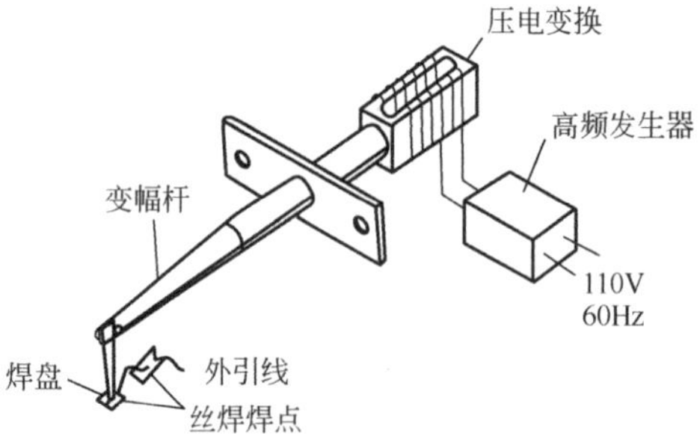

图 18.4　引线键合机的超声系统结构

引线键合机的超声系统由电信号发生器、换能器（包括压电换能器和聚能器）以及键合工具组成。

1．电信号发生器

电信号发生器是向超声换能器提供超声能量的一种装置，由振荡器、放大器和匹配电路组成。振荡器产生一定频率的电信号，用以推动放大器，考虑到频带调节范围的问题，一般采用他激式振荡器。放大器将振荡信号放大至所需电平，目前大多采用晶体三极管或场效应管。匹配网络主要是用来改善电发生器与换能器之间的耦合程度，以便使电发生器输出的功率高效率地传输给换能器。

对于电信号发生器，重点考虑的问题如下。

1）匹配网络的设计

电发生器有一最佳负载值（有时称为输出阻抗），只有在此最佳负载值工作，才能向换能器输出额定功率。实际负载往往不能满足此值，故需要通过输出变压器作阻抗变换。此外，由于超声换能器是一阻抗负载，因此需要一个与之相反性质的电抗元件来“抵消”换能器中的电抗分量，即调谐。可采用串联或并联电感的方式，以达到提高电发生器的输出功率的目的。

2）频率自动跟踪

由于换能器的声负载阻抗处于负载变化剧烈的场合（如静态压力的调节、键合工具的磨损、键合过程中阻尼的变化等），因而换能器的谐振频率是变化的。如电信号发生器的工作频率不随之改变，换能器将工作在失谐状态，使效率降低，甚至停振。因而必须采用频率自动跟踪线路，使发生器的频率随着换能器的谐振频率作相应的变化，以保证换能器始终工作在谐振状态。

2．换能器

换能器由压电换能器和聚能器（又称变幅杆）两部分组成。压电换能器将电磁能转变为机械振动能，产生线性纵向振动。聚能器在传递压电换能器所转换成的振动能量的同时，实现放大输出振幅的功能。引线键合机的压电换能器实质上是一个复合式换能器，又称朗之万换能器，由前后金属盖板、压电陶瓷堆、预应力螺杆、电极片和绝缘管组成。压电陶瓷堆由四片压电陶瓷环片并联而成，使得纵向振动同相叠加。压电陶瓷环片间及压电片与金属盖板之间通常用弹性及导电良好的铜片隔开并作为电极。由于压电体的抗张强度差，所以常常通过金属块及夹紧螺杆给压电体施加预压力，使压电体在强烈的振动时也始终处于压缩状态，避免压电体的破裂。螺杆用高强度的螺栓钢制成。前后金属盖板一般采用钢、铜、硬铝或钛合金材料，通过改变金属块的厚度或形状可获得不同的工作频率和声强。

如果把压电换能器看作振动的推动级的话，聚能器就是振幅的放大级。常见的超声聚能器按其母线的形状分为：圆锥形、指数形以及阶梯形等。阶梯形的聚能器放大系数最大，而且加工方便，但其共振范围小，截面的突变处应力集中；指数形聚能器的放大系数小、机械强度大、加工较简单，是超声波键合机应用最多的一种；圆锥形聚能器有较宽的共振频率范围，但放大系数最小。用于制造聚能器的材料应有高的抗疲劳强度和小的振动损耗。一般有 45 号钢、30CrMnSi 低合金钢、高速钢以及钛合金等。

优化换能器的性能要考虑的因素有：

（1）谐振频率：谐振频率在工艺上有两方面的含义，即谐振频率的数值和谐振频率的精度。根据需要的频率数值来设计压电换能器和聚能器；同时，由于声负载阻抗的变化，将会带来换能器谐振频率的变化，故又要使换能器工作在一定的频率范围，该问题已通过前面介绍的频率自动跟踪解决。

（2）振幅：根据工艺要求，合理设计聚能器，使振幅放大到工艺要求。

（3）振动模式：适当选择压电晶片和聚能器的外形尺寸，使其远离径向振动模式的谐振频率，从而消除或抑制寄生的径向振动。

（4）换能器的安装：所有的聚能器都存在一个波截面，在波截面处可用其他装置运用适当的力矩对整个换能器进行固定，从而减小振动能量的损耗。所用的力矩不可过大，否则会导致聚能器截面的变形，从而降低整个超声系统的性能。

3. 键合工具

键合工具的作用是将纵向振动转化为横向振动，通过与引线的接触传递超声能，并在静态压力、温度的配合下，实现引线和焊盘的键合。按形状和适用工艺的不同分为劈刀（capillary）和楔（wedge）两种（见图 18.5）。劈刀用于球键合，其材料可以是陶瓷、钨或红宝石。最常用材料是具有精细尺寸晶粒的氧化铝陶瓷，因为其有很好的抗腐蚀性、抗氧化性和易于清洁的特点。楔用于楔键合，楔形工具的材料取决于所采用的金属丝，铝丝键合时，通常采用碳化钨或陶瓷材料；金丝键合时，采用碳化钛材料。

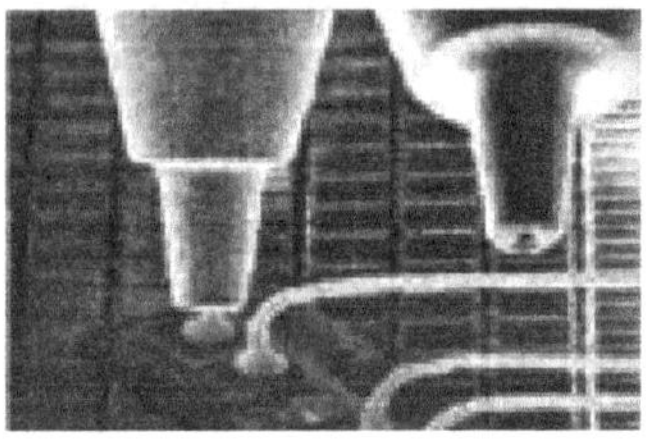

（a）劈刀

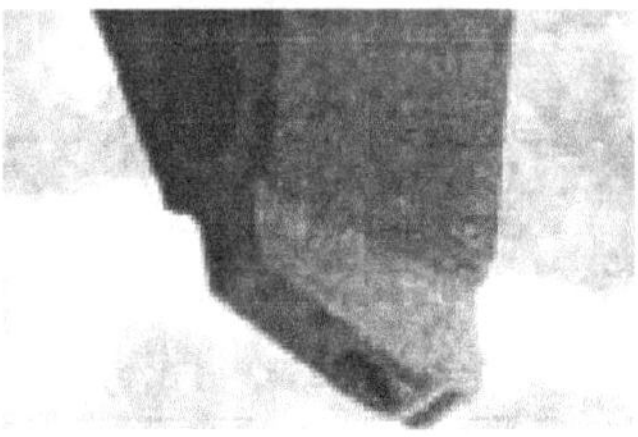

（b）楔

图 18.5　键合工具的分类

键合工具的影响因素如下。

（1）工具的几何参数直接影响着超声系统的效果。劈刀的典型尺寸是末端直径 D=1.587mm，总长 11.1mm。其顶端进丝孔尺寸相当大，而后向下递减，进料孔直径一般为 38～50μm（取决于金属丝直径）。在进料孔内侧有一斜面，以便在键合中固定金属球并施加向下的压力。

（2）键合工具的安装。尽量减少聚能器与键合工具的接触面积，可采用改进的三线装夹键合工具的方法，从而扩大优化参数的选择范围；用适当的力矩来固定键合工具，过大会使聚能器的末端变形，过小则会造成键合点的位置偏移及超声能的传递效率降低。

18.5　引线键合的失效原因及分析

1. 焊盘的清洁

焊盘上的杂质污染是引线键合可焊性和可靠性下降的一个主要原因。可能导致键合质量降低的污染杂质有以下几类。

（1）卤族元素：等离子腐蚀、环氧树脂除气、硅氧烷腐蚀、光敏抗蚀剂的剥离剂、溶液（TCA、TCE、氯、氟化物等）。

（2）镀层工艺带来的污染：Tl、光亮剂、Pb、Fe、Cr、Cu、Ni、H。

（3）硫磺：封装容器、环境空气、纸板/纸、橡胶带。

（4）各种有机物污染：环氧树脂除气、光敏抗蚀剂、环境空气、唾液。

（5）其他：Na、Cr、P、Bi、Ca、潮气、玻璃、氮化物、C、Ag、Cu、Sn。

2．键合相关失效

1）焊盘破坏

焊盘破坏通常出现于超声波键合中，是指对焊盘金属化层下面半导体材料层的损伤。这种损伤有时是肉眼可见的凹痕，更多是不可见的材料结构损伤。这种损伤将降低器件性能并引发电损伤。其产生原因如下：

（1）超声波能量过高导致 Si 晶格层错；

（2）楔键合时键合力过高或过低；

（3）键合工具对基板的冲击速度过大，一般不会导致 Si 器件出坑，但会导致 GaAs 器件出坑；

（4）球键合时焊球太小致使坚硬的键合工具接触到了焊盘金属化层；

（5）焊盘厚度太薄，1～3μm 厚的焊盘损伤比较小，但 0.6μm 以下厚度的焊盘可能存在问题；

（6）焊盘金属和引线金属的硬度匹配时键合质量最好，也可以最小化出坑现象；

（7）Al 丝超声波键合时金属丝太硬可能导致 Si 片出坑。

2）键合点断裂和脱落

在超声波键合时键合点的根部已经被弱化，球形根部属于典型的热影响区，球焊第二焊点的月牙形焊点和压焊焊点存在明显形状骤变，机械性能下降，特别是压焊第一焊点在引线成拱时的前后柔性摆动易形成裂纹。形成金属学裂纹是引线键合中的一个重要问题。裂纹通常在压焊键合第 1 个焊点和 Au 丝球键合第 2 个焊点的根部形成。裂纹的可能形成原因如下：

（1）键合工具的根部过于尖锐，主要是劈刀的前圆弧半径（FR）和后圆弧半径（BR）参数；

（2）键合工具抬离第 1 个键合点之前或过程之中，键合设备发生振动；

（3）键合中变形过大；

（4）闭环引线的上升坡度过陡；

（5）第 1 次键合后工具移动过快。

引线闭环的高度过大将需要更大的工具移动，从而增加出现根部裂纹的可能性。当第 2 个键合点明显低于第 1 个时，也会增加出现裂纹的可能性。根部裂纹将导致键合点拉脱力降低 50%，同时引发早期循环失效。

3）尾丝不一致

这是楔键合时最容易发生的问题，而且也是最难克服的，可能的产生原因如下：

（1）引线表面肮脏；

（2）金属丝传送角度不对；
（3）楔通孔中部分堵塞；
（4）用于夹断引线的工具肮脏；
（5）夹具间隙不正确；
（6）夹具所施加的压力不对；
（7）金属丝拉伸错误。

尾丝太短意味着作用在第 1 个键合点上的力分布在一个很小的面积上，这将导致过量变形。而尾丝太长可能导致焊盘间短路。

4）键合剥离

剥离是指拉脱时键合点根部部分或完全脱离键合表面，断口光滑。剥离主要是由工艺参数选择错误或键合工具质量下降引起的，它是键合相关失效的一个很好的早期信号。

18.6 提高引线键合强度的对策

1. 清洁保护

1）工具清洁

定期对焊具进行先碱洗再超声处理，可去除焊具表面以及用别的清洗方法难以到达的夹缝和其他区域的粘污物，对于污染和磨损较为严重的劈刀，必须及时更换。焊具（劈刀）安装位置要准确，确保劈刀端面有最大振幅。

2）基板与芯片清洁

目前，国外部分器件要求键合前要经过等离子清洗，可保证器件在键合时表面的洁净。在微组装的生产过程中，由于指印、助焊剂、各种交叉污染、自然氧化等，器件和材料表面会形成各种粘污，包括有机物、环氧树脂、光刻胶、焊料、金属盐等。根据污染物类型，选择等离子清洗气体类型，氮气等离子清洗以物理轰击为主，适合各类污染物的清洗去除，氮氢混合气体具有强烈的还原作用，适合清洗氧化物污染，氧气等离子清洗具有较强的氧化作用，适合清洗有机污染。这些粘污会明显地影响组装生产过程中的相关工艺质量。使用等离子体清洗可以很容易清除掉生产过程中所形成的这些分子水平的污染，保证工件表面原子与即将附着材料的原子之间紧密接触，从而有效地提高引线键合强度。国内某单位在键合前采用等离子体清洗后，键合成品率提高 10%，键合强度一致性也有提高。

3）焊丝

任何微小的缺陷都会给引线键合带来困难。对焊丝应采取适当的清洁保护措施，保证引线在送丝过程中无划伤、变形。解决问题的关键是库存不能太多，要分批进货，才能保证质量。一般存放时间不超过 60 天。

4）环境

改善操作环境远离振动源，远离通风口，加固管座夹具，才可保证键合工艺质量，有效防止器件特性退化。另外，管芯和焊丝的键合应尽量避免在谐振频率下进行，这与其重量和长度等有关系。

2．调整键合线夹角

根据 NASA（美国宇航局）技术规范要求，键合点的引线角度应该为 10°～30°。一方面，要求键合线与 GaAs 平面的夹角尽可能大，以免尖端放电和电弧放电损伤键合线，又可提高键合的机械强度；另一方面，键合线与 GaAs 平面的夹角不能过大，夹角过大，引线长度增长，会影响半导体器件的微波性能。

3．工艺加固

一些键合基板质量较差，键合性能不足，此时无论压焊还是球焊，都存在键合力不足问题，针对常规的芯片到基板的键合引线，当位于基板上的第二焊点强度不足时，可以通过预加球或后加球增强键合力，特别适用于金丝键合。所谓预加球，即在压焊或者球焊第二点位置上通过键合工艺预先植一个金球，再在此位置键合；后加球，即在压焊点或球焊第二焊点处沿金丝方向键合一个金球进行增球，以提高该焊点的键合力。

18.7　引线键合技术的发展趋势

1．低弧度引线键合

当芯片减薄厚度小于 100μm 时，要求引线键合弧高必须小于这一数字，采用 25μm 金丝的正常键合弧高为 125μm，使用反向引线键合优化工艺后，可以达到 75μm 以下的弧高。与此同时，反向引线键合技术要增加一个打弯工艺，保证不同键合层的间隙。

2．键合引线无摆动模塑技术

键合引线密度增高、长度延伸、形状更复杂时，会增加短路的可能性。采用低黏度的模塑料和降低模塑料的转移速度有助于减小键合引线的摆动，防止引线短路，现已研发出键合引线无摆动（Nosweep）模塑技术。

3．FC 技术

常规芯片封装流程中包含粘片、引线键合两个关键工序，而 FC 则合二为一，它是直接通过芯片上呈阵列排布的凸点来实现芯片与封装衬底（或电路板）的互连。由于芯片是倒扣在封装衬底上，与常规封装芯片放置方向相反，故称 Flip-Chip（FC）。

与常规的引线键合相比，FC 由于采用了凸点结构，互连长度更短，互连线电阻、电感值更小，封装的电性能明显改善。此外，芯片中产生的热量还可通过焊料凸点直接传输至封装衬底，加上芯片衬底加装散热器的通常散热方式，芯片将更“酷”。

4．窄间距键合技术

随着器件小型化发展，芯片焊盘的尺寸也在逐步缩减，原有规格的引线和工具都无法满足实际需求。采用更细引线和窄间距劈刀是其中一种简单有效的解决手段，另有复合焊等方式。

第五部分

整机装联与调试

电子产品基本构成部分是整机，它的性能和可靠性直接影响产品的性能和可靠性。因此重视整机装联与调试技术是实现电子产品的高性能和高可靠性的关键，整机装联与调试涉及面广，因此作为电子产品工艺人员需要熟悉与整机装联相关技术，如印制板装配技术、电缆组件装配技术、整机装配技术、整机的调试。另外，检验、防护、存储与包装也与整机装联有着密切的关系。

第19章 印制板组件装配技术

19.1 概述

印制板组件一般为电子设备中的功能组件，是电子设备的核心，其装配质量的好坏直接影响到整机的性能和可靠性。

印制板组件的装配大致经历了如下过程：

20 世纪 50 年代：手工焊接。

60 年代：半自动插装浸焊。

70 年代：全自动插装波峰焊。

80 年代：表面组装技术（SMT）。

90 年代：窄间距 SMT。

目前：高密度组装、三维立体组装。

当前，印制板组件装配是以 SMT 技术为主要手段，它所涉及的原材料、工艺技术、设备繁多，图 19.1 为印制板组件装配所涉及的材料、工艺及设备。

印制板组件装配
- 材料：元器件、印制电路板、焊膏焊锡、粘接剂、焊剂、清洗剂
- 组装工艺
  - 组装类别：单面组装、双面组装、单面混合组装、双面混合组装
  - 焊膏涂敷：丝网印刷、点胶
  - 焊接工艺：浸焊、波峰焊、再流焊、手工焊
- 设备：插件机、丝网印刷机、点胶机、贴片机、再流焊机、波峰焊机、清洗机、检验设备、返修工作站

图 19.1　印制板组件装配所涉及的材料、工艺及设备

19.2 印制板组件组装方式

根据印制板上元器件的布局及元器件的类型，印制板组件的组装方式大致可分为全表

面组装、双面混装和单面混装三类，如表 19.1 所示。

表 19.1　印制板组件组装方式

<table>
<tr><th>类型</th><th colspan="2">组装方式</th><th>组件结构</th><th>电路基板</th><th>元器件</th><th>特　征</th></tr>
<tr><td>Ⅰ A</td><td rowspan="2">全表面组装</td><td>单面
表面组装</td><td>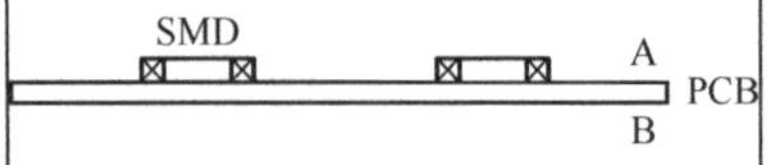</td><td>PCB 单面
陶瓷基板</td><td>表面组装元器件</td><td>工艺简单适用于小型、薄型化电路组件</td></tr>
<tr><td>Ⅰ B</td><td>双面
表面组装</td><td>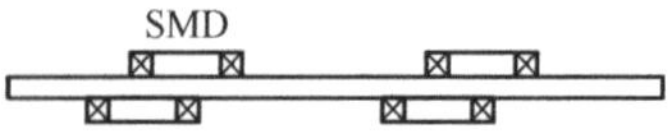</td><td>PCB 双面
陶瓷基板</td><td>表面组装元器件</td><td>高密度组装、薄型化</td></tr>
<tr><td>Ⅱ A</td><td rowspan="3">双面
混装</td><td>SMD 和 THT
都在 A 面</td><td>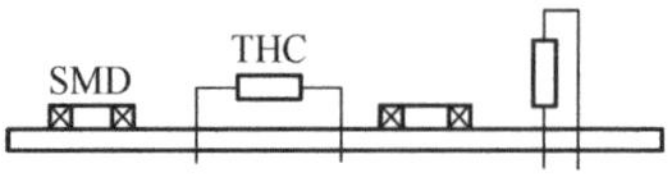</td><td>双面
PCB</td><td>表面组装元器件</td><td>先插后贴、工艺复杂组装密度高</td></tr>
<tr><td>Ⅱ B</td><td>THC 在 A 面
A，B 两面都有
SMD</td><td>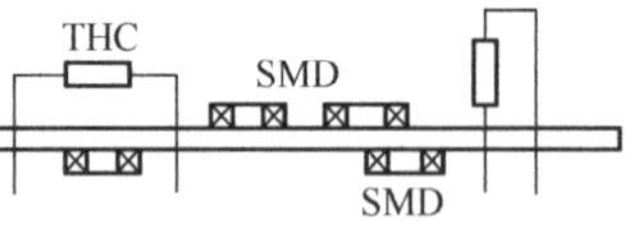</td><td>双面
PCB</td><td>表面组装元器件</td><td>THC 和 SMC/SMD 组装在 PCB 同一侧</td></tr>
<tr><td>Ⅱ C</td><td>SMD 和 THT
在双面</td><td>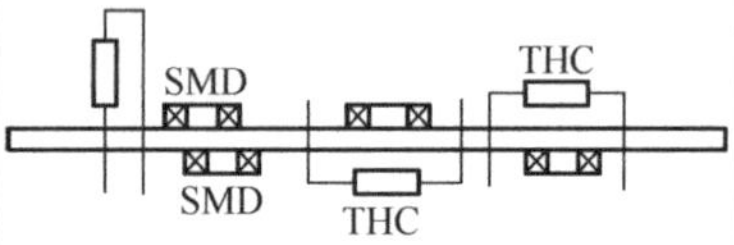</td><td>双面
PCB</td><td>表面组装元器件</td><td>复杂，很少用</td></tr>
<tr><td rowspan="2">Ⅲ</td><td rowspan="2">单面
混装</td><td>先贴法</td><td rowspan="2">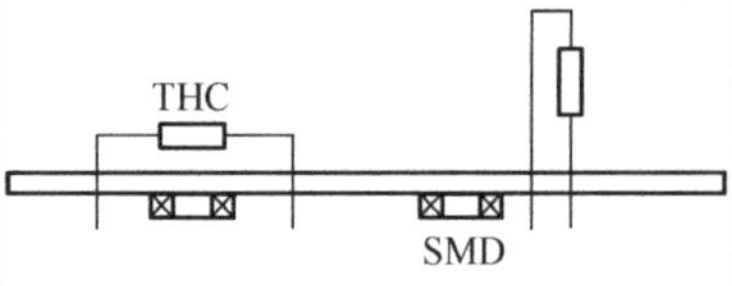</td><td>单面
PCB</td><td>表面组装元器件和通孔插装元器件</td><td>先贴后插，工艺简单，组装密度低</td></tr>
<tr><td>后贴法</td><td>单面
PCB</td><td>表面组装元器件和通孔插装元器件</td><td>先插后贴，工艺较复杂，组装密度高</td></tr>
</table>

19.3　表面组装技术的定义及特点

表面组装技术（Surface Mount Technology，SMT）又称表面贴装技术，是一种将无引线或短引线表面组装元器件安装在印制电路板的表面或其他基板的表面上，通过回流焊或浸焊等方法加以焊接组装的电路装联技术。它与传统的通孔插装技术相比，具有体积小、重量轻、可靠性高、成本低等一系列优点。目前，已在计算机、通信、军事、工业自动化、消费类电子产品等领域获得了广泛应用。

与传统的通孔插装技术相比，表面组装技术具有如下特点：

（1）体积小、重量轻、装配密度高。表面安装元器件的体积小，只有传统插装元器件的 20%～30%，最小的仅为传统元器件的 10%。由于采用无引线或短引线封装，在进行安装时，不受引线间距、通孔间距的限制，并可在印制基板的两面安装，元器件之间的间隔也可缩小。故表面安装技术能实现高密度组装，与通孔插装技术相比可节约印制板面积 60%～70%，重量可减轻 70%～90%。

（2）提高了产品的可靠性。表面安装元器件本身的可靠性高，且印制板上无引线孔，采取直接贴装方式，使产品具有良好的耐机械冲击和耐振动能力。表面安装元器件为无引线或短引线，使元器件之间的连线缩短，分布参数大大减小，有利于改善电路的高频性能。另外，再流焊工艺提高了焊接质量。

（3）适合自动化生产，生产效率高。通孔插装中使用的自动插装机对印制板面积要求高，需要印制板面积比原来扩大 40%，而在表面安装中，由于表面安装元器件外形很规则，体积小、重量轻，采用自动贴装机不仅不需要加大印制板面积，还可以提高元器件安装密度及安装的自动化程度。

（4）降低了生产成本。因表面安装元器件为无引线或短引线，在生产过程中减少了引线成形、剪切等工序，不仅节约了工时，还节省了大量的铜材。另外，表面安装不需要在印制板上钻孔，印制板面积与通孔插装相比相应减小，可节省基板材料和互连材料。因此，表面安装技术大大提高了生产效率，降低了生产成本。

19.3.1　焊膏印刷技术

焊膏是触变流体，具有黏性，当刮刀以一定速度和角度向前移动时，对焊膏产生一定的压力，推动焊膏在模板上向前滚动，产生将焊膏注入网孔所需的压力，焊膏的黏性摩擦力使焊膏在刮刀与模板交接处产生切变，切变力使焊膏的黏性下降，迫使焊膏顺利地注入网孔。以上即焊膏印刷的基本原理。

焊膏印刷是 SMT 组装最关键的工序之一，实际生产中 60%以上的缺陷都是由焊膏印刷不当引起的。必须根据 PCB 焊盘图形（主要是元器件最小间距和最小线宽）合理地选择焊膏、模板及印刷工艺。

1. 焊膏的选择

焊膏是由合金焊料粉末和糊状助焊剂等物质构成的均匀混合的一种膏状体。它是 SMT 工艺中不可缺少的焊接材料。

与传统焊料相比，焊膏具有以下特性：可以采用印刷或滴涂等技术在印制电路板的焊盘上进行精确的定量分配，不易坍塌；在常温下具有一定黏性，能使元器件暂时固定在焊盘位置上，不会因传送或焊接操作而发生偏移或脱离焊盘；焊接加热期间，由于熔融焊膏的表面张力，可以校正元器件位置的微小偏离；有良好的焊接性，不会产生焊珠飞溅；焊后易清洗，焊点具有一定的机械强度；便于实现自动化涂敷作业。

按焊膏的合金熔点、黏度等特性来区分的话，焊膏的品种繁多，很难进行分类。参照焊剂的活性可分为弱活性（R）、中等活性（RMA）、活性（RA）和超活性（RSA）4 种。按清洗方式有水清洗、免清洗和有机溶剂清洗几种。使用时应根据实际需要和组装工艺进行合理选择。焊膏的活性根据印制板和片式元件的清洁度来确定，高可靠性产品、军工和航天产品使用的焊膏的助焊剂活性一般使用 R 级。焊膏的黏度根据涂覆法选择，一般金属模板印刷用 900～1200Pa·s，点胶机滴涂用 350～450Pa·s，焊料颗粒选择，图形越精细，焊料粒度越小，一般控制在 25～45μm。

2. 模板

模板又称漏板、钢网等。根据加工方法，模板可分为化学蚀刻模板、激光切割模板和电铸模板，如图 19.2 所示。在使用时可根据产品的实际情况进行选择，具体如下：

（1）化学蚀刻。一般为腐蚀铜模板，也有用不锈钢的，采用双面腐蚀。优点是价格便宜；缺点是存在侧腐蚀，窗口壁不够光滑，印刷时脱模效果差。较简单的电路板会采用此方法。

（2）激光切割。是目前采用较为普遍的形式。它的好处是开口会自然形成上小下大的喇叭口形状，利于锡膏的脱离。不足之处是内壁较为粗糙（切割毛刺），可以通过在切割完毕后镀镍，在开孔侧壁沉积上 7～12μm 的镍层，或者用化学抛光或者电解抛光的方法除去毛刺，以改善脱模性能，消除印刷毛刺。如电路板上含 0402 元件、细间距器件、BGA、CSP 等，一般采用此方法。

（3）电铸模板。加成法制作，尺寸精度高、孔壁光滑，适合间距 0.3mm 以下的超细间距印刷，但价格昂贵，制作周期长，目前较少使用。但随着阶梯模板的增多以及更细元器件的推广，此类模板将逐渐兴起。

另外，更高级的模板加工方式还包括 FSG 和纳米涂层模板，适用于更细间距的元器件印刷，但价格非常昂贵，使用非常少。

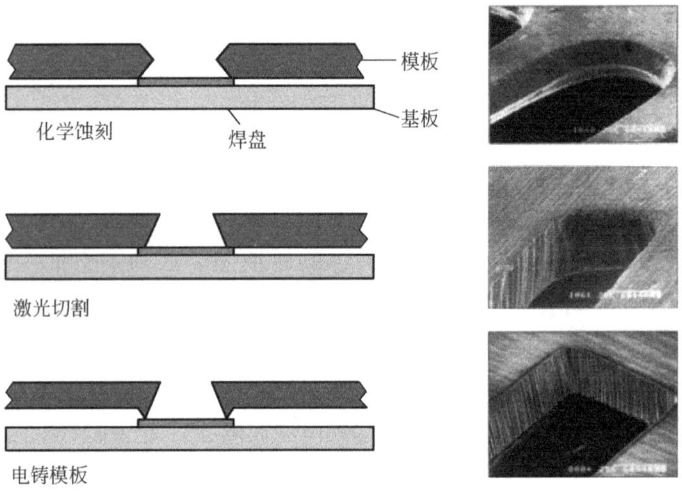

图 19.2　常见模板制作方法

3. 印刷

印刷焊膏是使用刮刀将焊膏通过模板开孔漏印到印制电路板上，如图 19.3 所示。模板印刷方法精确度高、涂敷均匀、效率高，是目前 SMT 生产中主要的涂敷方法。印刷时刮刀的速度和压力是影响印刷质量最重要的两个参数。还有其他因素也会影响到印刷质量，如脱模速度、刮刀的选择、模板的清洗等。印刷速度如果太快，易发生虚印、漏印或锡膏量不足（锡膏印刷时下降未完全）。相反，印刷速度太慢，模板与电路板接触时间过长，而使锡膏流至反面，造成锡膏拉丝而出现小锡珠。压力太小，导致焊盘上焊膏量不足；压力太大，导致焊膏印的太薄，且易发生渗漏。一般来说，刚好把模板上的焊膏刮干净时的压力即可，印刷速度一般 20～40mm/s。

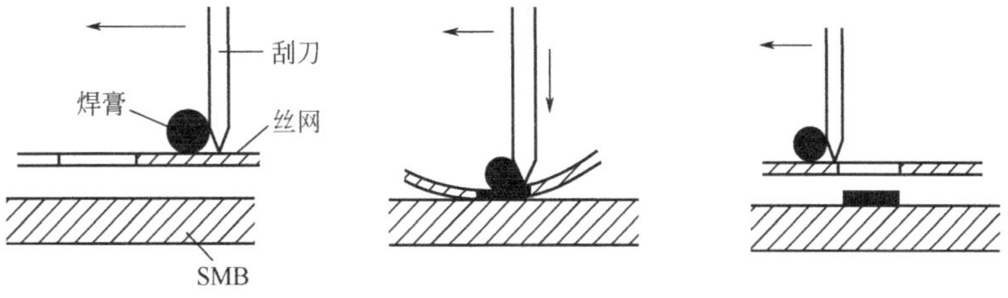

图 19.3　丝网漏印示意图

根据印刷方式的自动化程度，可分为手动印刷、半自动印刷和全自动印刷。印刷机分类一般分为手动调节印刷机、半自动印刷机、视觉半自动印刷机、全自动印刷机，如图 19.4 所示。

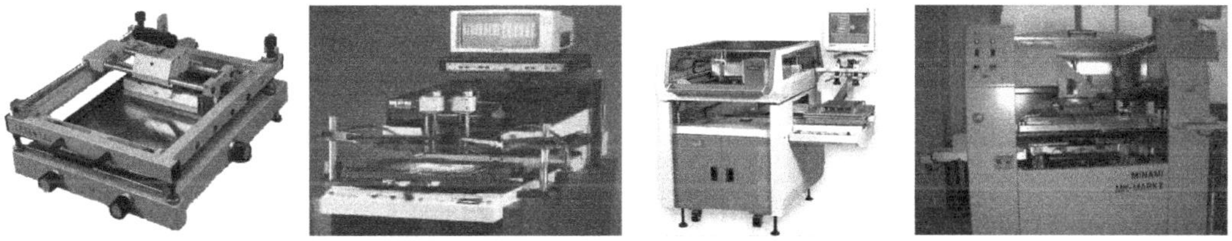

（a）手动调节印刷机　（b）半自动印刷机　（c）视觉半自动印刷机　（d）全自动印刷机

图 19.4　印刷设备

手动调节印刷机，采用机械定位，手动对正钢网和 PCB 焊盘的位置，手动移动刮刀。特点是印刷质量较差，且随操作人员技术熟练程度波动大；锡膏暴露大气中，容易变质，适合要求不高，小批量生产。

半自动印刷机，大多采用机械定位，光学辅助识别但不能校正，刮刀速度和压力可在机器上设定。特点是印刷质量较手动调节印刷机好，适合小投资批量生产，但自动化程度较低。

全自动印刷机，大多采用机械定位和光学识别校正系统，刮刀速度、压力、脱模速度等参数可编程设定，可选购部分机械选配件，如自动添加锡膏、自动擦洗钢网、机器内温湿度控制系统等。特点是印刷质量最好，操作容易，是目前 SMT 自动化生产采用最广的印刷设备。全自动丝印机包含光学对中系统，印刷精度可达 0.01mm 或更高，带自动检测系统，可检测焊膏印刷质量，三维检测还可检测焊膏印刷的厚度。

除了上述的丝网印刷技术可实现焊膏预制的目的外，还有焊膏喷射滴涂技术。近年来市场上推出的焊膏喷印机就是利用焊膏喷射滴涂技术实现焊膏预制的，无须钢网也无须清洗，可实现不同高度平面的焊膏喷涂，并实现每个焊点的高精度喷涂，是未来比较有潜力的发展方向。

19.3.2　贴片技术及贴片机

SMT 生产中的贴片技术通常是指用一定的方式将片式元器件准确地贴放到 PCB 指定的位置上。在 SMT 初期，由于片式元器件尺寸相对较大，人们用镊子等简单的工具就可以实现上述动作，至今尚有少数工厂仍采用或部分采用人工放置元件。但为了满足大生产需要，特别是随着 SMC/SMD 的精细化，人们越来越重视采用自动化的机器——贴片机来实现高速、高精度的元器件贴放。

近些年来，贴片机已由早期的低速度（1～1.5s/片）、低精度（机械对中）发展到高速度、高精度。目前高速贴片机能达到120000 片/小时，高精度贴片机能达到17.5μm 的贴片精度。贴片机是整个 SMT 生产中最关键、最复杂的设备，也是人们在初次建立 SMT 生产线时最难选择的设备。

全自动贴片机是由计算机、光学系统、精密机械（包括滚珠丝杠、直线导轨、线性马达、谐波驱动器以及真空系统和各种传感器）构成的机电一体化高科技装备。从某种意义上说，贴片机已成为 SMT 的支柱和深入发展的重要标志，也是最能体现 SMT 自动化高效率的核心设备。贴片机的结构可分为：基座、马达、导轨、送料器、磁场尺、贴吸头、PCB 传送机构及 *X*、*Y* 与 *Z*/ *θ* 伺服、定位系统、光学识别系统、供料器、传感器、计算机操作软件等控制系统。贴片机内部结构示意图如图 19.5 所示。

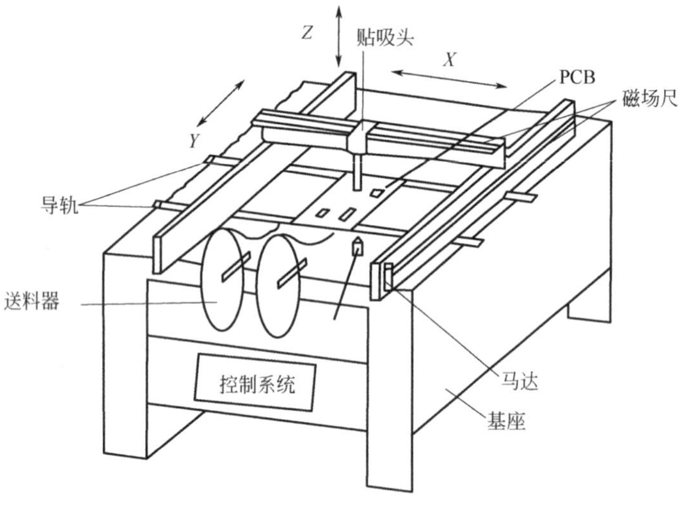

图 19.5　贴片机内部结构示意图

1．机器贴片流程及贴片要求

自动贴片机贴装流程一般包括元器件的准备、贴片程序的编制、装料、试贴片、贴片等过程，具体流程如图 19.6 所示。

影响贴装质量的主要因素有元件是否正确、位置及方向是否正确、压力是否合适等。在贴片时，要求如下：

（1）各装配位号上元器件的类型、型号、标称值和极性等特征标记要符合产品的装配图和明细表要求，不能贴错位置。

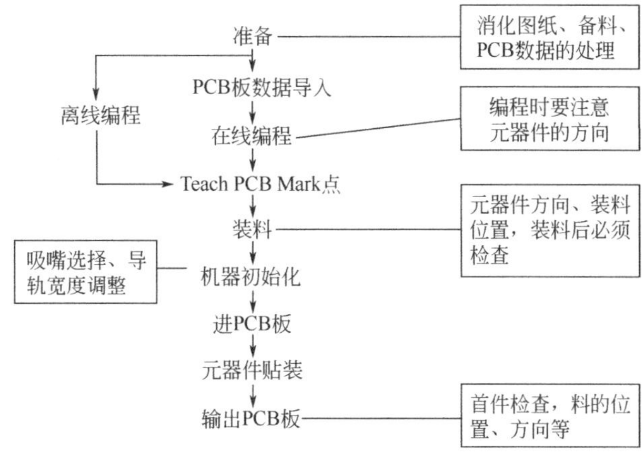

图 19.6　贴片机贴装流程

（2）元器件的端头或引脚要和焊盘图形尽量对齐、居中。对于 SOP、SOJ、QFP、PLCC 等器件，由于其自定位作用比较小，贴装偏移不能通过再流焊纠正，因此，当贴装位置超出允许偏差范围时，必须进行人工拨正后再进入回流炉焊接。生产过程中发现贴装位置超出允许偏差范围时，应及时修正贴片坐标。

贴片压力（或高度）对贴片质量的影响很大，贴片压力过小时，元器件焊端或引脚浮在焊膏表面，焊膏黏不住元器件，在传递和再流焊时易发生位置移动，另外，由于 Z 轴高度过高，贴片时元件从高处扔下，会造成贴片位置偏移。贴片压力过大，焊膏挤出量过多，容易造成焊膏黏连，再流焊时容易产生桥连，严重时还会损坏元器件，如图 19.7 所示。

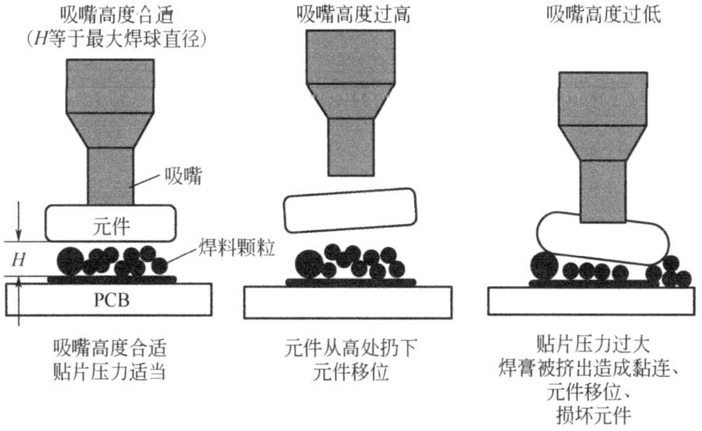

图 19.7　元器件贴装示意图

2. 机架

机架是机器的基础，所有的传动、定位、传送机构均牢固地固定在它上面，大部分型号的贴片机及其各种送料器也安置在上面，因此机架应有足够的机械强度和刚性。目前贴片机有各种形式的机架，大致可分为以下两类。

（1）整体铸造式：整体铸造的机架的特点是整体性强，刚性好，整个机架铸造后采用时效处理，机架的变形微小，工作时稳固。高档机多采用此类结构。

（2）钢板烧焊式：这类机架由各种规格的钢板等烧焊而成，再经时效处理以减少应力变形。它的整体性比整体铸造低一点，但具有加工简单，成本较低的特点。

机器采用哪种结构的机架，取决于机器的整体设计和承重。通常机器在运行过程中应平稳、轻松、无震动感（用金属币立于机器上不会出现翻倒）。

3. 传送机构与支撑台

传送机构是安放在轨道上的超薄型皮带传送系统。通常皮带安置在轨道边缘，皮带分为 A、B、C 三段，并在 B 区传送部位设有 PCB 夹紧机构，在 A、C 区装有红外传感器，更先进的机器还带有条形码阅读器，它能识别 PCB 的进入和送出，记录 PCB 的数量，如图 19.8 所示。传送机构的作用是将需要贴片的 PCB 送到预定位置，贴片完成后再将印制板送至下道工序。

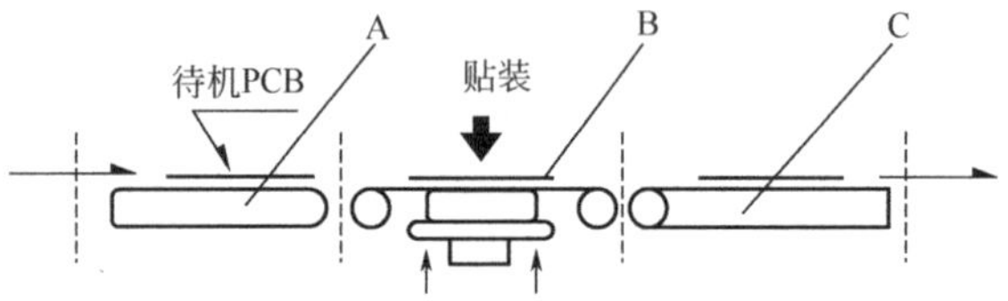

图 19.8　三段式传送结构示意图

根据贴片机的类型，传送结构可分为以下两种。

（1）整体式导轨：在这种方式的贴片机中，PCB 的进入、贴片、送出始终在导轨上。当 PCB 送到导轨上并前进到 B 区时，PCB 会有一个后退动作并遇到后制限位块，于是 PCB 停止运行，与此同时，PCB 下方带有定位销的顶块上行，将销钉顶入 PCB 的工艺孔中，并且 B 区上的压紧机构将 PCB 压紧。

在 PCB 的下方，有一块支撑台板，台板上有阵列式圆孔，当 PCB 进入 B 区后，可根据 PCB 结构需要在台板上安装适当数量的支撑杆，随着台面的上移，支撑杆将 PCB 支撑在水平位，这样当贴片头工作时就不会将 PCB 下压而影响贴片精度。若 PCB 事先没有预留工艺孔，则可以采用光学辨认系统确认 PCB 的位置，此时可以将定位块上的销钉拆除，当 PCB 到位后，由 PCB 前后限位块及夹紧机构共同完成 PCB 的定位。

（2）活动式导轨：在另一类高速贴片机中，B 区导轨相对于 A、C 区是固定不变的，A、C 区导轨却可以上下升降。当 PCB 由印刷机送到导轨 A 区时，A 区导轨处于高位并与印刷机相接；当 PCB 运行到 B 区时，A 区导轨下沉到与 B 区导轨同一水平面，PCB 由 A 区移到 B 区，并由 B 区夹紧定位，当 PCB 贴片完成后送到 C 区导轨，C 区导轨由低位（与 B 区同水平）上移到与下道工序的设备轨道同一水平，并将 PCB 由 C 区送到下道工序。

然而，在最新的松下 MSR 型贴片机中，其 A、C 区导轨为固定导轨，B 区导轨则设计成可做 *X-Y* 移动的 PCB 承载台，并可做上下升降运动。由此可见，不同机型的导轨有不同结构，其做法主要取决于贴片机的整体结构。

4. X、Y 与 Z/θ 伺服及定位系统

X、Y 定位系统包括 X、Y 传动结构和 X、Y 伺服系统，是贴片机中的重要组成部分。它在贴片过程中具有两种功能：

（1）支撑贴片头，即贴片头安装在 X 导轨上，X 导轨沿 Y 方向运动从而实现在 X-Y 方向贴片的全过程，这类结构在通用型贴片机（泛用机）中多见。

（2）支撑 PCB 承载平台并实现 PCB 在 X-Y 方向移动，这类结构常见于塔式旋转头类的贴片机（转塔式）中。这类高速机中，其贴片头仅做旋转运动，而依靠送料器的水平移动和 PCB 承载平面的运动完成贴片过程。

上述两种 X、Y 定位系统中，X 导轨沿 Y 方向运动，从运动的形式来看，属于连动式结构，其特点是 X 导轨受 Y 导轨支撑，并沿 Y 轴运动，它属于动式导轨（Moving Rail）结构，如图 19.9 所示。

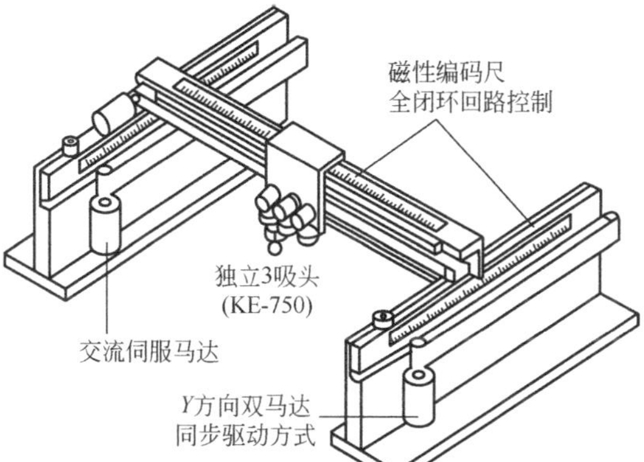

图 19.9　贴片头/X-Y 正交平行运动系统

还有一类贴片机，贴片机的机头安装在 X 导轨上，并仅做 X 方向的运动，而 PCB 承载台仅做 Y 方向运动，工作时两者配合完成贴片过程，其特点是 X、Y 导轨均与机座固定，它属于静式导轨（Static Rail）结构。

X、Y 传动机构主要有以下两大类：

（1）典型的滚珠丝杠。贴片头固定在滚珠螺母基座和对应的直线导轨上方的基座上，马达工作时，带动螺母做 X 方向往复运动，有导向的直线导轨支承，保证运动方向平行，X 轴在两平行滚珠丝杠——直线导轨上做 Y 方向移动，从而实现了贴片头在 X-Y 方向正交平行移动。同理，PCB 承载平台也以同样的方法，实现 X-Y 方向正交平行移动。提高贴片速度，意味着 X-Y 传动结构速度的提高，这将会导致 X-Y 传动结构因运动过快而发热，而滚珠丝杠发热，将会影响贴装精度。因此，有研制出导轨内部带有冷却系统的 X-Y 传动系统（见图 19.10），以保证因热膨胀带来的误差，如果 X-Y 轴没有强制冷却，在轴的附近会有明显的变形。

（2）典型的同步齿形带。同步齿形带由传动马达驱动小齿轮，使同步带在一定范围内做直线往复运动。这样带动轴基座在直线轴承往复运动，两个方向传动部件组合在一起组成 X-Y 传动系统，如图 19.11 所示。

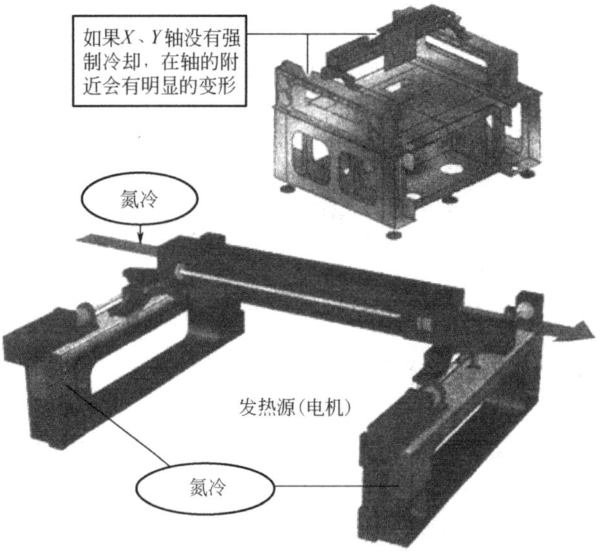

图 19.10　带冷却系统的 X、Y 传动系统

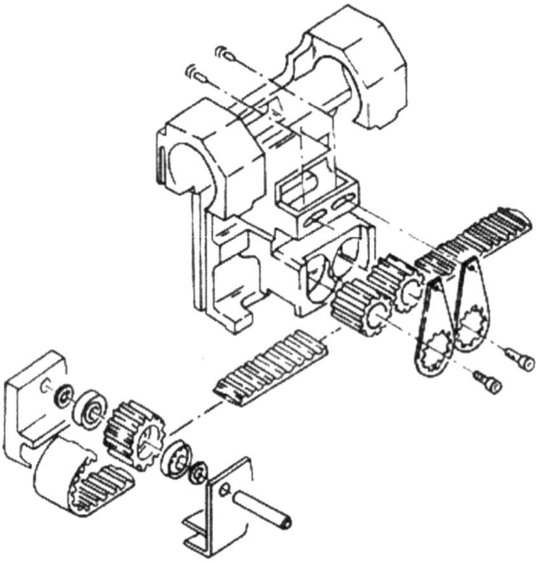

图 19.11　同步齿形带驱动示意图

随着 SMC/SMD 尺寸的减小及精度的不断提高，对贴片机贴装精度的要求越来越高，换言之，对 X-Y 定位系统的要求越来越高。而 X-Y 定位系统是由 X-Y 伺服系统来保证，即上述的滚珠丝杠—直线导轨及齿形带—直线导轨，是由交流伺服电机驱动，并在位移传感器及控制系统指挥下实现精确定位的，因此位移传感器的精度起着关键作用。目前，贴片机上使用的位移传感器有圆光栅编码器、磁栅尺和光栅尺。

圆光栅编码器通常装在伺服电机中，而电机直接与滚珠丝杆相连。采用圆光栅编码器的位移控制系统结构简单，抗干扰性强，测量精度取决于编码器中光栅盘上的光栅数及滚珠丝杠导轨的精度。

磁栅尺的优点是制造简单，安装方便，稳定性高，量程范围大，测量精度高达 1～5μm。一般高精度自动贴片机采用此装置，贴片精度一般在 0.02mm。

光栅尺是根据物理学的莫尔条纹形成原理进行位移测量，测量精度高，一般在 0.1～1μm。光栅尺在高精度贴片机中应用，其定位精度比磁栅尺还要高 1～2 个数量级。西门子贴片机最早采用光栅尺——AC 伺服电机系统。但装有光栅尺的贴片机对环境要求比较高，特别是防尘，尘埃落在光尺上将会引起贴片机出故障。

总之，上述三种测量方法均能获得很高的定位精度，但仅能对单轴向运动位置的偏差进行检测，而对轨道的变形、弯曲等因素造成的正交或旋转误差却无能为力。

5. 光学对中系统

贴片机的对中是指贴片机在吸取元件时要保证吸嘴吸在元件中心，使元件的中心与贴片头主轴的中心线保持一致。因此，首先遇到的是对中问题。早期贴片机的元件对中是用机械方法来实现的（称为“机械对中”）。当贴片头吸取元件后，在主轴提升时，拨动四个爪把元件抓一下，使元件轻微地移动到主轴中心上来，QFP 器件则在专门的对中台进行对中，这种对中方法由于是依靠机械动作，因此速度受到限制，同时元件也容易受到损坏，目前这种对中方式已不再使用，取而代之的是光学对中。

光学对中是指贴片头吸取元件后，通过 CCD 摄像机对元器件成像，并转化成数字图像信号，经计算机分析出元器件的几何尺寸和几何中心，并与控制程序中的数据进行比较，计算出吸嘴中心与元器件中心在ΔX、ΔY 和 $\Delta\theta$ 的误差，并及时反馈至控制系统进行修正，保证元器件引脚与 PCB 焊盘重合，如图 19.12 所示。

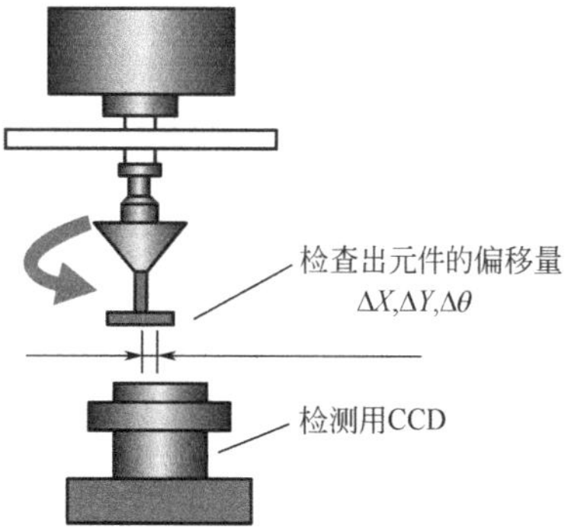

图 19.12　光学自动对中原理示意图

6. 贴片头

贴片头是贴片机的关键部件，它拾取元件后能在校正系统的控制下自动校正位置，并将元器件准确地贴放到指定的位置。贴片头的发展是贴片机进步的标志，贴片头已由早期的单头、机械对中发展到多头光学对中，下列为贴片头的种类形式：

- 贴片头
  - 单头
  - 多头
    - 固定式
    - 旋转式
      - 水平旋转式/转搭式
      - 垂直旋转/转盘式
    - 组合式

（1）固定单头：早期单头贴片机是由吸嘴、定位爪、定位台和 Z 轴、θ 角运动系统组成，并固定在 X、Y 传动机构上。当吸嘴吸取一个元件后，通过机械对中机构实现元件对中并给供料器一个信号（电信号或机械信号），使下一个元件进入吸片位置。但这种方式贴片速度很慢，通常贴放一个片式元件需1s。为了提高贴片速度，人们采取增加贴片头的数量的方法，即采用多个贴片头来增加贴片速度。

（2）固定式多头：这是通用型贴片机采用的结构，它在原单头的基础上进行了改进，即由单头增加到了3～6个贴片头。它们仍然固定在*X*、*Y*轴上，但不再使用机械对中，而改为多种样式的光学对中。工作时分别吸取元器件，对中后再依次贴放到PCB指定的位置上。目前这类机型的贴片速度已达3万个元件/小时的水准，而且这类机器价格较低，并可组合联用。

（3）旋转式多头：高速贴片机多采用旋转式多头结构，目前这种方式的贴片速度已达到4.5万～5万只/小时。每贴一个元件仅需0.08s左右的时间。旋转式多头又分为水平旋转式/转塔式与垂直方向旋转/转盘式。

（4）组合式贴片头：由多个独立贴片头组合而成，各贴片头可同时贴放元件。因此，工作时贴片精度高、故障率小、噪声低，对一个需贴装的产品来说，只要将所贴放的元件按照一定的程序分配到多个贴片头上，就能实现均衡组合，并可获得极高的速度。

随着贴片头由机械式改为吸嘴式，其吸嘴的技术也相应提高。吸嘴在吸片时，必须达到一定的真空度方能判别拾起元件是否正常，当元件侧立或因元件“卡带”未能被吸起时，贴片机将会发出报警信号。贴片头吸嘴拾起元件并将其贴放到PCB上的瞬间，通常是采取两种方法贴放：一是根据元件的高度，即事先输入元件的厚度，当贴片头下降到此高度时，真空释放并将元件贴放到焊盘上，采用这种方法有时会因元件厚度的超差，出现贴放过早或过迟现象，严重时会引起元件移位或“飞片”缺陷；另一种更先进的方法是，吸嘴会根据元件与PCB接触的瞬间产生的反作用力，在压力传感器的作用下实现贴放的软着陆，又称为*Z*轴的软着陆，故贴片轻松，不易出现移位与飞片缺陷。

7．供料器

供料器（Feeder）的作用是将片式元器件SMC/SMD按照一定规律和顺序提供给贴片头，以便准确、方便地拾取，它在贴片机中占有较多的数量和位置，它也是选择贴片机和安排贴片工艺的重要组成部分。随着贴片速度和精度要求的提高，近几年来供料器的设计与安装，越来越受到人们的重视。根据SMC/SMD包装的不同，供料器通常有带状（Tape）、管状（Stick）、盘状（Waffle）和散料等几种。

带状包装在生产中占有较大比例。常见的有电阻、电容以及各种SOIC。带状包装由带盘与编带组成，类似电影拷贝。根据材质不同，有纸编带、塑料编带及黏结式编带，其中纸编带包装与塑料编带的器件，可用同一种带状供料器，而黏结式编带所使用的带状供料器的形式有所不同，但不管哪种材料的包装带，均有相同的结构。编带安装在供料器上时，编带轮固定在供料器的轴上，编带通过压带装置进入供料槽内。上带与编带基体通过分离板分离，固定到收带轮上，编带基体上的同步孔装入同步棘轮齿上，编带头到达供料器的外端。供料器装入供料站后，贴片头按程序吸取元件并通过“进给滚轮”给手柄一个机械信号，使同步轮转一个角度，使下一个元件送到供料位置上。更先进的供料器具有“清洁”功能，在带仓打开时，还能瞬时实现对元件的“清洁”，去除元件上的“污染物”，增加元件的可焊性。上层带通过皮带轮机构将上层带收回卷紧，废基带通过废带通道被排除到外面，并定时处理。

许多 SMD 采用管状包装，它具有轻便、价廉的特点，通常分为两大类：PLCC、SOJ 为“丁形脚”，采用的为一种；SOP 为“鸥翼脚”，则采用另一种。管状供料器的功能是反管子内的器件按顺序送到吸片位置供贴片头吸取。管状供料器的结构形式多种多样，它由电动振动台、定位板等组成。早期仅安装一根管，现在则可以将相同的几个管叠加在一起，以减少换料的时间，也可以将几种不同的 Stick 并列在一道，实现同时供料，使用时只要调节料架振幅即可以方便地工作。

盘装又称华夫盘包装，它主要用于 QFP 器件。通常这类器件引脚精细，极易碰伤，故采用上下托盘将器件的本体夹紧，并保证左右不能移动，便于运输和贴装。盘状供料器的结构形式有单盘式和多盘式。单盘式供料器仅是一个矩形不锈钢盘，只要把它放在料位上，用磁条就可以方便地定位。对于多种 QFP 器件的供料，则可以通过多盘专用的供料器，又称 tray feeder，现已广泛采用，通常安装在贴片机的后料位上，约占 20 个 8mm 料位，但它却可以为 40 种不同的 QFP 同时供料。较先进的多盘供料器可将托盘分为上下两部分，各容 20 盘，并能分别控制，更换元器件时，可实现不停机换料。

散装仓储式供料器是近些年出现的新型供料器。SMC 放在专用塑料盒里，每盒装有 1 万只元件，不仅可以减少停机时间，而且节约了大量的编带纸。这也意味着节约木材，故具有“环保概念”。散装供料器的原理是由于它带有一套线性振动轨道，随着轨道的震动，元器件在轨道上排队向前。这种供料器适合矩形和圆形片式元件，但不适用于极性元件。目前最小元件尺寸已做到 1.0mm×0.5mm（0402），散装仓储式供料器所占料位与 8mm 带状包装供料器相同。目前已开发出带双仓、双道轨的散装仓储式供料器，即一只供料器相当于两只供料器的功能，这意味着在不增加空间的情况下，装料能力提高了一倍。

由于 SMT 组装的产品越来越复杂，每种电子产品需装贴的元件也越来越多，因此要求贴片机能装载更多的供料器，通常以能装载 8mm 送料器的数量作为贴片机供料器的装载数。大部分贴片机是将供料器直接安装在机架上，为了能提高贴片能力，减少换料时间，特别是产品更新时往往需要重新组织供料器，因此大型高速的贴片机采用双组合送料架，真正做到不停机换料，最多可以放置 120×2 个供料器。在一些中速机中，则采用推车一体式料架，换料时可以方便地将整个供料器与主机脱离，实现供料器整体更换，大大缩短了装卸料的时间。

8. 传感器

贴片机中装有多种传感器，如压力传感器、负压传感器和位置传感器，随着贴片机智能化程度的提高，可进行元件电气性能检查，它们像贴片机的眼睛一样，时刻监视机器的正常运转。传感器运用越多，表示贴片机的智能化水平越高，现将各种传感器的功能简介如下。

（1）压力传感器：贴片机中，包括各种气缸和真空发生器，均对空气压力有一定的要求，低于设备要求的压力时，机器就不能正常运转，压力传感器始终监视着压力变化，一旦异常，即及时报警，提醒操作者及时处理。

（2）负压传感器：贴片机的吸嘴靠负压吸取元器件，它由负压发生器（射流真空发生器）和真空传感器组成，如图 19.13 所示。负压不够，将吸不住元器件，供料器没有元器件或元件卡在料包中不能被吸起时，吸嘴将吸不到元器件，这些情况的出现会影响机器正常工作。而负压传感器始终监视负压变化，出现吸不到或吸不住元器件的情况时，它能及时报警，提醒操作者更换供料器或检查吸嘴负压系统是否堵塞。

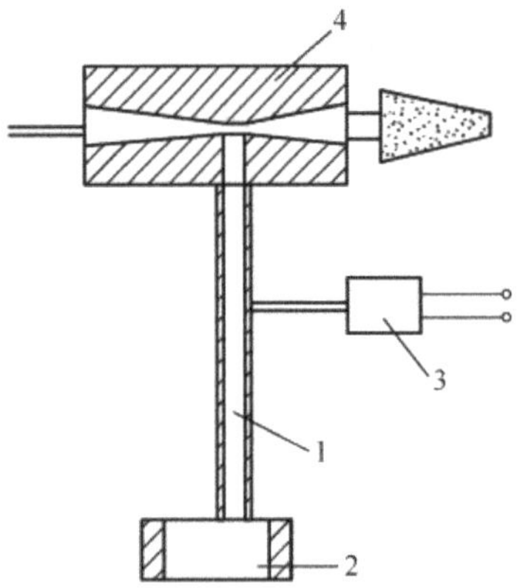

1—吸嘴；2—元件；
3—真空传感器；4—射流真空发生器

图 19.13　负压传感器示意图

（3）位置传感器：印制板的传输定位，包括 PCB 的计数，贴片头和工作台运动的实时检测，辅助机构的运动等，都对位置有严格要求，这些位置需要通过各种形式的位置传感器来实现。

（4）图像传感器：贴片机工作状态的实时显示，主要采用 CCD 图像传感器，它能采集各种所需的图像信号，包括 PCB 位置、器件尺寸，并经计算机分析处理，使贴片头完成调整与贴片工作。

（5）激光传感器：激光已广泛地应用在贴片机中，它能帮助判断器件引脚的共面性。当被测器件运行到激光传感器的监测位置时，激光发出的光束照射到 IC 引脚并反射到激光读取器上，若反射回来的光束长度同发射光束相同，则器件共面性合格，当不相同时，则由于引脚上翘，使反射光光束变长，激光传感器从而识别出该器件引脚有缺陷。同样，激光传感器还能识别器件的高度，这样能缩短生产预备时间。

（6）区域传感器：贴片机在工作时，为了贴片头安全运行，通常在贴片头的运动区域内设有传感器，运用光电原理监控运行空间，以防外来物体带来伤害。

（7）元器件检查：包括供料器供料以及元件的型号与精度检查。过去只运用于高档贴片机中，现在在通用型贴片机中也普遍采用。它可以有效地预防元件误贴、错贴或工作不正常。

（8）贴片头压力传感器：随着贴片速度及精度的提高，对贴片头将元件贴放在 PCB 上的“吸放力”的要求越来越高，这就是通常所说的“Z 轴软着陆功能”。它是通过霍尔压力传感器及伺服电机的负载特性来实现的。当元件放置到 PCB 上的瞬间会受到震动，其震动力能及时传送到控制系统，通过控制系统的调控再反馈到贴片头，从而实现 Z 轴软着陆功能。有该功能的贴片头在工作时，给人的感觉是平稳轻巧，若进一步观察，则元件两端浸在焊膏中的深度大体相同，这对防止出现“立碑”等焊接缺陷也是非常有利的。不带压力传感器的贴片头，则会出现错位以致飞片现象。

19.3.3　回流焊工艺要点

自 20 世纪 80 年代以来，电子产品以惊人的速度向轻薄短小和高性能化方向发展，在这个过程中表面组装技术（SMT）的普及和应用起到了关键的作用。在目前业内的印刷和贴片设备、技术相差不大的情况下，回流焊接技术的好坏对于最终产品的质量和可靠性显得至关重要。因此，开发合理的回流焊温度曲线，是保证表面组装质量的重要环节。

1. 回流焊

常用的印制电路板组件焊接技术有手工烙铁焊、波峰焊和回流焊。随着电路板组件组装密度日趋增大，回流焊技术已成为高密度电路板组件焊接的核心技术。根据加热方式的不同，回流焊可分为红外回流焊、热风回流焊和汽相回流焊。

2. 温度曲线

温度曲线是施加于装配元件上的温度对时间的函数，即 $Y=F(T)$，体现为回流过程中印制线路板上某一给定点的温度随时间变化的一条曲线。如图 19.14 所示（给出的是一条较典型的 RSS 温度曲线），图中横轴是时间，纵轴是温度，曲线 Y 是一条随时间的增加温度不断发生变化的曲线。曲线 Y 在 OtT 坐标系中所包围的面积为被测点在整个回流焊接过程中所接收到的能量的总和。用能量的概念表示的温度曲线函数为 $Y=\int d(T)$。温度曲线又可分为 RSS 曲线和 RTS 曲线。

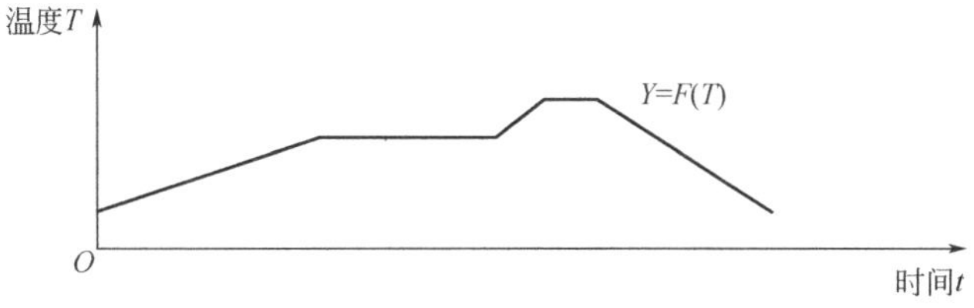

图 19.14　温度曲线

（1）RSS 曲线（见图 19.15）：是一种由升温、保温、回流、冷却四个温度区间组成的温度曲线。其每个温度区间在整个回流焊接过程中扮演着不同的角色。升温区：通过缓慢加热的方式使印制线路板从室温加热至 135℃～170℃（SN63/PB37），升温速度一般在 1～3℃/s。保温区：通过保持相对稳定的温度使锡膏内的助焊剂发挥作用并适当散发。回流区：炉内的温度达到最高点，使锡膏液化，印制线路板的焊盘和元器件的焊极之间形成合金，完成焊接过程。冷却区：对完成焊接的印制线路板进行降温。

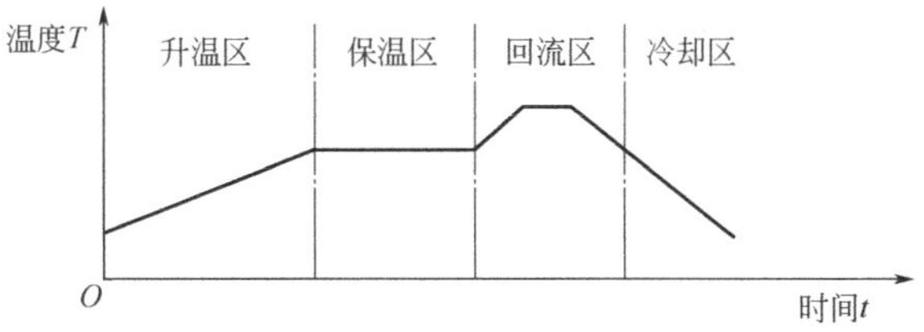

图 19.15　RSS 曲线

（2）RTS 曲线（见图 19.16）：是一种从升温至回流的温度曲线。可分为升温区和冷却区。升温区：占整个回流焊接过程的 2/3，速度平缓一般为 0.5～1.5℃/s。使印制线路板的温度从室温升至峰值温度。冷却区：对完成焊接的印制线路板进行降温。

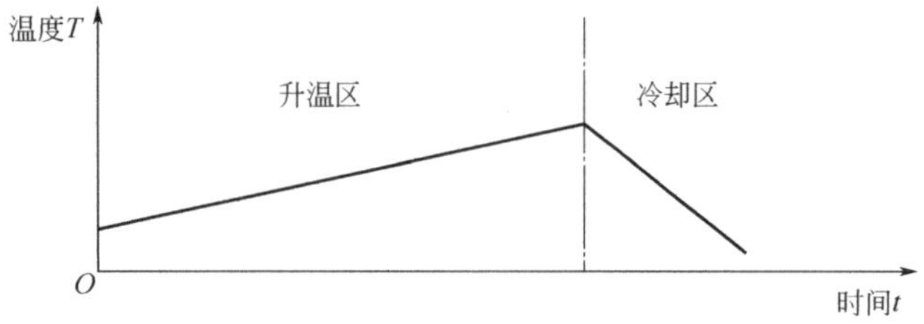

图 19.16　RTS 曲线

（3）RSS 曲线与 RTS 曲线的比较：RSS 曲线重视温度与时间的结合，曲线的区间划分详细，生产效率高，适应能力一般。适用于印制线路板尺寸偏小，板上元器件体积较小、种类较少的产品。RTS 曲线重视升温速率，曲线的区间划分模糊，生产效率不高，适应能力强。适用于印制线路板尺寸较大，板上元器件体积较大、种类较多的产品。

3．温度曲线的设定

温度曲线是由回流焊炉的多个参数共同作用的结果，其中起决定性作用的两个参数是传送带速度和温区的温度设定。传送带速度决定了印制线路板暴露在每个温区的持续时间，增加持续时间可以使印制线路板上元器件的温度更加接近该温区的设定温度。每个温区所用的持续时间的总和又决定了整个回流过程的处理时间。每个温区的温度设定影响印制线路板通该温区时温度的高低。印制线路板在整个回流焊接过程中的升温速度则是传送带速和各温区的温度设定两个参数共同作用的结果。因此，只有合理地设定炉温参数，才能得到理想的炉温曲线。

现以最为常用的 RSS 曲线为例介绍一下炉温曲线的设定方法。

（1）链速的设定：设定温度曲线时第一个要考虑的参数是传输带的速度设定，该设定将决定印制线路板通过加热通道所花的时间。传送带速度的设定可以通过计算的方法获得。这里要引入一个指标——负载因子。负载因子 $F=L/(L+s)$，L=基板的长，s=基板与基板间的间隔。负载因子的大小决定了生产过程中炉内的印制线路板对炉内温度的影响程度。负载因子的数值越大，炉内的温度越不稳定，一般取值在 0.5～0.9。在权衡了效率和炉温的稳定程度后建议取值为 0.7～0.8。在知道生产的板长和生产节拍后就可以计算出传送带的传送速度（最慢值）。传送速度（最慢值）=印刷电路板长/(0.8×生产节拍)。传送速度（最快值）由锡膏的特性决定，绝大多数锡膏要求从升温开始到炉内峰值温度的时间应不少于 180s。这样就可以得出传送速度（最大值）=炉内加热区的长度/180s。在得出两个极限速度后就可以根据实际生产产品的难易程度选取适当的传送速度，一般可取中间值。

（2）温区温度的设定：一个完整的 RSS 炉温曲线包括四个温区，分别如下。

预热区：其目的是将印制线路板的温度从 25℃提升到锡膏内助焊剂发挥作用所需的活性温度 135℃，温区的加热速率应控制在每秒 1℃～3℃，温度升得太快会引起某些缺陷，如陶瓷电容的细微裂纹。

保温区：其目的是将印制线路板维持在某个特定温度范围并持续一段时间，使印制线路板上各个区域的元器件温度相同，减少它们的相对温差，并使锡膏内部的助焊剂充分地发挥作用，去除元器件电极和焊盘表面的氧化物，从而提高焊接质量。一般普遍的活性温度范围是 135℃～170℃（以 SN63PB37 为例），活性时间设定在 60～90s。如果活性温度设定过高会使助焊剂过早地失去除污的功能，温度太低助焊剂则发挥不了除污的作用。活性时间设定过长会使锡膏内助焊剂过度挥发，致使在焊接时缺少助焊剂的参与，使焊点易氧化，润湿能力差；时间太短，则参与焊接的助焊剂过多，可能会出现锡球、锡珠等焊接不良现象，从而影响焊接质量。

回流区：其目的是使印制线路板的温度提升到锡膏的熔点温度以上并维持一定的焊接时间，使其形成合金，完成元器件电极与焊盘的焊接。该区的温度设定在 183℃以上，时间为 60～90s。以 SN63PB37 为例，峰值不宜超过 230℃（针对有铅器件），200℃以上的时间为 20～30s。如果温度低于 183℃，将无法形成合金，实现不了焊接；若温度高于 230℃，会对元器件带来损害，同时也会加剧印制线路板的变形。如果时间不足，会使合金层较薄，焊点的强度不够；如果时间较长，则合金层较厚，使焊点较脆。

冷却区：其目的是使印制线路板降温，通常设定为每秒 3℃～4℃。如果速率过高，会使焊点出现龟裂现象；如果速率过慢，则会加剧焊点氧化。理想的冷却曲线应该是和回流区曲线成镜像关系，越是靠近这种镜像关系，焊点达到固态的结构越紧密，得到焊接点的质量越高，结合完整性越好。表 19.2 给出了焊料 Sn63Pb37 各区温度曲线设置参数。

表 19.2　焊料 Sn63Pb37 各区温度曲线设置参数

区　间	温　度	时　间	速　率
预热	25℃～135℃	大于 30s	1～3℃/s
保温	135℃～170℃	60～90s	0.5～1℃/s
回流	183℃～220℃	60～90s	1～3℃/s
冷却			1～4℃/s

了解了温度曲线各个温区的特性后，就可以根据产品的特点来设定回流焊炉每个温区的温度了。一旦温区的温度设定，回流焊炉内的热容量就确定。在生产过程中通过炉内的产品会不断地吸收热量，随着炉内产品数量的不断增加，被吸收的热量也在不断增加。如果回流焊炉所能补充的热量小于产品所吸收的热量，就不能够保证产品的品质。而实际生产中是不可能对炉温进行实时更新的，因此这就要求设定的温度曲线具有一定的适应能力或针对不同的产品种类设定不同的温度曲线。例如，印制线路板的尺寸较小，元器件体积较小的产品，因这种产品对热量的吸收较小，元器件本身的升温速度也相对较快，所以曲线升温区的升温速率可以适当加大，保温区的保温时间可以相对缩短。而对于印制线路板的尺寸较大，元器件体积较大的产品，其对热量吸收的要求较高，元器件本身的内外部温差较大，所以其升温区的升温速率应降低，保温区的保温时间应加长，以保证板面上各种元器件及元器件的每个部位之间的温差最小。

4．温度曲线的测量

因回流焊设备的结构和工作原理决定了温区的设定温度反映到生产的产品上时会有不小的差异。回流焊设备上显示的区间温度并不是实际的区间温度，显示温度只是代表该温区内热敏电偶所感应到的环境温度，如果热电偶靠近加热源，显示的温度将相应比温区内其他区域的温度高，热电偶越靠近印制线路板的传送轨道，显示的温度将越能反映产品的实际温度。因此，在设定了温度之后还必须对产品进行实际的测量，以得到产品实际的温度，并对设定的温度进行分析、修改，以得到一条针对某种产品的最佳温度曲线。

（1）炉温曲线测量需要的设备和辅助工具。

温度曲线仪：温度曲线仪一般分为两类，一类是实时测温仪，能够即时传送温度、时间数据并作出图形；另一类是非实时测温仪，通过采样、储存，然后将采集来的数据下载到计算机进行分析。

热电偶：用于感受环境温度的介质。其工作原理是由两种不同成分的导体组成回路，当测温端和参比端存在温差时，回路中就会产生热电流，通过电流的大小来反映外界温度的变化。热电偶一般要求较小直径，因为较小直径的热电偶热质量小、响应快，得到的结果较为精确。

将热电偶附着于印制线路板上的工具：焊料、胶黏剂、高温胶带。

（2）测试点的选择：实际在生产一块印制线路板的过程中，板面上各个区域所承载的各种元器件的温度是不尽相同的。炉内的热空气在热风机的作用下在炉内流动（从上、下两个加热板向传输轨道方向流动，当遇到阻隔时就沿着印制线路板的表面向板的边缘扩散，这样板的中心区域就变成了温度最低的地方）。元器件体积的大小也决定着温度的高低，体积小的元器件温度高，体积大的元器件温度低。因此，在实际测量中要较真实、较全面地反映被测产品的真实温度，被测点的选取尤为重要。一般遵循以下几个原则：在条件允许的条件下尽量多地选取被点；被测点的选择尽量在同一纵轴线上；选取对温度有特殊要求的元器件；选取板面温度最高的位置和板面温度最低的位置。

（3）热电偶的固定：选择好被测点后则须在被测点安置热电偶，一般有以下几种方法：

① 使用焊料固定，一般使用 Pb 含量较高的高温焊料将热电偶固定在被测点。要求焊点要尽可能小，因为高温焊料的可焊性不高，所以对焊接的技能要求较高，由于是高温焊接，所以对元器件的热冲击也较大，测温效果较好。

② 使用胶黏剂固定，一般使用环氧树脂类的胶黏剂将热电偶固定在被测点。要求胶点要尽可能小。测温效果一般。

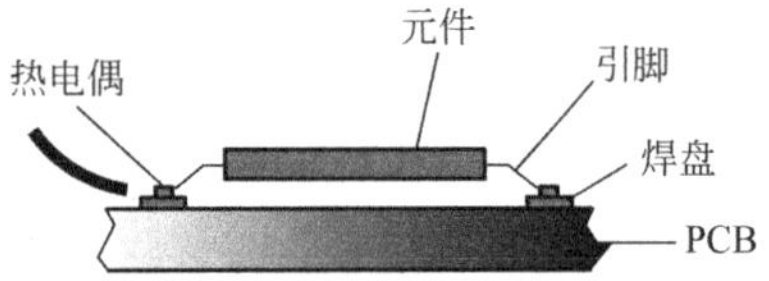

图 19.17 热电偶固定位置示意图

③ 使用高温胶带固定，一般使用具有耐高温、导热性能好的胶带将热电偶固定在被测点。要求要尽可能地将热电偶靠近被测点。这种方法操作方便，但测量效果最差。每种方法都应该将热电偶的测量端尽可能地靠近被测点，这样才能够得到较真实地测量结果，如图 19.17 所示。

（4）测量步骤：

① 对被测的印制线路板进行热性能分析，选择被测点。

② 将热电偶附着在被测的印制线路板上。为了保证测量结果的准确性，被测的印制线路板应选用完全贴装的产品。

③ 触发测温仪开始记录数据并将测温仪连同被测的印制线路板一同放入回流焊炉内。这里要注意两点，第一，测温仪有两种，一种是触发后立即开始记录数据，这就要求在触发后在最短的时间内将测温仪放入回流焊炉，以保证所测回流时间的准确性；另一种测温仪为温感型，当环境温度升高到 40℃（一般高于人体的体温，用于保证在操作阶段不会记录数据）以上时，才开始记录数据，这种测温仪对放入时间就没有什么要求。第二，为了最大限度地还原生产时的实际环境，在被测板的前方要保证正常生产时的过板数量。在被测板放入炉腔后不可再放入产品，避免意外发生。

④ 最后将从炉中采集好数据的测温仪接入计算机，生成温度曲线。

（5）曲线分析与炉温调整：分析温度曲线之前需掌握几个控制点的数据，确定从环境温度到回流峰值温度的总时间，各温区的工艺参数（温度、时间、升温速度）。具体调整方法如下：首先，通过调整传送带速度来满足从环境温度到回流峰值温度的总时间与所希望的加热曲线回流时间相匹配。其次，应以从左到右的顺序调整曲线的偏差（流程顺序），来保证整体曲线的形状和各温区的工艺参数与给定的标准相符。例如，如果预热区和回流区中存在差异，首先应将预热区的差异调整正确，最好一次调整一个参数，在作进一步调整之前，应先运行调整后的曲线并测出新的曲线后，再参照新的曲线进行调整。因为一个给定温区的温度改变将影响其随后温区的温度变化，应以循序渐进的原则进行炉温曲线的调整。

下面给出几种典型的不良炉温曲线调整方法。

（1）图 19.18 中曲线 3 为预热不足，应提升预热区的温度，曲线 1 为预热太多的表现。

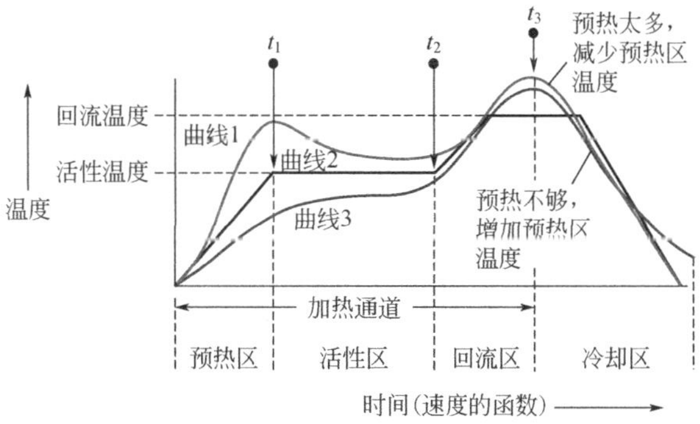

图 19.18　预热不合理的温度曲线

（2）图 19.19 中曲线 1 为活性温度设定太高，应降低活性区的温度。曲线 3 为活性温度太低的表现。

（3）图 19.20 中曲线 1 为回流温度设定太高，应降低回流区的温度。曲线 2 为回流温度太低的表现。

温度曲线是通过设定、测量、调整三个步骤得来的。而在实际操作中，要得到一条适合产品特点的温度曲线是要经过很多次的测量和调整才能够实现的。一条完美的锡膏回流温度曲线不仅可以得到光亮、结构紧密的焊点，而且还能够对印刷、贴片等工序造成的不良影响起到一定的修复作用。因此，温度曲线的设定及正确的测量方法对确保

SMT 焊点质量十分重要。

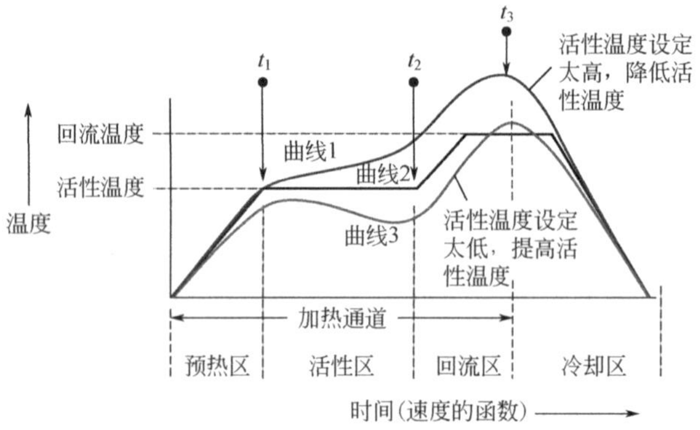

图 19.19　活性温度不合理的温度曲线

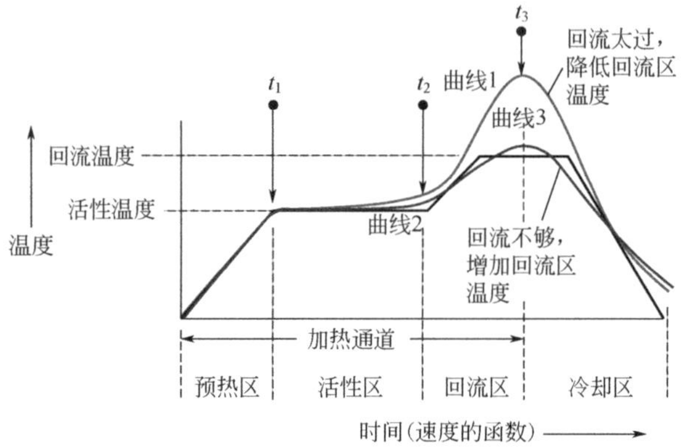

图 19.20　峰值温度不合理的温度曲线

5．影响回流焊质量的主要因素及典型缺陷分析

影响回流焊质量的主要因素主要包括 PCB 焊盘设计、焊膏质量及焊膏的正确使用、元器件焊端/引脚及 PCB 板焊盘质量、焊膏印刷质量、元器件贴装精度和回流焊温度曲线。

（1）良好的焊盘设计使得在贴装时即使有少量的歪斜，在回流焊时也能得到纠正（自定位效应）。而 PCB 焊盘设计不正确，即使贴装位置非常准确，回流焊后也会出现元件位置偏移、立碑等缺陷。常见的焊盘设计缺陷有焊盘尺寸大小不对称、通孔设计在焊盘上等。

（2）焊膏对金属粉末含量、金属粉末含氧量、黏度、触变性有一定的要求，应根据产品实际情况，选择合适的焊膏。焊膏应在 5℃～10℃下冷藏，冷藏时活性大大降低，所以使用前一定要将锡膏置于室温中回温 2 小时以上至室温，恢复活性。当焊膏温度低于室温时，水汽凝结，引起焊接问题。

（3）元器件焊端/引脚及 PCB 板焊盘镀层质量及是否氧化会影响焊接时焊膏的润湿性，造成焊接缺陷，因此，一般应检测焊端和焊盘的润湿性，同时，在元器件及 PCB 板保存时要注意防止氧化。

（4）模板设计、焊膏质量的好坏、印刷工艺参数的控制等因素会影响到印刷质量，而印刷质量直接影响焊接质量。

（5）设备精度、元器件尺寸加工精度、供料器的精度及维护、程序的制作都会影响到贴装精度。

（6）回流焊温度曲线是焊接中要控制的关键因素。

总之，回流焊的质量与 PCB 焊盘设计、元器件可焊性、焊膏质量、PCB 板质量、设备、每道工序的工艺参数以及操作人员都有密切的关系。

焊点桥连又称连桥，是指元件端头之间、元器件相邻的焊点之间以及焊点与邻近的导线、过孔等电气上不该连接的部位被焊锡连接在一起。影响桥连的因素很多，如在焊接加热过程中产生焊料塌边。这个情况出现在预热和主加热两种场合，当预热温度在几十至一百范围内，作为焊料中成分之一的溶剂即会降低黏度而流出，如果其流出的趋势是十分强烈的，会同时将焊料颗粒挤出焊区外，如果金属颗粒在熔融时不能返回到焊接区内，会形成滞留焊料球或导致桥连。另外，SMD 元件端电极是否平整良好、线路板电路布线设计与焊区间距是否规范、阻焊剂涂敷方法的选择和其涂敷精度等也是造成桥接的原因。

立碑（曼哈顿现象）是指两个焊端的表面组装元件，经过再流焊后其中一个端头离开焊盘表面，整个元件呈斜立或直立，如石碑状。片式元件在遭受急速加热情况下发生的翘立，是因为受热元件两端存在的温差，电极端一边的焊料完全熔融后获得良好的湿润，而另一边的焊料未完全熔融而引起湿润不良，使元件两端受力不平衡，促使元件翘立。因此，加热时要从时间要素的角度考虑，使水平方向的加热形成均衡的温度分布，避免急热的产生。

防止元件翘立的主要因素有以下几点：

（1）选择粘力强的焊料，焊料的印刷精度和元件的贴装精度也需提高。

（2）元件的外部电极需要有良好的湿润稳定性。

（3）采用小的焊区宽度尺寸，以减少焊料熔融时对元件端部产生的表面张力。另外，可适当减小焊料的印刷厚度。

（4）焊接温度管理条件设定对元件翘立也是一个因素。通常的目标是加热要均匀，特别是在元件两连接端的焊接圆角形成之前，均衡加热不可出现波动。

润湿不良是指焊接过程中焊料和电路基板的焊区（铜箔），或 SMD 的外部电极，经浸润后不生成相互间的反应层，而造成漏焊或少焊故障。其中原因大多是焊区表面受到污染或沾上阻焊剂，或是被接合物表面生成金属化合物层而引起的。例如，银的表面有硫化物，锡的表面有氧化物都会产生润湿不良。另外，焊料中残留的铝、锌、镉等超过 0.005%以上时，由于焊剂的吸湿作用使活化程度降低，也可发生润湿不良。因此，在焊接基板表面和元件表面要做好防污措施，选择合适的焊料，并设定合理的焊接温度曲线。

再流焊接是 SMT 工艺中复杂而关键的工艺，涉及自动控制、材料、流体力学和冶金等多种科学，要获得优良的焊接质量，必须深入研究焊接工艺的方方面面。

19.4 通孔插装工艺

19.4.1 元器件搪锡

由于元器件长期存放，元器件引线会因表面附有灰尘、杂质与氧化层而使其可焊性变差。为保证焊接质量，必须在焊接前对其引脚进行镀锡处理。在给元器件镀锡前，应先去掉引线上的杂质。手工方法为：用砂纸沿引线方向，在器件待焊接处沿同一方向刮擦，直到将杂质、氧化物刮净为止，不能将镀层全部去除，然后再镀锡，如图 19.21 所示。镀锡应在除氧化层后的 2 小时内完成。

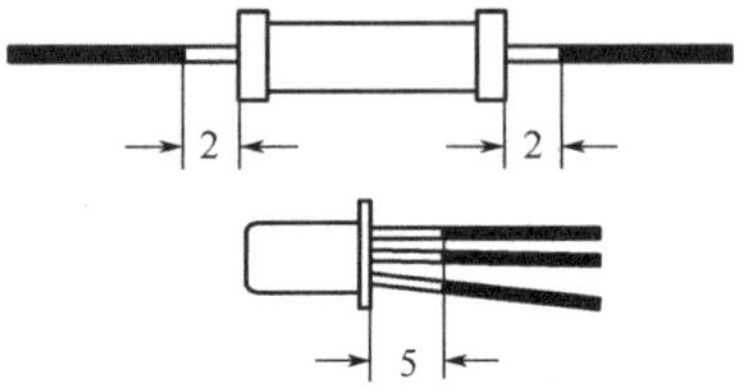

图 19.21　元件镀锡

在大规模生产中，从元器件的清洗到镀锡，都由自动生产线完成。中等规模的生产也可用搪锡机给元器件镀锡。在小批量生产中，可使用锡锅进行镀锡，其具体操作步骤有：酒精清洗→浸助焊剂→锡锅镀锡→酒精散热→浸松香水。也可采用手工方法用蘸锡的电烙铁沿着浸蘸了助焊剂的引线加热。在镀锡时要注意使引线上的镀锡层薄而均匀。

19.4.2 元器件成型

为使元器件便于在印制电路板上安装和焊接，提高装配质量和生产效率，加强电子设备的防震性和可靠性，在安装之前，根据安装位置的特点和技术方面的要求，要预先把元器件引线弯曲成一定的形状。这就是元器件的引线成形。

（1）元器件引线成形的技术要求：根据元器件在印制电路板上安装方式的不同，元器件引线成形的形状有两种：手工焊接时的形状和自动焊接时的形状（见图 19.22）。对于图 19.22（a），L_a 为两焊盘之间的距离，d_a 为引线直径或厚度，R 为弯曲半径，l_a 为元器件外形的最大长度。对于图 19.22（b），R 为引线弯曲半径，D 为元器件外形最大直径，d_a 为引线直径或厚度。

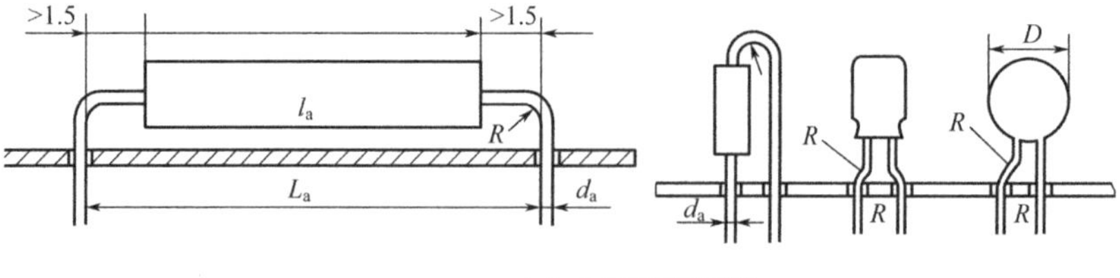

（a）手工焊接时形状

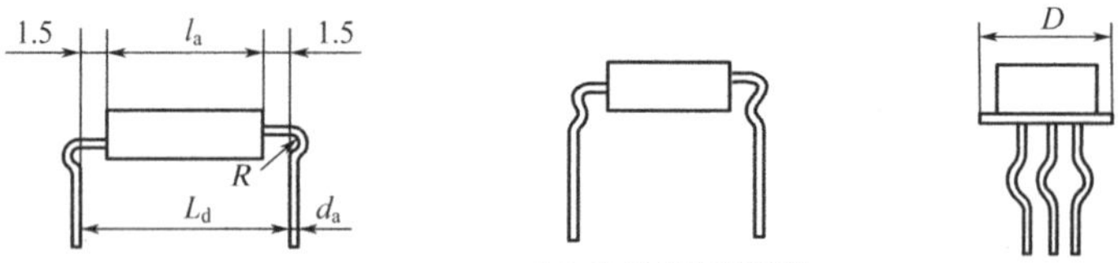

（b）自动焊接时形状

图 19.22　元器件引线成形

对于元器件引线成形的要求如下：

① 引线成形后，元器件本体不应产生破裂，表面封装不应损坏，引线弯曲部分不允许出现模印、压痕和裂纹。

② 引线成形时，引线弯折处距离引线根部尺寸因器件引线直径的不同而不同，一般引线直径大于 1mm 时，不能小于 $2d_a$，弯折时不能“打死弯”，以防止引线折断或者被拉出。

③ 引线的最小内弯半径 R 主要和引线直径或厚度有关，尽量大于 $2d_a$。过小的弯曲半径，可能使引线表面出现裂纹。

④ 凡外壳有标记的元器件，引线成形后，其标记应处于查看方便的位置。

⑤ 引线成形后，两引出线要平行，其间的距离应与印制电路板两焊盘孔的距离相同。对于卧式安装，还要求两引线左右弯折要对称，以便于插装。

⑥ 对于自动焊接方式，可能会出现因振动使元器件歪斜或浮起等缺陷，宜采用具有弯弧的引线。

⑦ 晶体管及其他对温升比较敏感的元器件，其引线可以加工成圆环形，以加长引线，减小热冲击。

（2）元器件引线成形的方法：元器件的引线成形有手工弯折和专用模具弯折两种方法，前者适用于业余爱好者或在产品试制中采用，后者适合在工业上大批量生产中采用。

手工弯折法如图 19.23 所示，用带圆弧的长嘴钳或医用镊子靠近元器件的引线根部，按弯折方向弯折引线即可。弯折时勿用力过猛，以免损坏元器件。

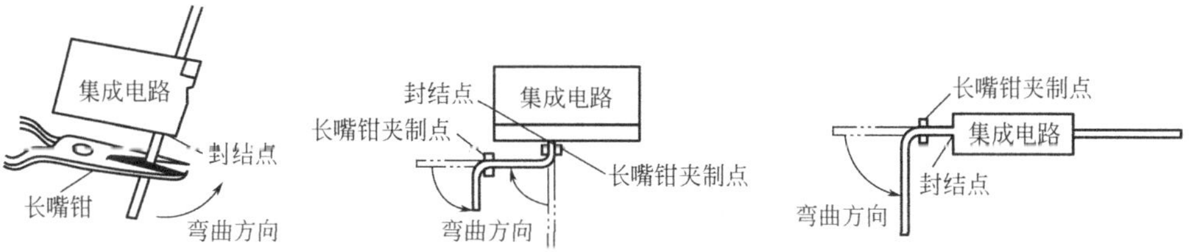

图 19.23　手工弯折法

专用模具引线成形如图 19.24 所示，在模具的垂直方向上开有供插入元件引线的长条形孔，孔距等于格距，在水平方向开有供插杆插入的圆形孔。将元器件的引线从上方插入长条形孔后插入插杆，引线即可成形。

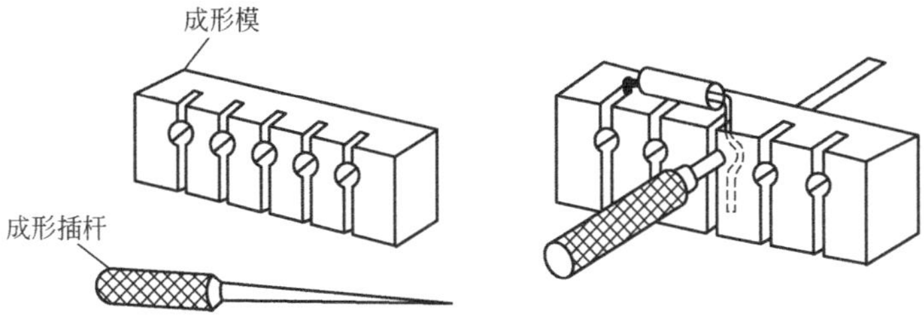

图 19.24　专业模具引线成形

19.4.3　元器件焊接

元器件引线成形后，即可插入印制电路板的焊孔中。要根据元器件所消耗的功率大小充分考虑散热问题，工作时发热的元器件安装时不宜紧贴在印制板上，这样不但有利于元器件的散热，同时热量也不易传到印制电路板上，延长了电路板的使用寿命，降低了产品的故障率。

合理焊接操作：通孔插装焊接，必须使引线、焊盘及金属化孔同时达到焊接温度。在待焊点施加助焊剂后，先使用烙铁头头部熔融上适量焊锡，将焊锡珠接触焊点的角焊缝(引线与金属化孔沿交角处)，烙铁头头部不应碰触引线。合理操作如图 19.25 所示。或者在待焊点施加助焊剂后，应先使用电烙铁头头部轻轻接触焊点的“角焊缝”，加热约 1s，随即将焊锡丝接触角焊缝（引线与焊盘）熔化，在不超过 3s 内完成焊接。特别需要指出的是，在航天产品中，多层 PCB 通孔插装焊接，只允许从一面进行焊接，不允许进行两面焊接。不能在非焊接面（如元件面）先对引线进行焊接定位，然后在另一面焊接。

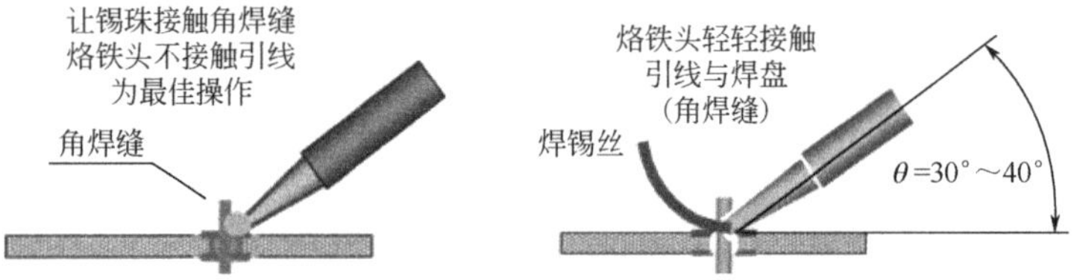

图 19.25　通孔插装元器件手工焊接操作图

19.5　检测技术

人工目视检测是指用人的眼睛或借助简单的光学放大系统对电子产品进行人工视觉检测。

光学检测包括手动光学检测和自动光学检测（AOI）。手动光学检测一般采用图形放大目测系统，用显示器代替放大镜，放大倍数为 5～10 倍，应用横截面显微镜（90°）、俯视显微镜（0°）检测焊点的完整性，疲劳失效的焊点、焊点内部排列，并与 X 光系统互补。自动光学检测（AOI）通常采用两种方法：其一是采用设计规则检测法，其二是采用图形识别检测法。设计规则检测法（DRC）是按照给定的规则进行检测。图形识别检测法是将储存的数字化图像与实际工作比较。

AOI 是印制电路板组装件焊后检测的有效手段之一，将 AOI 引入印制电路板组装件的检测也是大势所趋；AOI 几乎可以完全取代人工目视检查，它是节省人力资源的有效手段。AOI 不但可以对焊接质量进行检测，还可对光板、焊膏印刷质量、贴片质量进行检查；AOI 能够检查元器件的漏贴、钽电容器的极性错误、焊脚定位错误或偏斜、引脚弯曲或折起、焊料过量或不足、焊点桥接等。AOI 的缺点是不能检测电路错误，不能检测不可见焊点和光线不能直视的标识。

在线检测（ICT）根据印制电路板的检测内容可分为焊接后检查焊锡挂连、布线断线的短/开路测试和检查各元器件是否正确装配的元器件测试。

在印制电路板焊接后的测试中，ICT 通过对调试前已电装好的印制电路板组装件上的元器件用数百毫伏电压和 10mA 以内的电流进行分立隔离测试，从而精确地测试所装电阻、电容、电感、二极管、三极管、可控硅、场效应管、集成电路等通用和特殊元器件的漏装、错装、参数值偏差、焊点连焊、印制板开短路等故障，把不良率的 95%一一检测出来，并将故障的具体位置准确地告知用户。

ICT 属于接触式检测，接触点的助焊剂残留物、灰尘都可能造成接触不良，频频出现假故障，造成不必要的误判。ICT 根据其结构特点和应用场合可分为针床式 ICT 和飞针式 ICT。图 19.26 所示为飞针在线检测仪。

图 19.26　飞针在线检测仪

AXI 检测是利用 X-Ray 进行检测。X-Ray 检测是针对球栅阵列器件（BGA、CSP）而产生的一种检测手段。由于 BGA、CSP 的焊点在器件的下面，目测不可能；AOI 也不能提供良好的测试结果；在线测试可以测试焊点断开或短路的情况，但必须提供测试点，即使这样，也不能对焊点的整体性能进行检测。X-Ray 解决了 BGA、CSP 的检测问题。

X-Ray 自动检测技术有透射检测和断面检测两个基本方法。X-Ray 的透射检测和断面检测能透过元器件表面的封装材料，提供片式元器件下面焊点的直接扫描图形，检测焊点搭接和对准失误，检测焊接过程中的工艺变化。图 19.27 给出了 BGA 焊点 X-ray 下几种不合格形态的照片。

功能检测就是将已经组装好的电子组件 SMA 上的被测单元作为一个功能体，对其提供信号，按照功能体的设计要求检测输出信号，以检测 SMA 是否按设计要求正常工作。功能检测通常分为静态测试和动态测试两种。

自动化印制电路板组装件检测的每一种检测技术都不是万能的，AOI、ICT、X-Ray 和功能测试技术各有各的优势和特点，也各有自身的缺陷，只有进行技术组合检测，按流水线操作，才能发挥各自的优势。

缺陷项目	缺陷描述	图 例	不良判定	缺陷项目	缺陷描述	图 例	不良判定
偏位	焊点影像呈椭圆形	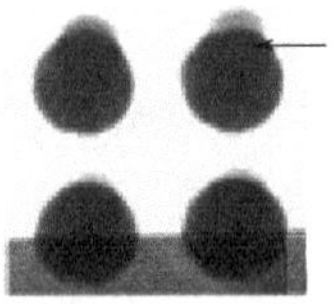	不合格	焊球丢失	没有了部分的焊球影像	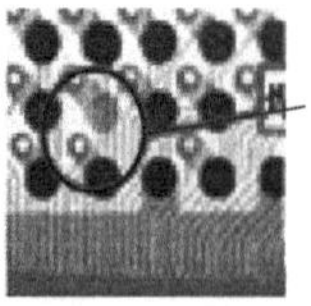	不合格
锡球	左焊点影像间有黑色影像	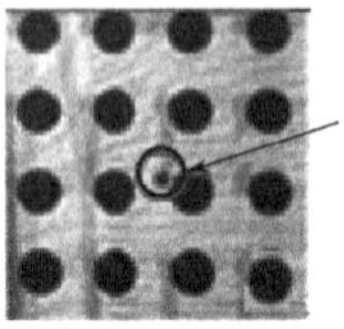	不合格	生锡/冷焊	焊点影像外边缘不规则或模糊	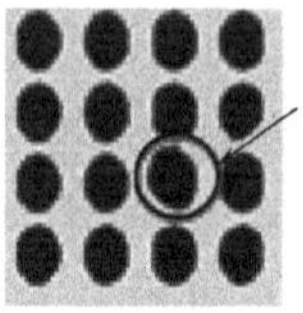	不合格
连焊	焊点影像相连接	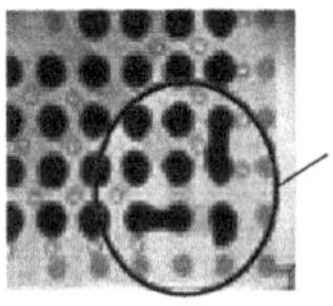	不合格	分层/翘曲/塌陷	焊点影像外形大小尺寸不一致	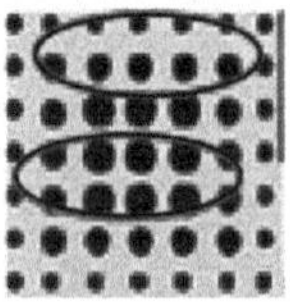	不合格
焊点开路	焊点影像没有相焊盘影像相连	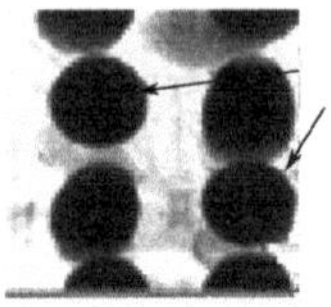	不合格	空洞	空洞直径大于焊球直径的50%，截面积大于焊球截面积的25%	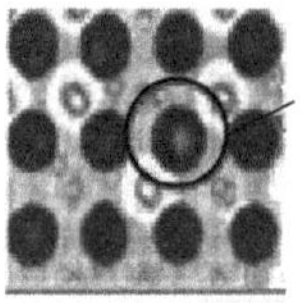	不合格

图 19.27　BGA 焊点 X-ray 下几种不合格形态的照片

第20章 电缆组件装配技术

20.1 低频电缆组件制造技术

近些年来，高可靠性、高性能的线缆和线缆组件发展迅速，对线缆的加工要求也越来越高。线缆的加工质量好坏直接影响电气性能的传输效果。在装接过程中，导体剥离的长短和焊接锡量的多少，绝缘面的处理，屏蔽层接地处理的位置高低等均影响线缆组件的特性。提升线缆加工技术水平和过程质量的控制对改善电子产品本身的质量和技术指标都十分重要。

20.1.1 绝缘导线加工

绝缘导线加工工序为：剪裁→剥头→清洁→捻头（对多股线）→镀锡→印标记等。现将主要工序分述如下。

1. 剪裁

在剪裁导线时，应先剪长导线，后剪短导线，这样可减少线材的浪费。手工剪裁绝缘导线时要先拉直再剪。细裸铜导线可用人工拉直，粗裸导线可用调直机调直。对于一般的导线可用斜口钳、自动剪线机进行剪裁，对于较粗的铜管一般用锯剪裁，扁铜带一般在剪床上剪裁。剪线要按工艺文件中的导线加工表规定进行，长度符合公差要求（如无公差要求可按表 20.1 选择公差）。剪裁过程中，绝不允许损伤导线的绝缘层，否则会降低其绝缘性能。导线的芯线应无锈蚀，否则将影响导线传输信号的能力。

表 20.1 导线长度与公差要求表

导线长度（mm）	50	50～100	100～200	200～500	500～1000	1000 以上
公差（mm）	+3	+5	+5～+10	+10～+15	+15～+20	+30

2. 剥头

将绝缘导线的两端去掉一段绝缘层而露出芯线的过程称为剥头。在生产中，剥头长度应符合工艺文件（导线加工表）的要求。剥头长度应根据芯线截面积和接线端子的形状来确定。表 20.2 是根据一般电子产品所用的接线端子，按连接方式列出的剥头长度及调整范围。剥头时不应损伤芯线，多股芯线应尽量避免断股，一般可按表 20.3 进行检查。

表 20.2　剥头长度及调整范围表

连接方式	剥头长度（mm）	
	基本尺寸	调整范围
搭焊	3	+2.0
钩焊	6	+4.0
绕焊	15	±5.0

表 20.3　多股芯线允许损伤的股数表

芯线股数	允许损伤芯线的股数
<7	0
7～15	1
16～18	2
19～25	3
26～36	4
37～40	5
>40	6

常用的剥头方法有刃截法和热截法两种。

1）*刃截法*

刃截法是用专用剥线钳进行剥头，在大批量生产中多使用自动剥线机。在使用剥线钳剥头时，只要把导线端头放进钳口并对准剥头距离，紧握钳柄，然后松开，取出导线即可。为了防止出现损伤芯线或拉不断绝缘层的现象，应选择与芯线粗细相配的钳口。

剥头也可用剪刀、电工刀手工操作。剥头时，先在规定长度的剥头处切割一个圆形线口，然后切深，注意不要割透绝缘层而损伤导线，接着在切口处将剪刀向导线端头方向使力，拉下绝缘层。刃截法易损伤芯线，故对较细的单股导线不宜使用。

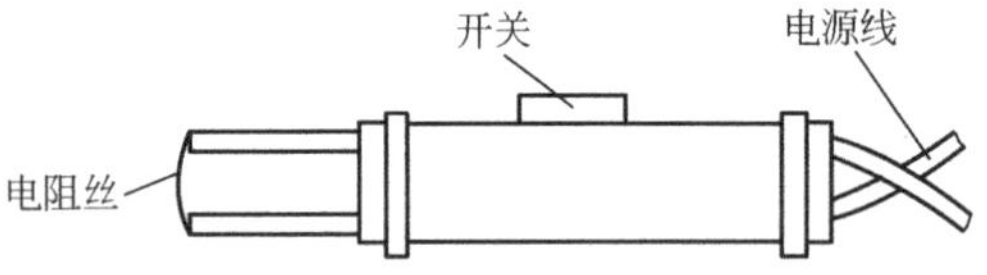

图 20.1　热控剥皮器

2）*热截法*

热截法是使用热控剥皮器进行剥头，热控剥皮器如图 20.1 所示。使用时将剥皮器预热一段时间，待电阻丝呈暗红色时便可进行截切。为了使切口平正，应在截切时同时转动导线，待四周绝缘层均被切断后用手边转动边向外拉，即可剥出端头。操作时应注意调节温控器的温度，温度过高易烧焦导线，温度过低则不易切断绝缘层。

热截法的优点是操作简单，不损伤芯线，但加热绝缘层时会释放出有害气体，因此要求有通风装置。

3．清洁

绝缘导线在空气中长时间放置，导线端头易被氧化，有些芯线上有油漆层。故在焊接前应进行清洁处理，除去芯线表面的氧化层和油漆层，提高导线端头的可焊性。清洁的方法有两种：一种是用小刀刮去芯线的氧化层和油漆层，在刮时注意用力适度，同时应转动导线，以便全面刮掉氧化层和油漆层；另一种是用砂纸清除掉芯线上的氧化层和油漆层，用砂纸清除时，砂纸应由导线的绝缘层端向端头单向运动，以免损伤导线。

4．捻头

多股芯线经过清洁后，芯线易松散开，因此必须进行捻头处理，以防镀锡后线端直径太粗。捻头时应按原来合股方向扭紧。捻线角一般在 30°～45°，如图 20.2 所示。捻头时不宜用力过猛，以防止捻断芯线。大批量生产时可使用捻头机进行捻头。

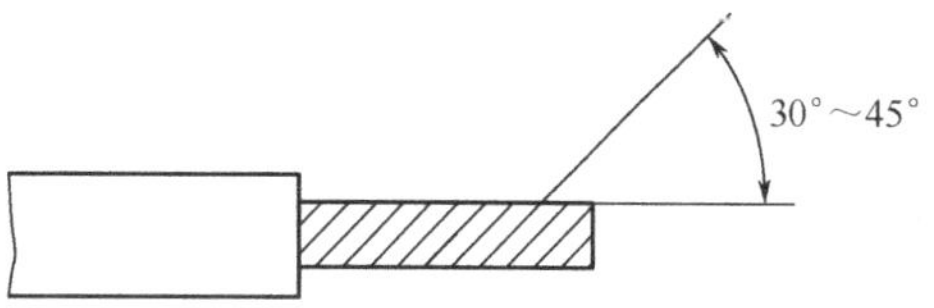

图 20.2　多股导线的捻头角度

5．镀锡

绝缘导线经过剥头、捻头和清洁工作后再镀锡。镀锡前应先涂助焊剂，然后再镀锡。镀锡时间要短，一般为 1～3s，且只能镀到绝缘层前 0.5～1mm 处，以防止导线绝缘层因过热而收缩或破裂。镀锡后要立刻浸入酒精中散热，最后再按图纸要求进行检验、修整。

6．印标记

简单的电子设备机用的导线很少，靠塑胶线的颜色即能分清连线的走向，可不印标记。复杂的电子设备要使用很多导线，单靠塑胶线的颜色已不能区分清楚，需在导线的两端印上线号或色环标记（也可将标记印在套管上，再把套管套在导线上）。

（1）导线端印字标记：导线标记位置应在离绝缘端 8～15mm 处（有特殊要求的按工艺文件执行），如图 20.3 所示。印字要清楚，印字方向要一致，字号应与导线粗细相适合。对于机内跨接的导线，若不在线扎内，由于数量较少，可不印标记。短导线数量较多，可只在一端印标记，在印标记时先将印号机墨盘上的油墨滚成均匀的一薄层，然后再开始印。深色导线可用白色油墨，浅色导线用黑色油墨，以使字迹清晰。

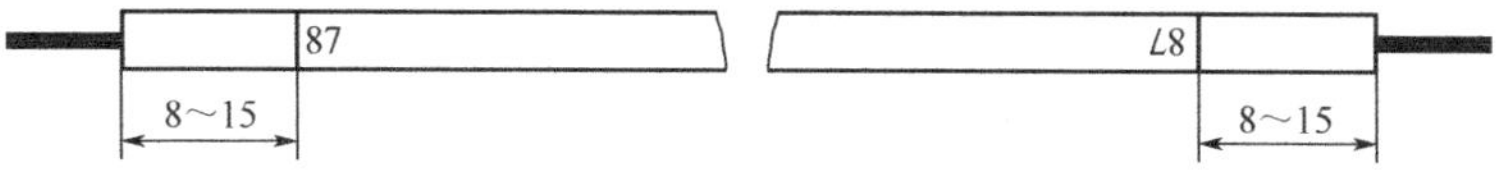

图 20.3　导线端印标记

（2）绝缘导线染色环标记：色环位置根据线的粗细，从距导线绝缘端 10～20mm 处开始，色环宽度为 2mm，色环间距离 2mm，如图 20.4 所示。各色环的宽度、距离、色度要均匀一致。导线色环并不代表数字，而是区别不同导线的一种标志，色环读法是从线端开始向后顺序读出。用少数颜色排列组合可构成多种色标。例如，用红、黑、黄即可组成下列色标：只用一个色环的，有 3 种色标，用两个色环可组成 9 种色标，用三个色环可组成 27 种色标。因此三种颜色共可组成 39 种色环，对于一般小线扎已经够用。如果导线超过 39 根，可用四色组合排列，也可多用几种颜色而少用几种组合。

染色环时所用的设备为染色环机、眉笔、台架(供染色环后自然干燥用的简单设备)。所用颜色由各色盐基性染料加聚氯乙烯 10%、二氯乙烷 90%配制而成。

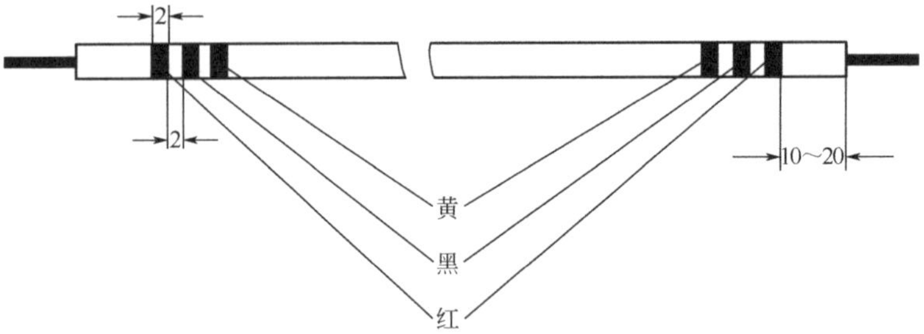

图 20.4　导线端染色环标记

20.1.2　屏蔽导线端头的加工

屏蔽导线是指单根或多根绝缘导线外面套上一层金属屏蔽层的特殊导线。它可以抑制信号线周围的电磁场作用，确保电路正常工作。在对屏蔽导线进行端头处理时应注意去除的屏蔽层不宜太多，否则会影响屏蔽效果。去除的长度应根据导线的工作电压而定，通常可按表 20.4 中所列的数据进行选取。

表 20.4　去除屏蔽层的长度

工作电压	去除屏蔽层长度
600V 以下	10～20mm
600～3000V	20～30mm
3000V 以上	30～50mm

由于对屏蔽导线的质地和设计要求不同，线端头加工的方法也不同。

1．屏蔽导线不接地端的加工

屏蔽导线不接地端的加工步骤如下：

（1）用热截法或刃截法剥去一段屏蔽导线的外绝缘层，如图 20.5（a）所示。

（2）松散屏蔽层的铜编织线，用左手拿住屏蔽导线的外绝缘层，右手推屏蔽铜编织线，使之成为图 20.5（b）所示形状。再用剪刀剪断屏蔽铜编织线，如图 20.5（c）所示。

（3）将松散的屏蔽铜编织线翻过来，套上热收缩套并加热，使套管套牢，如图 20.5（d）和图 20.5（e）所示。

（4）截去一段芯线外绝缘层，给芯线镀锡，如图 20.5（f）所示。

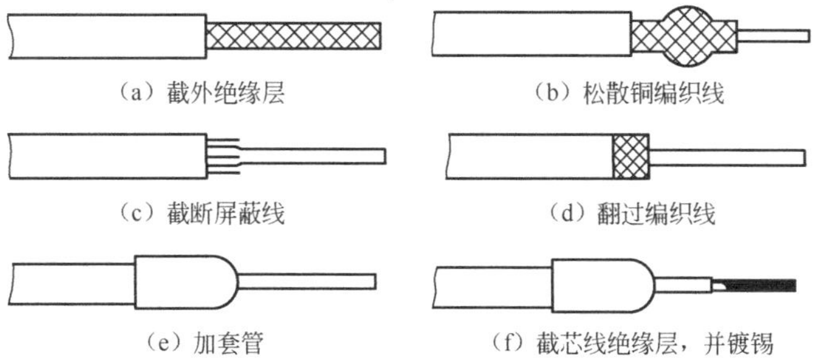

图 20.5　屏蔽导线不接地端的加工工艺

2．屏蔽导线接地端的加工

屏蔽导线接地端的加工步骤如下：

（1）用热截法或刃截法剥去一段屏蔽导线的外绝缘层，如图 20.6（a）所示。

（2）从屏蔽铜编织线中取出芯线，如图 20.6（b）和图 20.6（c）所示。操作时可用划针或镊子在屏蔽层的适当位置拨开一个小孔，弯曲屏蔽层，从小孔抽出绝缘线。

（3）将抽出的屏蔽铜编织线拧紧，也可以将屏蔽铜编织线剪短并去掉一部分，然后焊上一段引出线，以作接点线使用，如图 20.6（d）所示。

（4）去掉一段芯线外绝缘层，并将芯线和屏蔽铜编织线镀锡，如图 20.6（e）所示。对较粗、较硬屏蔽导线接地端的加工，采用镀银金属导线缠绕引出接地端的方法，如图 20.7 所示。

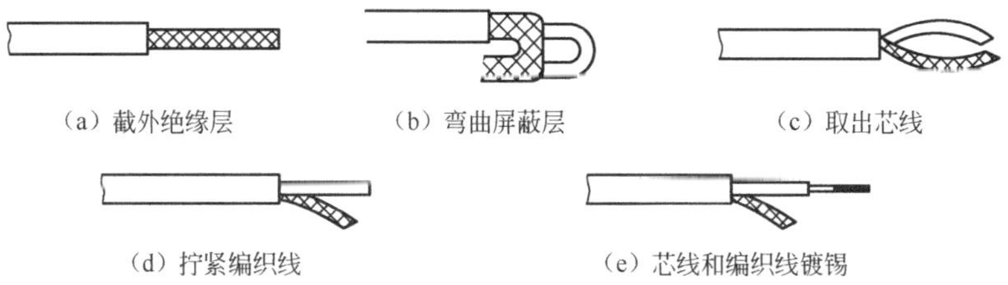

图 20.6　屏蔽导线接地端的加工工艺

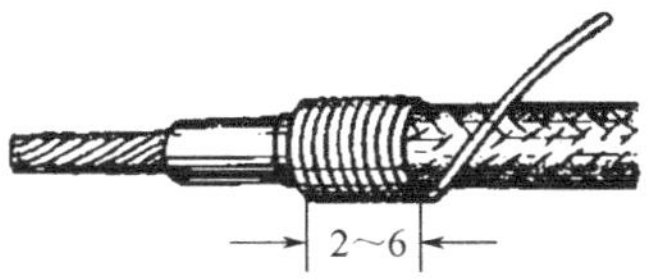

图 20.7　金属导线缠绕引出接地端

线端经过加工的屏蔽导线，一般需要在线端套上绝缘套管，以保证绝缘和便于使用。给线端加绝缘套管，通常采用图 20.8 所示的几种方法。使用热收缩套管时，可以用灯泡或电烙铁烘烤，收缩套紧即可。使用稀释剂软化套管时，可将套管浸在香蕉水中，浸泡半小时后取出套上，待香蕉水挥发尽后便可套紧。

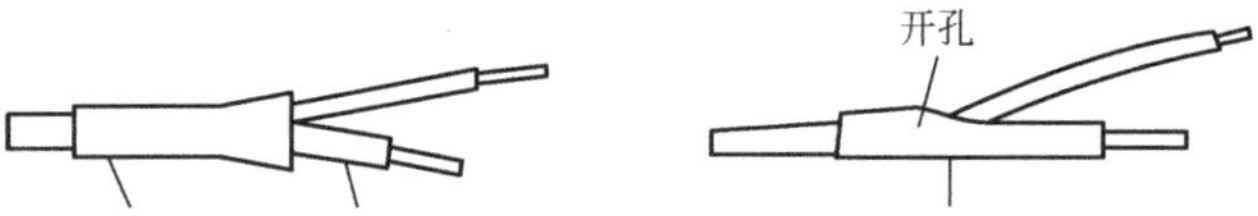

（a）使用热收缩套管　　（b）使用稀释剂软化套管

图 20.8　线端加绝缘套管的方法

20.1.3　电缆与插头、插座的连接

在实际工作中，所用到的电缆插座的型号较多，结构各异，加工方法也有差异，但主要要求是一致的。各导线在焊接到焊片之前所留长短应合适，电缆线束在插头座上不能产生自由松动现象，电缆线束的弯曲半径不得小于线束直径的 2 倍，在插头座根部的弯曲半径不得小于线束直径的 5 倍，以防止电缆折断。

1. 非屏蔽电缆与插头、插座的安装

如图 20.9 所示，在 3 处如果导线线径与连接器尾部出线口缝隙较大，可以使用套管、导线自带绝缘护套或自裹胶带缠绕在导线出线口部位，再套上橡皮圈 2。将插头座拆开，把后环先套在电缆上。将每根导线套上绝缘套管，分别焊接到各焊片上，焊完之后将套管推到焊杯底部。最后安装插头座外壳，拧紧螺钉，旋好后环。由于橡皮套紧紧卡在线束与后环之间，使线束不宜松动。再在连接器尾部整体套带胶热缩保护套管进行保护。

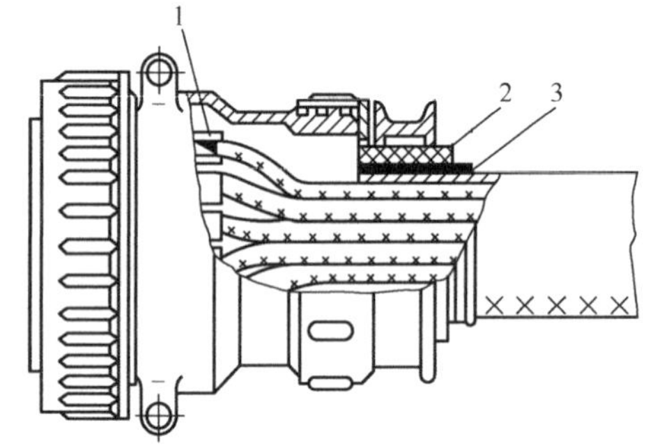

1—绝缘套管；2—电缆用橡皮圈；3—用棉纱线绑扎并涂清漆

图 20.9　非屏蔽电缆在插头座的安装

2. 屏蔽电缆与插头、插座的安装

如图 20.10 所示，先剪去适当长度的屏蔽层，用浸蜡棉线或亚麻线、尼龙线等绑扎线束。拆开插头座，将后环套在电缆上，然后将一圈垫纸套过屏蔽层，使屏蔽层端线均匀散开，焊在垫圈上。把绝缘套管套在各导线上，将导线分别焊接在各焊片上。焊完之后把套管推到焊片上，再安装拆下的外壳，紧固好螺钉，将后环拧在一起，再在连接器尾部整体套带胶热缩保护套管进行保护。

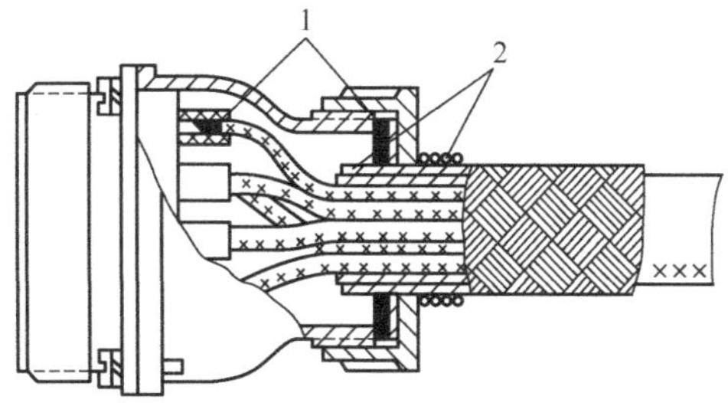

1—锡焊；2—用棉线绑扎，绑扎宽度不应小于 4mm

图 20.10　屏蔽电缆在插头座的安装

3. 快卸插头座的安装

如图 20.11 所示，先将各导线端头处理好。拧下插头座的尼龙套，将每根导线套上套管，把卸下的尼龙套套过导线。在各导线焊接完毕后，把尼龙套拧上，将导线排列整齐，浇注常温固化的硅橡胶。待硅橡胶固化后，放好套管，用棉线绑扎线束，再在连接器尾部整体套带胶热缩保护套管进行保护。

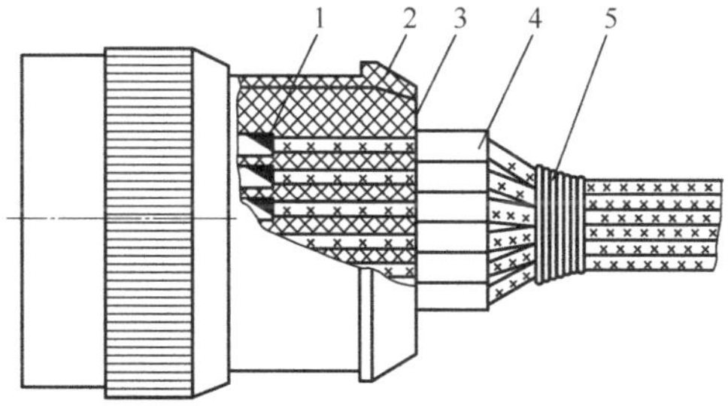

1—锡焊；2—尼龙套；3—常温固化的硅橡胶；4—套管；5—用棉纱线扎紧并涂清漆

图 20.11　XK 型快卸插头座的安装

20.2　射频电缆组件装配技术

射频电缆和射频连接器品种繁多，对应关系复杂，适配关系对于设计和工艺人员来讲不易把握。而且装配过程中受影响因素多，使目前电子装联技术中处于合格率较低的状态。特别是容易受到驻波参数、相位一致性等因素干扰。

20.2.1　射频电缆组件装配工艺过程

常见射频电缆组件装配主要包括以下步骤：

（1）按照设计图纸和工艺要求进行备料。准备工具和材料，并检查电缆和连接器外观。

（2）电缆下料：使用专用的下线工具，下线尺寸应和设计文件一致，下线后对电缆的护套外皮进行清洗。

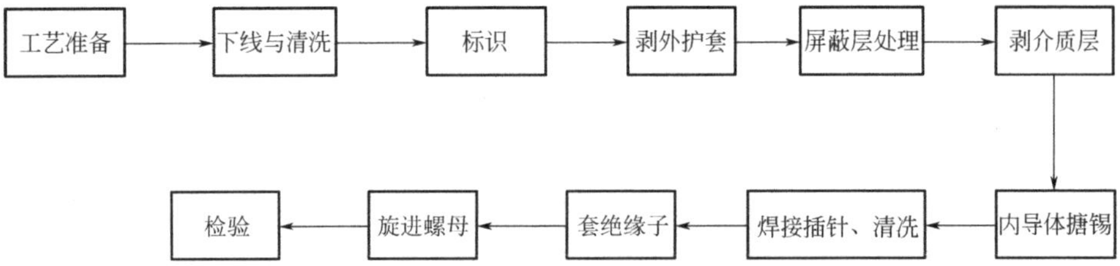

（3）标识：在热缩套管上打印电缆标识，标识内容和设计文件、工艺文件一致，然后穿套在电缆线上，首字母朝向电连接器插头。

（4）电缆外护套剥离；可用剥线机、单面刀片，按产品图纸要求和规定的尺寸将电缆外护套沿圆周作环状垂直切齐，然后剥去外护套，不得损伤屏蔽层。连接器型号及其剥离长度如表 20.5 所示。

表 20.5　连接器型号及其剥离长度

序　号	连接器型号	剥离长度（mm）
1	BNC-J5	14
2	BN-J4	
3	TNC-J4	
4	N-J5	12
5	SMA-J5	20
6	SMA-J4	

（5）屏蔽层处理：对于不同的连接器头，屏蔽层处理方式有稍许不同，以 BNC-J5 为例，需将线卡套套在外导体上，并推至外护套切断端面，再将屏蔽层呈均匀辐射状翻开在线卡套端面上。接着使用锥形垫套进屏蔽层和内介质层之间，并压紧在屏蔽层上，再取下锥形垫，沿线卡套端面外边缘剪掉外导体的多余长度部分，再套上衬套。

（6）内导体剥离：可用剥线机、单面刀片沿圆周作环状垂直切齐，然后剥去介质层，要求不得损伤内导体，不得压扁或折弯，内导体末端呈圆锥形，介质层保留长度由连接器长度决定。

（7）内导体搪锡：内导体预留长度后，使用烙铁对内导体进行搪锡，搪锡前使用酒精进行清洗，搪锡后需再次清洗，不得搪锡至根部，应距介质层 0.3～0.5mm。

（8）内导体焊接：插装使用工装进行定位，将内导体孔内装入适量的焊料，长度约 2mm，调节烙铁头温度至 250℃～280℃。焊接内导体的时候电缆芯轻轻地左右旋转垂直插入内导体孔内，直至电缆、垫片、插针紧贴在一起，确保相互之间没有间隙后移开烙铁。内导体焊接后，如果焊点有焊锡溢出，可以进行修整，用精密斜口钳将多余的焊锡钳去，再用刀片或镊子轻轻修整内导体表面，要求修整平整光滑、饱满。

（9）套绝缘子，旋进螺套。

20.2.2　射频电缆组件装配注意事项

1．影响射频电缆驻波比的因素

在大多数射频电缆组件的装配图中，经常看到电讯设计师要求中包含如电缆驻波比≤1.3，等等，其中驻波比即 VSWR 是指传输线上相邻的波峰点和波谷点上的电压振幅之比，往往电缆装配出来后需要进行测量，只有驻波比合格了才能应用。

影响电缆驻波比的因素很多，如芯线的同心度、介质层的均匀度、高频接插件的材料、结构形状、电缆布线的长度、操作者焊接水平等，但是，在线缆型号、接插件确定的情况下，装焊工艺就占据了关键位置。

根据目前大量数据显示，加工过程中确保同轴电缆内导体的同心度特别是圆周界端面上的平、齐问题，是影响驻波比的关键技术，因此近来使用同轴电缆切剥工具或设备，避免使用刀片。

2．射频电缆组件的相位一致性

射频电缆组件的相位一致性参数是组件装配过程中比较特殊的，也是影响装焊工作效率和一次性合格率的重要参数。业内对相位有要求的电缆组件装配，往往需要反反复复试装几次，才能满足设计人员对相位的要求，因此，一般在操作上特意将同轴电缆裁剪得比要求长度稍长一些，然后再一点点地修剪、装配、测试、焊接，最终符合参数要求。相位一致性电缆组件装配工艺流程如下：

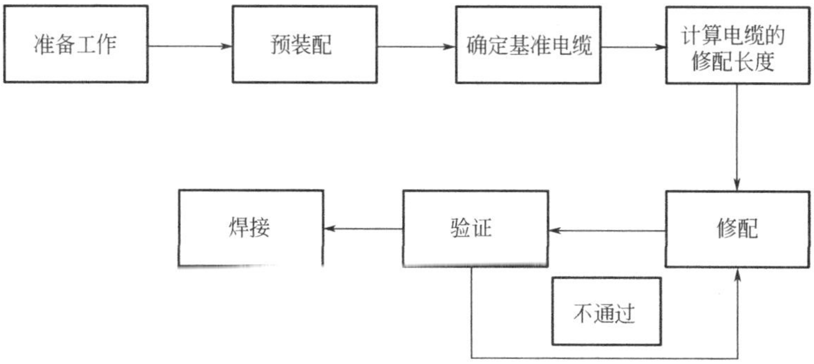

20.3　线扎的制作

20.3.1　线扎的走线要求

信号线和电源线不能捆绑在一起，以防止信号相互干扰；输入、输出的导线不要排在一个线束内，以防止信号回授；若必须排在一起时，应使用屏蔽导线。射频电缆不排在线束内，应单独走线。

导线束不要形成回路，以防止磁力线通过环形线，产生磁、电干扰；接地点应尽量集中在一起，以保证它们是可靠的同电位。

导线束应远离发热体并且不要在元器件上方走线，以免发热元器件破坏导线绝缘层及增加更换元器件的难度；尽量走最短距离的路线，转弯处取直角以及尽量在同一平面内走线。

20.3.2　扎制线扎的要领

扎制线扎前，应先确认导线的根数和颜色，以防止扎制时遗漏导线，同时便于检查线扎的错误。

线扎拐弯处的半径应比线束直径大 2 倍以上，导线长短要合适，排列要整齐；从线扎分支处到焊点间应有 10～30mm 的余量，扎制导线时不要拉得过紧，以免因振动将导线或焊盘拉断。

不能使受力集中在一根导线上，多根导线扎制时，如果只用力拉其中的一根线，力量就会集中在导线的细弱处，导线就可能被拉断。另外，当力量集中在导线的连接点时，可能会造成焊点脱裂或拉坏与之相连的元器件。

扎线时松紧要适当，太紧可能损伤导线，同时也造成线束僵硬，使导线容易断裂；太松会失去线扎的效果，造成线束松散或不挺直。

线扎的绑线节或扎线搭扣应排列均匀整齐。两绑线节或扎线扣之间的距离 L 应根据整个线扎的外径 D 来确定，如表 20.6 所示。绑线节或扎线扣头应放在线束下面不容易看见的背面。

表 20.6　绑扎间距

线束外径 D(mm)	绑扎间距 L(mm)	线束外径 D(mm)	绑扎间距 L(mm)
<8	10～15	15～30	25～40
8～15	15～25	>30	40～60

20.3.3　线扎图

线扎图是按线束比例绘制的，包括线束视图和导线数据表及附加的文字说明等。实际制作时，要按图放样制作胎模具，制作线扎的配线板如图 20.12 所示。

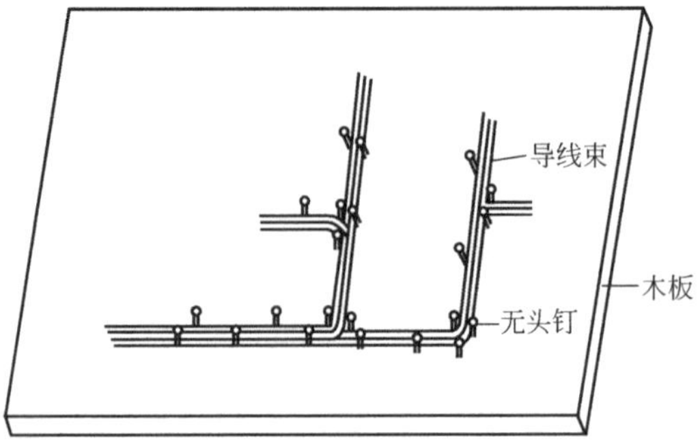

图 20.12　制作线扎的配线板

20.3.4　常用的几种绑扎线束的方法

线扎有软线扎和硬线扎两种，由产品的结构和性能决定。

1. 软线扎

一般用于产品中各功能部件之间的连接，由多股导线、屏蔽线、套管及接线连接器等组成，一般无须捆扎，只要按导线功能进行分组，将功能相同的线用套管套在一起即可。图 20.13 和图 20.14 分别为某媒体播放机软线扎的外形图和软线束接线图。

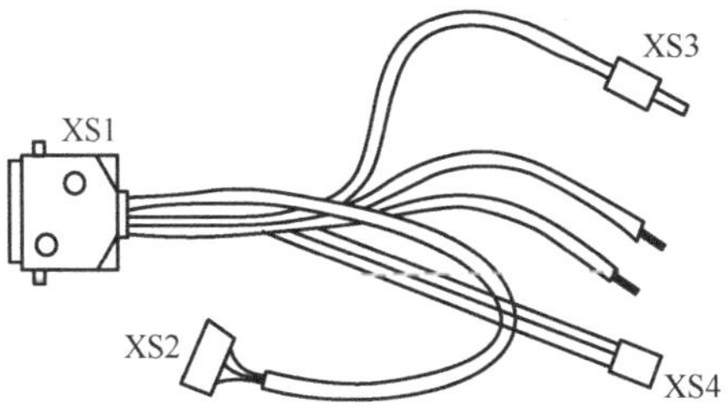

图 20.13　某媒体播放机软线扎的外形图

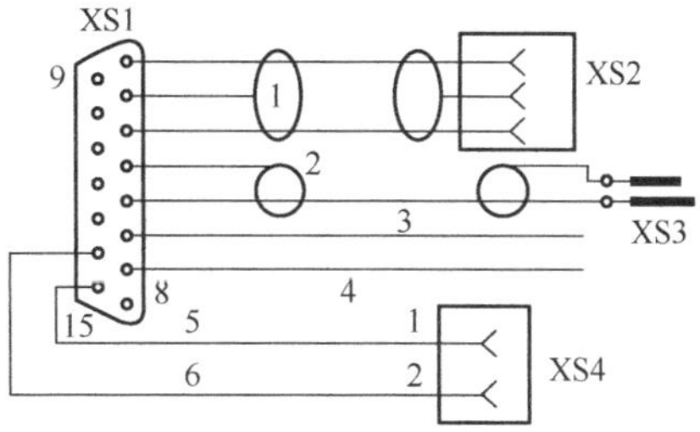

图 20.14　软线束接线图

2. 硬线扎

硬线扎多用于固定产品零部件之间的连接，特别是在机柜式设备中使用较多。它是按产品需要将多根导线捆扎成固定形状的线束，这种线扎必须有实样图，如图 20.15 所示。

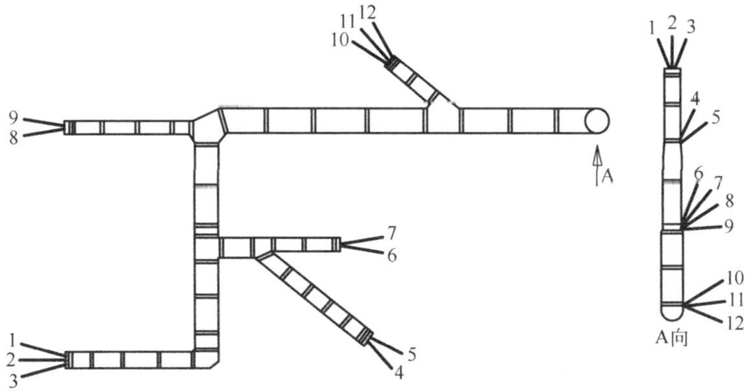

图 20.15　硬线扎图示例

绑扎线束的方法有很多，常用的方法有线绳捆扎法、专业线扎搭扣法、胶合黏接法、套管套装法等。

（1）线绳捆扎法：线绳捆扎法是指用线绳（如棉线、亚麻线、尼龙线等）将多根导线捆绑在一起构成线束的方法。具体方法如图 20.16 所示。线束绑扎完毕，应涂上清漆，有时也只在各线节处涂清漆。

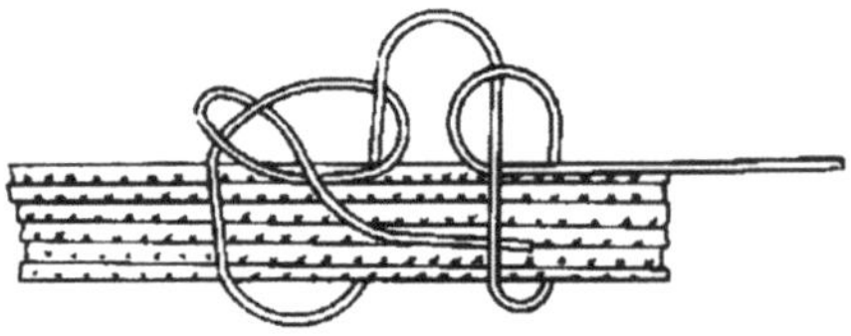

（a）起始线节的打结

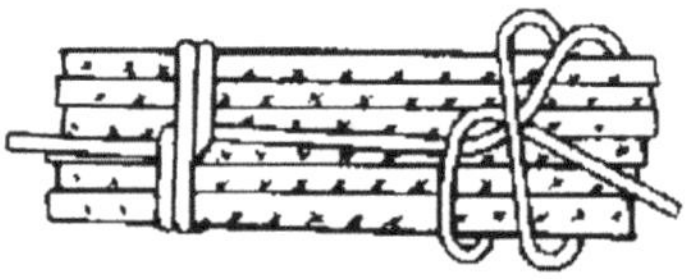

（b）一般中间线节的打结

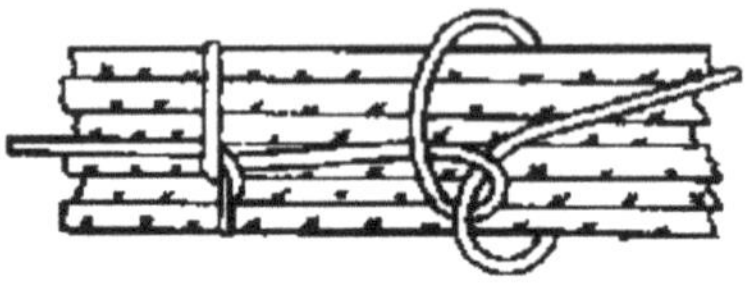

（c）只绕一圈的中间线节打结

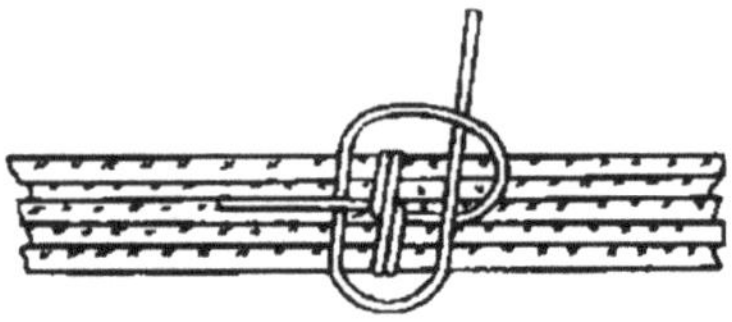

（d）终端线节的打结

图 20.16　线绳捆扎法线节的打结示意图

对于较粗的线束或带有分支线束的复杂线束，各线节的圈数应适当增加，特别是在分支拐弯处应多绕几圈线绳，如图 20.17 所示。

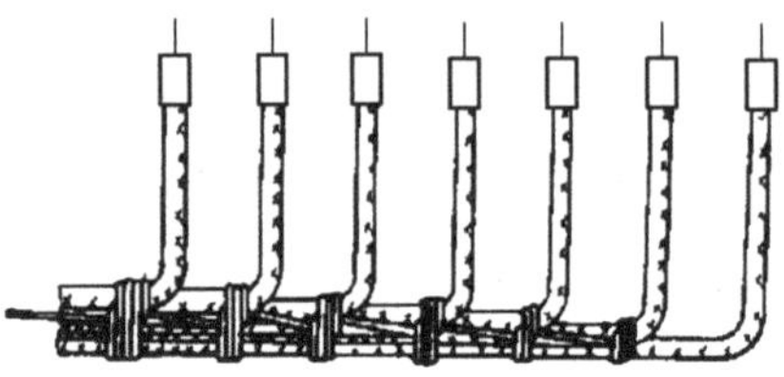

（a）向接线板去的分支线的打结

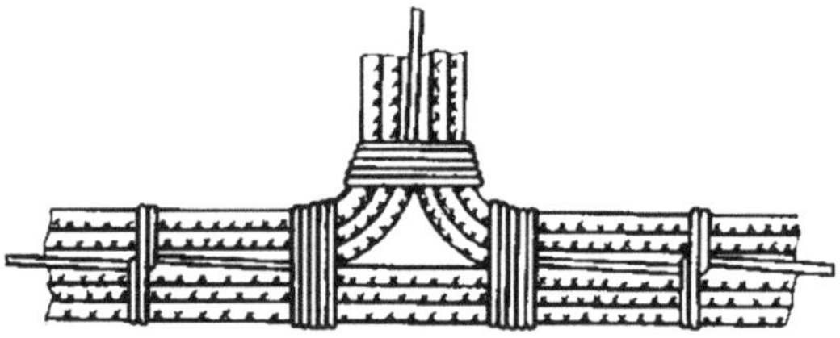

（b）两分支线合并成一支线的拐弯处的打结

（c）一分支线拐弯处的打结

图 20.17　分支拐弯处的打结示意图

（2）专用线扎搭扣法：专用线扎搭扣法是指用专用线扎搭扣将多根导线绑扎的方法。扣接法捆扎线束，既可以用手工拉紧，也可以用专用工具紧固。常用的线扎搭扣及扣接形式如图 20.18 所示。

常用线扣为尼龙塑料材质，也有特殊的钢带做线扣绑扎。

（3）胶合黏接法：胶合黏接法是指用胶合剂将多根导线黏接在一起构成线束的方法，用于导线数量不多的小线扎绑扎方法，如图 20.19 所示。

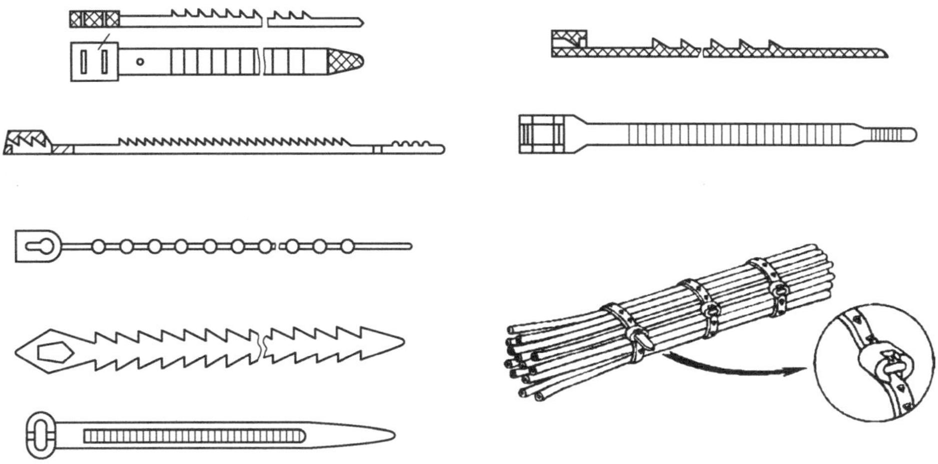

图 20.18　常用的线扎搭扣及扣接形式

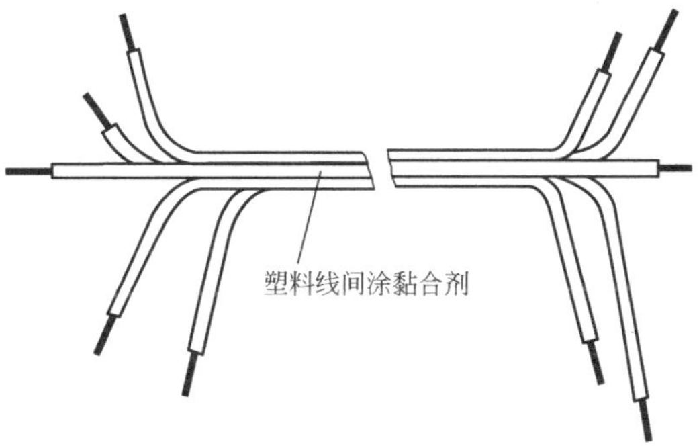

图 20.19　导线黏接在一起构成线扎

（4）套管套装法：套管套装法是指用套管将多根导线套装在一起构成线束的方法，特别适合于裸屏蔽导线或需要增加线束绝缘性能和机械强度的场合（见图 20.20）。使用的套管有塑料套管、热缩套管、玻纤套管等，还有用 PVC 管来做套管的。现在又出现了专用于制作线束的螺纹套管，使用非常方便，特别适合于小型线束和活动线束。

图 20.20　套管套装法

第21章 整机装配技术

整机是合格材料、零件和部件经连接紧固所形成的具有独立结构或独立用途的产品。整机装配又称整件装配或整机总装。电子整机装配工艺是严格按照工艺文件的规定，将相关元器件、零件和部件逐级装联成具有特定功能的产品的过程，它分为电气装配和机械装配两部分。电气装配是从电气性能要求出发，根据元器件和部件的布局，通过引线将它们连接在一起，形成一个具有一定功能的整机，以便进行整机调试、检验和测试等；机械装配则是根据产品设计要求，将零件、部件按要求装联到规定的位置上。不同的整机状态、设计或维护等要求，决定了不同的装配工艺方案、技术应用和工装、设备配置等。整机装配就是将机柜、设备、组件以及零部件按预定的设计要求装配在机箱、车厢、平台，再用导线将它们之间进行电气连接，它是电子产品生产中一个重要的工艺过程。图21.1所示为整机典型装配工艺方案。

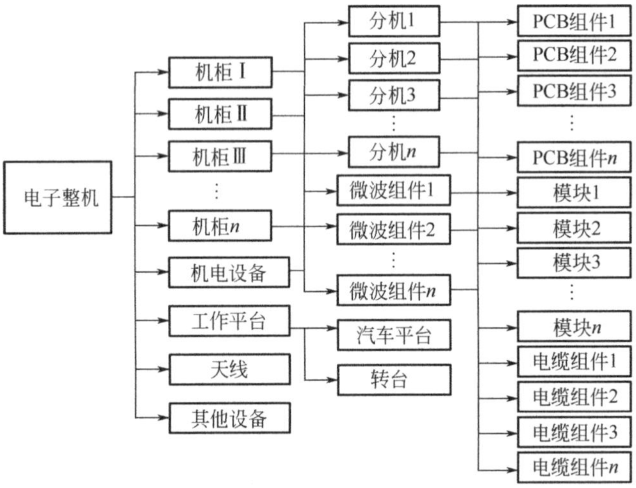

图21.1 整机典型装配工艺方案

本章涵盖了整机装配的基本顺序和要求、整机装配的工艺流程、基本的布线工艺规范等，在整机装配中不仅有电气连接，还有机械连接，因此，还将对整机装配中的机械连接进行总结。

21.1　整机装配的顺序和基本要求

电子整机装配要经过多道工序，安装顺序是否合理直接影响到整机的装配质量、生产效率和操作者的劳动强度。

装配时应确定好零部件的位置、方向、极性，不要错装。整机装配的基本原则是：先轻后重、先小后大、先铆后装、先里后外、先低后高、上道工序不影响下道工序的安装，注意前后工序的衔接，使操作者感到方便、省力和省时。

整机装配的基本要求是：牢固可靠，必须保证安全使用；不损伤元器件和零部件；不碰伤面板、机壳表面的涂敷层，保护产品的外观；不破坏整机的绝缘性；安装件的方向、位置、极性正确，特别是电源线或高压线一定要连接可靠；确保产品各项电气性能的稳定和足够的机械强度。此外，操作者还必须遵守有关基本工艺规则，遵守安全操作规程，严格按照工艺文件规定进行工序操作。

21.1.1　整机装配的基本顺序

整机装配工作进行时，当工艺设计师手中有大量的元器件时，需要按照既定的操作规范，同时按照标准化的装配顺序进行。以组装级别来分，有元件级（第一级），插件级（第二级），插箱板级（第三级）和箱、柜级（第四级）四种级别，而整机组装需按照从一级向四级的顺序有序地进行装配，如图 21.2 所示。

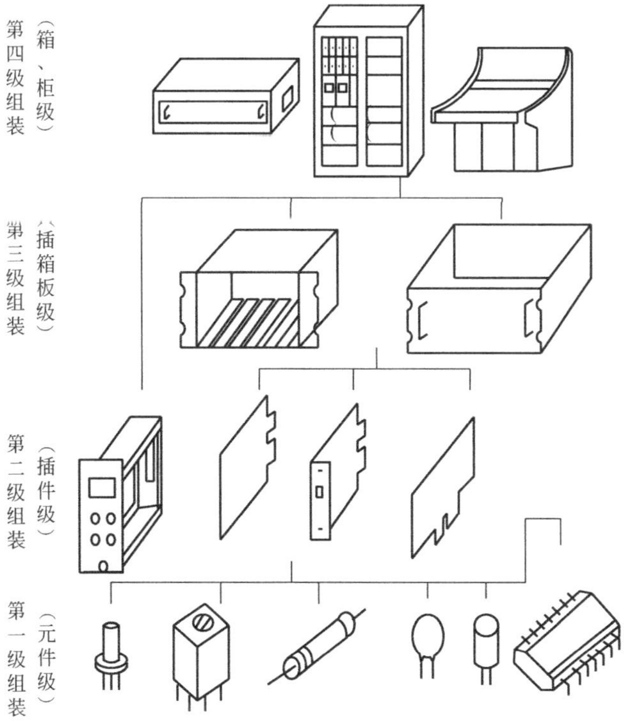

图 21.2　整机装配顺序

（1）元件级：是最低的组装级别，其特点是结构不可分割。

（2）插件级：用于组装和互连电子元器件。

（3）插箱板级：用于安装和互连的插件或印制电路板部件。

（4）箱、柜级：主要通过电缆及连接器互连插件和插箱，并通过电源电缆送电构成独立的有一定功能的电子仪器、设备和系统。

按照既定顺序组装过程中，需要按照一定的方法来完成相应装配顺序中的组装工艺，分别可以采用功能法、组件法及功能组件法。这三种方法可以普遍地适用于整机装配过程中，功能法是将电子产品的一部分放在一个完整的结构部件内；组件法是制造一些在外形尺寸和安装尺寸上都统一的部件，这时部件的功能完整性退居到次要地位；功能组件法是兼顾功能法和组件法的特点，制造出既有功能完整性又有规范化的结构尺寸和组件。

整个装配过程必须遵循由最低级别向最高级别、最轻元器件向最重元器件的装配顺序，同时遵守整机装配的先轻后重、先小后大、先铆后装、先装后焊、先里后外、先下后上、先平后高的原则。

21.1.2　整机装配的基本要求

整机装配的主要工作是完成整机的组装，而整机装配的组装可靠性则是整机装配的最基本要求，在实现整机装配的过程中，装配前、装配中、装配后都有相应的要求。其具体的要求如下。

1. 装配前的技术和生产基本要求

1）技术准备工作

技术准备工作主要是指阅读、了解产品的图纸资料和工艺文件，熟悉部件、整机的设计图纸、技术条件及工艺要求等。

2）生产准备工作

（1）工具、夹具和量具的准备。

（2）根据工艺文件中的明细表，备好全部材料、零部件和各种辅助用料。

2. 装配中操作的基本要求

（1）零件和部件应清洗干净，妥善保管待用。

（2）备用的元器件、导线、电缆及其他加工件，应满足装配时的要求。例如，元器件引出线校直、弯脚等。

（3）采用螺钉连接、铆接等机械装配的工作应按质按量完成好，防止松动。

（4）采用锡焊方法安装电气时，应将已备好的元器件、引线及其他部件焊接在安装底板所规定的位置上，然后清除一切多余的杂物和污物，送交下道工序。

3. 整机装配工艺的技术要求

整机装配工艺的技术要求包括两个方面：一是机械装配；二是电气安装。分别对应地保证整机装配过程中机械连接、电气连接的可靠性。电气、机械安装应确保产品电气性能可靠、外形美观而且整齐、一致性好。

1）机械装配的工艺要求

（1）螺钉连接：根据安装图纸及说明选用规定的螺钉、垫圈，采用合适工具把它拧紧在指定的位置上。

（2）铆钉连接：装配图纸上一些需要连接并不再拆动的地方常采用铆钉连接。在铆接前应按图纸要求选用铆钉，铆接时应符合铆加工的质量标准。

（3）胶接及其他：对需要胶接的部件，要选用符合胶接的黏合剂，并按黏合剂工艺要求胶接好连接件。

2）电气安装的工艺要求

（1）对电气安装所用的材料、元器件、零部件和整件均应有产品合格证；对部分元器件应按抽检规定进行抽检，在符合要求的情况下才准许使用。否则不得用于安装使用。

（2）装配时，所有的元器件应做到方向一致，整齐美观；标志面应朝外，以便于观察和检验。

（3）被焊件的引出线、导线的芯线与接头，在焊接前应根据整机工艺文件要求，分别采用插接、搭或绕接等方式固定。对于一般家用电器，较多使用插接方式焊接。元器件引出线、裸导线不应有切痕或钳伤。如需要套绝缘套管，应在引线上套上适当长度和大小的套管。多股导线的芯线加工后不应有断股现象存在。

以上三个方面着重指出了在整机装配过程中所需要达到的准备工作要求、工艺技术要求（分为机械、电气工艺要求）等，因此综合以上工艺要求，从准备到装配中、直到装配结束，可以简单地给定一个整机装配的基本要求：

（1）未经检验合格的装配件（零、部、整件）不得安装，已检验合格的装配件必须保持清洁。

（2）认真阅读工艺文件和设计文件，严格遵守工艺规程。装配完成后的整机应符合图纸和工艺文件的要求。

（3）严格遵守装配的一般顺序，防止前后顺序颠倒，注意前后工序的衔接。

（4）装配过程中不要损伤元器件，避免碰坏机箱和元器件上的涂覆层，以免损害绝缘性能。

（5）熟练掌握操作技能，保证质量，严格执行三检（自检、互检和专职检验）制度。

除了以上基本要求之外，其实整机装配中还需要特别注意其他的装配要求，比如防震要求、散热要求、电磁屏蔽要求等。

（1）防振要求。

当电子产品处在振动的环境时，印制电路板组装件上的元器件，也会同时受到振动。若元器件的机械固有频率与振动频率发生共振，轻则造成元器件引线的扭曲和疲劳，重则造成元器件引线断裂和本体损坏。要使印制电路板组装件上的元器件避免产生共振，应要求所有组装的元器件的机械固有频率，必须低于或高于所使用环境的频率范围。产品所使用环境与最宽振动频率如表 21.1 所示。

表 21.1　各类电子产品所使用环境与最宽振动频率

使用环境	地面设备	海上设备	机载设备	空间设备
最宽振动频率(Hz)	10～100	5～100	10～2000	10～2000

由于一般元器件的重量均比较轻，很少超过 10g，引线的刚度也比较强，要使元器件的固有频率低于使用环境振动频率的下限值（5～10Hz）很难做到。因此，要设法使元器件的固有频率高于使用环境振动频率的上限值（如空间设备 2000Hz）。

为了避免产生共振，印制电路板组装件的机械固有频率必须高于所使用环境的频率范围。因此，要求元器件的引线应尽量短，在确保性能指标的前提下，尽量选用小型化元器件。另外，元器件组装的高度，也应尽量低。如果能紧贴印制电路板插装，应尽量紧贴印制电路板插装。这样能起到增加振动时的阻尼作用。所以，采用表面贴装元器件是防振、抗冲击最理想的元器件。

整机装联时，应采用重量平衡的安装方法。尽量使整机的质心偏低，不要上重下轻。对较重物体的固定，不但要有足够的机械强度，而且应采用缓冲阻尼材料或减震器，以减小外来的振动冲击。减震器安装时，不要去掉表面保护膜。为了不降低和破坏其抗震性能，不允许减震器超负荷使用。

印制电路板组装件安装时，应考虑增加印制电路板组装件的刚度，可采用框架式结构或采用导轨及压板将印制电路板组装件固定住。印制电路板组装件相互之间的间隙，应不小于 5mm（以两者之间电子元器件最高的高度为准）。

（2）散热要求。

元器件工作时消耗的功率，除部分转换成有用的能量外，其余部分均被转换成热量。由于元器件的发热，电子产品整机内温度升高，使元器件失效率增大，可靠性降低，参数漂移。为了降低整机内的工作温度，应对元器件进行降额使用。对已经产生的热量，要采取一切有效的措施进行散热。

散热的方式主要有热传导、对流和热辐射。

热传导是指直接接触的物体，各部分热量进行交换的现象。为了使热传导的热量传递得快，必须选用导热系数高的材料，导热截面积要大，导热的途径要短。通常是在发热元器件上装置散热器，散热器一般用铝材料制作，并将其表面进行化学黑色氧极化处理。经过黑色氧极化处理后，可降低热阻约 25%，同时增加了表面辐射率。在大功率三极管管壳与散热器之间涂导热硅脂，导热硅脂不但能减小交界面的热阻，而且还能防止潮湿空气的侵入，而造成接触间隙。采用导热硅脂后，可降低接触热阻 25%～35%。

对流是指热源周围的空气受热后，因密度降低而上升，利用温差而形成空气的自然流动，让附近较冷空气置换到较热空气位置。整机机箱内的对流散热，是利用冷空气从下方流入，带走机箱内一部分热量后，由上方排出。当采用对流散热时，应注意防止进风口与出风口二者之间的气流发生短路现象。

热辐射是以电磁波形式向外辐射能量的过程。热辐射的换热功率与辐射的有效面积及物体表面辐射率成正比，物体表面辐射率与材料温度、表面粗糙度和涂覆情况有关。常用的喷涂材料如黑色无光漆，在温度 40℃～100℃时其表面辐射率最高，辐射散热效果最好。通常是对散热器表面进行喷粗砂处理，表面粗糙后辐射率可提高 3%。进行黑色氧极化处理后，黑体容易辐射。温度越高，辐射效果越显著。

导热、散热安装面的表面粗糙度，一般为 1.6～3.2μm。金属安装面之间的接触电阻值，一般为不大于 5mΩ。

（3）电磁屏蔽要求。

按干扰源的性质来分，有电场干扰和磁场干扰。按干扰的路径来分，有机内干扰和机外干扰。要保证电子产品的正常工作，必须消除或减小周围电场干扰和磁场干扰，一般可采用电场屏蔽和磁场屏蔽方式。

为了不受电场干扰，必须将电场干扰源或遭受此干扰源影响的部件，采用导电体旁路的隔离保护措施，这种措施通常称为电场屏蔽。对于外部屏蔽的连接，一般采用铜丝编织套进行屏蔽。对于内部屏蔽的连接，一般采用屏蔽罩来实现电场屏蔽。

在整机中某些部件距离磁性体较近时，需要考虑磁场磁化的影响。应采取将需要屏蔽的部件置于屏蔽盒内的措施，来实现低频磁场屏蔽。

屏蔽高频磁场应注意以下几点：

① 屏蔽罩要用电阻系数小的材料。因为电阻系数越小，利用涡流产生的磁场越强，更有利于抵消外界高频磁场。

② 屏蔽罩的切口或接缝，只允许沿着涡流方向。因为此时对涡流来讲不会增加电阻。所以，一般屏蔽罩都做成无接缝的圆柱体。

③ 铁磁物质不适用于屏蔽高频磁场。因为这种材料有较大的电阻及较大的损耗。

④ 为了不使电感量过分减小，一般应选择屏蔽罩的直径等于线圈直径的一倍。这样，线圈的电感量就能减小 15%～20%。

为了确保电子产品的整机装联质量，电装人员必须掌握电子装联方面的各种工艺技术，严格按电子装联工艺规程进行整机装联。整机装联工作包括：整机的接口布局、电连接器的装联、印制电路板组装件的组合安装、面板上电子元器件及部(组)件的组合安装、导线束的敷设与绑扎、整机的防护与加固等。同时，还应充分考虑到印制电路板组装件的防振、抗冲击的能力，并有良好的散热效果。为了防止整机内、外电磁场的相互干扰，应接地良好。另外，要严格控制多余物，确保电子产品的可靠性和安全性。

21.2　整机装配的流水线

通常电子整机的装配是在流水线上通过流水作业的方式完成的。为提高生产效率，确保流水线连续均衡地移动，应合理编制工艺流程，使每道工序的操作时间(称节拍)相等。流水线作业虽带有一定的强制性，但由于工作内容简单，动作单纯，记忆方便，故能减少差错，提高功效，保证产品质量。

1. 流水线与流水节拍

装配流水线就是把一部整机的装联、调试等工作划分成若干简单操作，每一个装配工人完成指定操作。在划分时要注意到每人操作所用的时间应相等，这个时间称为流水节拍。装配的设备在流水线上移动的方式有好多种，有的是把装配的底座放在小车上，由装配工人沿轨道推进，这种方式的时间限制不是很严格。有的是利用传送带来运送设备，装配工人把设备从传送带上取下，按规定完成装联后再放到传送带上，进行下一个操作。由于传送带是连续运转的，所以这种方式的时间限制很严格。

传送带的运动有两种方式：一种是间歇运动（定时运动），另一种是连续均匀运动。每个装配工人的操作必须严格按照所规定的时间拍节进行。完成一部整机所需的操作和工位（工序）的划分，要根据设备的复杂程度、日产量或班产量来确定。

2. 流水线的工作方式

目前，电子产品的生产大都有整机装配流水线和印制电路板插焊流水线。其流水节拍的形式，分自由节拍形式和强制节拍形式两种。下面以印制电路板插焊流水线为例加以阐述。

（1）自由节拍形式。自由节拍形式分手工操作和半自动化操作两种类型。手工操作时，装配工人按规定插件，剪掉多余的引线，然后在流水线上传递。半自动化操作时，生产线上配备着具有铲头功能的插件台，每个装配工人独用一台。整块线路板上元件的插装工作完成后，通过传送带送到波峰焊接机上。这种流水线方式的时间安排比较灵活，但生产效率低。

（2）强制节拍形式。采用强制节拍形式时，插件板在流水线上连续运行，每个操作工人必须在规定的时间内把所要求插装的元器件、零件准确无误地插到印制板上。这种方式带有一定的强制性。在选择分配每个工位的工作量时应留有适当的余地，以便既保证一定的劳动生产率，又保证产品质量。这种流水线方式的工作内容简单，动作单纯，记忆方便，可减少差错，提高工效。

电子设备的组装在电气上是以印制电路板为支撑主体的电子元器件的电路连接，在结构上是以组成产品的钣金硬件和模型壳体，通过紧固件由内到外按一定顺序的安装。电子产品属于技术密集型产品，组装电子产品的主要特点是：

① 组装工作是由多种基本技术构成的。

② 装配操作质量难以分析。在多种情况下，都难以进行质量分析，如焊接质量的好坏通常以目测判断，刻度盘、旋钮等的装配质量多以手感鉴定等。

③ 进行装配工作的人员必须进行训练和挑选，不可随便上岗。

3. 手工装配

在产品的样机试制阶段或小批量试生产时，印制板装配主要靠手工操作，即操作者把散装的元器件逐个装接到印制基板上。其操作顺序是：

待装元件→引线整形→插件→调整位置→剪切引线→固定位置→焊接→检验。

对于这种操作方式，每个操作者都要从头装到结束，效率低，而且容易出差错。对于设计稳定、大批量生产的产品，印制板装配工作量大，宜采用流水线装配。这种方式可大大提高生产效率，减少差错，提高产品合格率。

流水操作是把一次复杂的工作分成若干道简单的工序，每个操作者在规定的时间内完成指定的工作量（一般限定每人约 6 个元器件插件的工作量）。

每拍元件（约 6 个）插入→全部元器件插入→一次性切割引线→一次性锡焊→检查。

引线切割一般用专用设备——割头机一次切割完成，锡焊通常用波峰焊机完成。

4．自动装配流水线

手工装配使用灵活方便，广泛应用于各道工序或各种场合，但速度慢，易出差错，效率低，不适应现代化生产的需要。尤其是对于设计稳定、产量大和装配工作量大而元器件又无须选配的产品，宜采用自动装配方式。

（1）自动装配工艺过程。电路板自动装配工艺流程如图 21.3 所示。经过处理的元器件装在专用的传输带上，间断地向前移动，保证每一次有一个元器件进到自动装配机的装插头的夹具里。

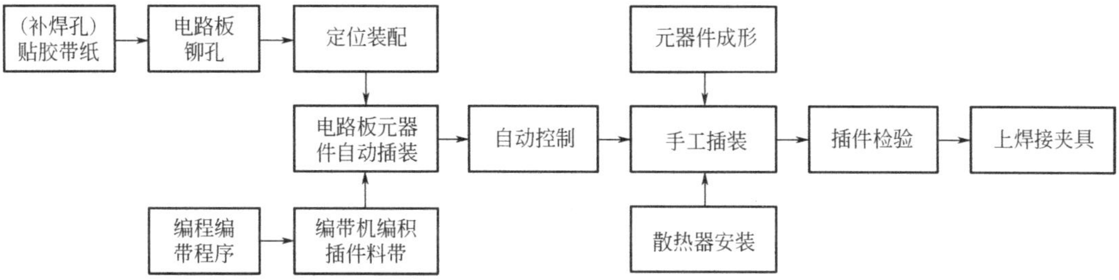

图 21.3　电路板自动装配工艺流程

（2）自动装配对元器件的工艺要求。自动插装是在自动装配机上完成的，对元器件装配的一系列工艺措施都必须适合于自动装配的一些特殊要求，并不是所有元器件都可以进行自动装配，在这里最重要的是采用标准元器件和尺寸。

通过装配流水线，可以很高效地完成生产任务，减少员工差错，并对出现的问题可及时处理，在整机装配中流水线将会一直保障装配的高效。

21.3　整机装配的工艺流程

21.3.1　整机装配的流程

电子产品装配工作主要包括钳装、电气安装和装配后质量检验。生产实践证明，良好的电接触是保证电子产品质量和可靠性的重要因素，电子产品发生故障跟电气安装的质量有密切关系。例如，焊接时若出现假焊、虚焊、错焊和漏焊，将会造成接线松脱、接点短路或开路；高频装置中如果接线过长、布线不合理，将会造成高频电路工作不稳定或不正常。因此，要使装配出来的产品达到预期的设计目的，务必十分注重装配质量，生产操作人员必须严肃、认真地做好每一道细小的生产环节。整机装配的工艺流程大体可以分为以下几个步骤，如图 21.4 所示。

一般而言，在整机装配前要做好装配前的准备工作，例如，元器件、辅助件的加工，工具、设备准备，技术文件准备，生产组织准备等。在准备工作完成之后，进行下一道流程——部件装配，例如，印制板装配，机壳、面板装配等。当既定的装配要求和装配顺序完成后，整机的样件就完成了，需要进行整机的调试，主要有电调、电测等。当通过了调试工序之后，整机需要通过质量部门的检验，盖章之后方能交付或者包装入库。以上就是整机装配的整个工艺流程，整个工艺过程是以串行的方式进行，并且工序不可颠倒、打乱，而在每个工序内部则可以采取相应的并行措施，提高装配的效率。

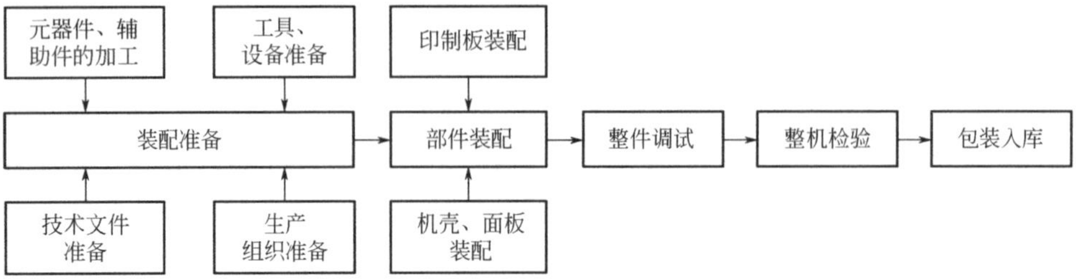

图 21.4　整机装配工艺流程

21.3.2　整机装配中的准备工艺及接线工艺

整机装配过程中，元器件引线、电缆、电线等线头的处理方法各不相同，同时处理的工艺也不同，针对装配中的准备工艺及接线工艺，本节将进行详细介绍。

1. 准备工艺

对于元器件的引线、导线端头和各类线端子，在进行装配前都需要进行搪锡，即挂上一层薄而均匀的焊锡，以便整机装配时顺利进行焊接工作。导线端头和元器件引线的搪锡方法有电烙铁搪锡、搪锡槽搪锡和超声波搪锡。

2. 接线基本要求

接线要求：导线的作用是用于电路中的信号和电能传输，接线是否合理对整机性能影响较大。如果接线不符合工艺要求，轻则影响电路信号的传输质量，重则使整机无法正常工作，甚至会发生整机毁坏。整机装配时接线应满足以下要求：

（1）接线要整齐、美观，在电气性能许可的条件下减小布线面积。例如，低频、低增益的同向接线应尽量平行靠拢，分散的接线应组成整齐的线扎。

（2）接线的放置要可靠、稳固和安全。导线的连接、插头与插座的连接要牢固，连接线要避开锐利的棱角、毛边，避开高温元件，防止损坏导线绝缘层。传输信号的连接线要用屏蔽线导线，避开高频和漏磁场强度大的元器件，减少外界干扰。电源线和高电压线连接一定要可靠、不可受力。

（3）接线的固定可以使用金属、塑料的固定卡或搭扣，单根导线不多的线束可用胶黏剂进行固定。

3. 接线工艺

（1）配线。

配线是根据接线表要求准备导线的过程。配线时需考虑导线的工作电流、线路的工作电压、信号电平和工作频率等因素。

（2）整机内电路之间连接线的布置情况，与整机电性能的优劣有密切关系，因此要注意连接线的走向。布线原则如下：

① 为减小导线间相互干扰，不同用途、不同电位的导线不要扎在一起，要相隔一定距离，或走线相互垂直交叉。例如，输入与输出信号线、低电平与高电平的信号线、交流电源线与滤波后的直流馈电线等。

② 连接线要尽量短，使分布电感和分布电容减至最小，尽量减小或避免产生导线间的相互干扰和寄生耦合。高频、高压的连接线更要注意此问题。

③ 从线扎中引出分支接线到元器件的接点时，线扎应避免在密集的元器件之间强行通过。线扎在机内分布的位置应有利于分线均匀。

④ 与高频无直接连接关系的线扎要远离高频回路，不要紧靠回路线圈，防止造成电路工作不稳定。

⑤ 电路的接地线要妥善处理。接地线应短而粗，地线按照就近接地原则，避免采用公共地线，防止通过公共地线产生寄生耦合干扰。

（3）布线方法如下：

① 为保证导线连接牢固、美观，水平导线布设应尽量紧贴底板，竖直方向的导线可沿框边四角布设。导线弯曲时保持其自然过渡状态。线扎每隔 20～30cm 以及在接线的始端、终端、转弯、分叉、抽头等部位要用线夹固定。

② 交流电源线、流过高频电流的导线，应远离印制电路底板，可把导线支撑在塑料支柱上架空布线，以减小元器件之间的耦合干扰。

③ 一般交流电源线采用绞合布线。

21.3.3　整机装配中的机械安装工艺要求

整机装配中的机械安装工艺是整机装配过程中两大关键工艺技术之　。在前文的基本要求中，我们已经说到了机械安装工艺，其中主要包括螺钉连接、铆钉连接、胶接及其他。本节将对以上三种机械安装工艺进行介绍，从而引出整机装配中机械安装工艺要求的具体内容。

1. 螺钉连接

螺钉连接，顾名思义就是将零件用对应的螺钉连接起来，达到整机装配的目的。在一套完整的整机设备中，由少则几十个，多则数百上千个零件组成，而这些零件几乎无一例外的都是采用螺钉连接起来，进而装配成一套完整的整机设备，达到既定的设计目标。

目前，采用螺钉连接有以下两种方法，其目的是防止在后续使用过程中存在返松甚至脱落的隐患。其一是物理防脱连接，其二是化学防松方法。

1）物理防脱连接

传统紧固方式中的弹簧垫圈是一个弹性元件，具有一定的弹性、耐疲劳强度和弹性极限，其防松示意图如图 21.5 所示。当一个锁紧紧固系统处于高强度的周期性振动过程中时，内外螺纹件会产生周期的拉伸和压缩，使得内外螺纹件之间会产生周期性的间隙和应力。弹簧垫圈作为弹性元件可以利用其固有的弹性，补偿和消除这种周期性产生的间隙和应力。但是弹簧垫圈自身存在一定的应变极限、疲劳极限和弹性极限，当振动的频率和强度超过其应变极限时，其防松效能会马上失效。弹簧垫圈的防松效能保持时间较短，容易失效，导致螺钉脱落。

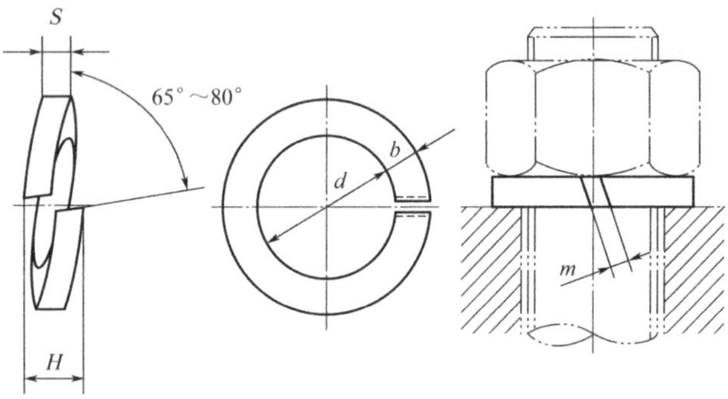

图 21.5　弹簧垫圈防松示意图

此外，在沉头螺钉的使用中，由于沉头螺钉本身的结构因素，无法通过增加弹簧垫圈来达到防松的效果，因而通过增加垫圈的防松措施具有一定的使用局限性。沉头螺钉安装示意图如图 21.6 所示。

图 21.6　沉头螺钉安装示意图

2）化学防松方法

固特耐防松技术是指在螺钉（外螺纹）表面预先涂上一层高弹性、高强度的多元高分子聚合物，统称为“固特耐防松胶”。这种防松胶具有很好且持久的弹性和机械强度，当其被内外螺纹压缩后，就会在内外螺纹的周向产生强大的摩擦力，该摩擦力称为“预置扭矩”，预置扭矩在整个紧固系统中建立一个衰退阈值，该衰退阈值是衡量紧固系统发生返松现象的临界力矩，当综合外力未能超过该衰退阈值时，紧固系统将会始终保持原来的稳定状态，而当综合外力一旦超过该衰退阈值，紧固系统就会出现返松、螺钉脱落等现象。

同时，固特耐防松胶是一种多元高分子聚合物，其疲劳极限高于钢，可以抵御高加速度、长时间的高强度振动，有效地提供防松效能，而且保持得更长久。

化学防松方法示意图如图 21.7 所示。

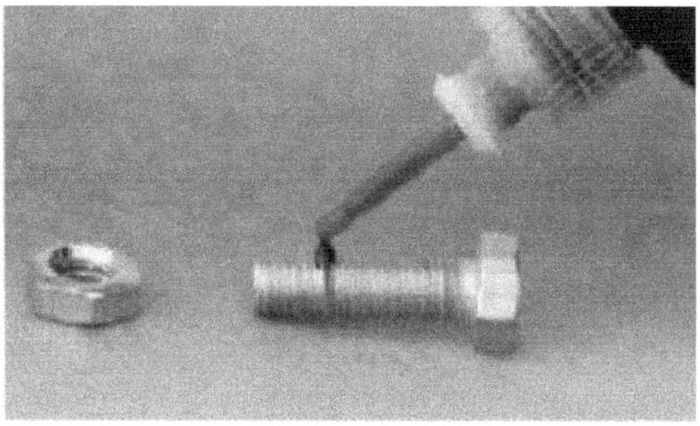

图 21.7　化学防松方法示意图

2. 铆钉连接

铆接技术是一种传统的构件连接方式。现代工业基本上随处都可见它的身影，无论是以前的各种飞机还是随处可见的汽车。随着目前各种材料结构性能要求和构件密封性能的不断提高，在普通铆接技术上又发展了密封铆接、特种铆接和塑料热铆接等多种铆接技术。铆接所用的工具也不断地完善和改进。与其他连接方法相比，铆接工艺具有工艺比较简单，连接比较稳定，操纵比较简单，质量方便检查，故障容易排除等优点。到目前为止，还没有一种连接形式可以完全取代它。因此，认识铆接的一些应用及了解它的性能是我们不可或缺的，这能更好地引导我们做好工作。

铆接利用自身形变连接被连接件，相比螺接可靠性更高，同时易于消除焊接过程中产生的应力集中，因此铆接被广泛应用于航天航空领域，如无人机的机翼等的装配。本节主要介绍几种普遍使用的铆接形式，分别是普通铆接、电磁铆接及自冲铆接。

1）普通铆接

铆接是利用铆钉来连接构件的一种连接方式。铆接是结构连接的一种基本方法，每个与机械有关的工作人员都要掌握好铆接的方法和操作技巧，以保证铆接的质量，提高机械结构的使用寿命。图 21.8 是铆钉铆接成形过程示意图。

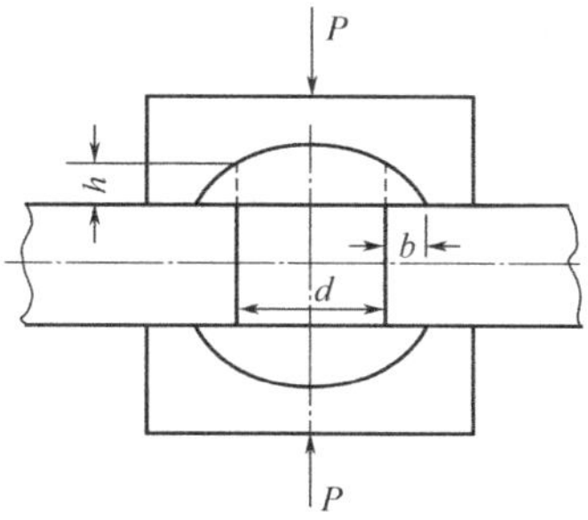

图 21.8　铆钉铆接成形过程示意图

2）电磁铆接

电磁铆接是在电磁成形工艺的基础上发展起来的一种新型铆接工艺，这种方法在放电线圈和工件之间增加了一个线圈和应力波放大器（调制器），其原理如图 21.9 所示。放电开关闭合的瞬间，初级线圈中通过快速变化的冲击电流，在线圈周围产生强磁场。与初级线圈耦合的次级线圈在强磁场作用下产生感应电流，进而产生涡流磁场，两磁场相互作用产生涡流斥力，并通过放大器传至铆钉，使铆钉成形。涡流力的频率极高，在放大器和铆钉中以应力波的形式传播（电磁铆接也称应力波铆接）。

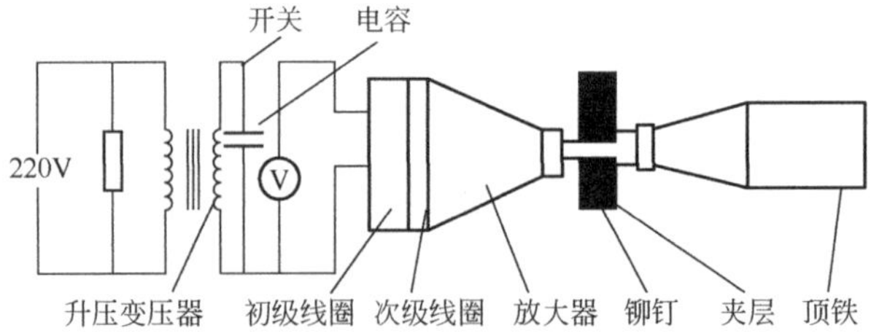

图 21.9　电磁铆接原理图

电磁铆接的加载速率极高，铆钉在几百微秒到一毫秒的瞬间完成镦头的成形。采用电磁铆接时，材料的动力学响应不同于普通铆接。普通铆接时，材料的变形方式为均匀滑移变形，而电磁铆接时，特别是高压电磁铆接，材料以绝热剪切方式变形。电磁铆接是一种新的工艺方法，在干涉配合铆接、复合材料结构铆接、干涉配合紧固件安装方面有传统铆接方法无法比拟的技术优势。电磁铆接能够提高结构疲劳寿命，用于复合材料结构铆接可以减小安装损伤，能够安装大干涉量干涉配合紧固件。

3）自冲铆接工艺

自冲铆接是一个在板料和铆钉之间形成连接而不需要预冲孔的新工艺。一般使用半空心或实心铆钉先作为冲孔的冲头，而后与被铆接板料一起进行塑性变形以达到连接的目的。自冲铆接有无铆钉冲铆、实心铆钉的自冲铆接及半空心铆钉的自冲铆接几种工艺类型。

（1）无铆钉冲铆工艺。

无铆钉冲铆工艺如图 21.10 所示。首先压边圈先向下运动将被铆接板料进行预压紧，而后冲头向下运动与凹模共同挤压被铆接板料，使被铆接板料自身相互锁紧呈凸凹口形状完成铆连接。这种铆接工艺可铆接多层金属材料，铆接时应该注意将硬度高或者厚度大的金属置于下层，以提高铆接质量。但是它仅适于表面质量要求不高，被铆接材料硬度在一定范围内能进行塑性变形的金属材料之间的连接。

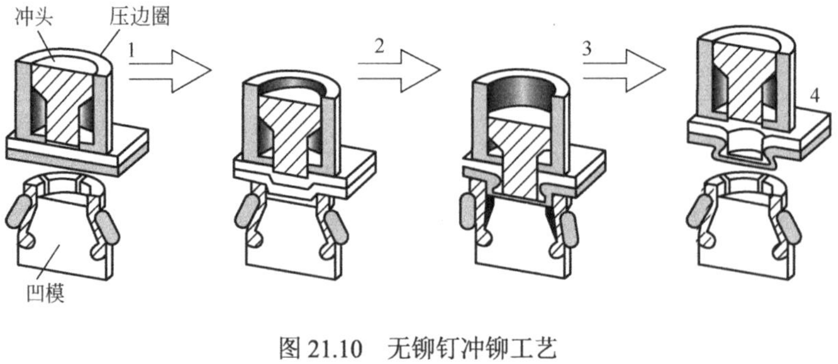

图 21.10　无铆钉冲铆工艺

（2）实心铆钉的自冲铆接工艺。

实心铆钉的自冲铆接工艺如图 21.11 所示。冲头推动实心铆钉一起向下运动，铆钉下部的刃口将铆接材料冲掉，从凹模内落下，铆钉到达凹模后停止运动；随着冲头的继续下行，冲头下端面的凸台将对被铆接材料加压，迫使其发生塑性变形而向内做径向流动，使其紧紧包住腰鼓形铆钉，从而形成稳定的锁止状态。这种铆接工艺的被铆接材料必须是能进行塑性变形的金属。

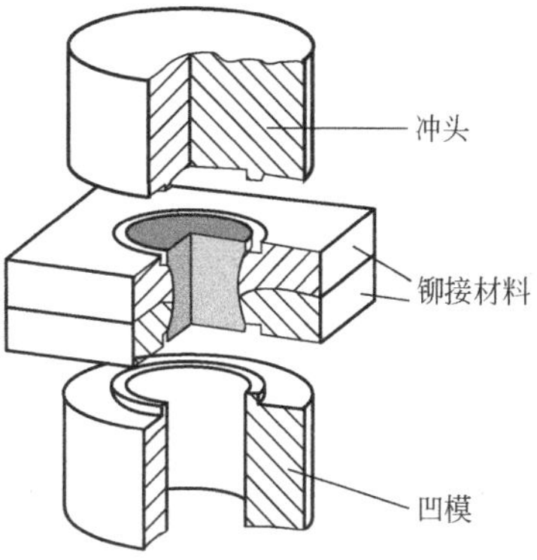

图 21.11　实心铆钉的自冲铆接工艺

（3）半空心铆钉的自冲铆接工艺。

半空心铆钉的自冲铆接工艺如图 21.12 所示。半空心铆钉被冲头压下时，铆钉穿透上层板料，并扩张进入下层板料，而后铆钉与下层板料一起扩张，在两板料间形成一个机械互锁机构，从而完成连接。半空心铆钉的自冲铆接工艺在铆接两层相同金属材料时，较厚的放在下层；铆接两层不同金属材料时，将塑性好的材料放在下层；铆接金属与非金属材料时，将金属材料放在下层。

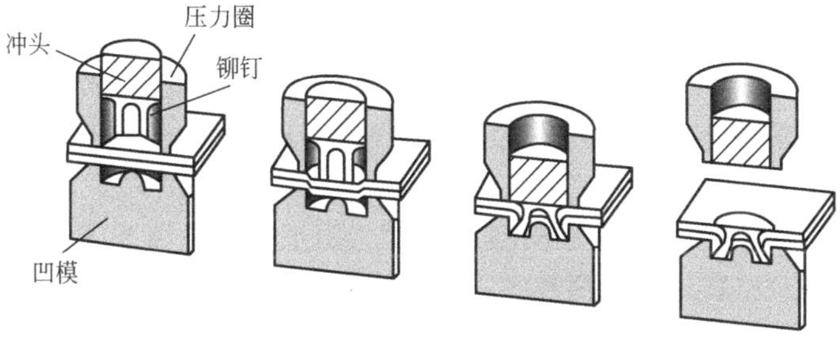

图 21.12　半空心铆钉的自冲铆接工艺

3. 胶接

理想的胶接是当两个表面彼此紧密接触之后，分子间产生相互作用，达到一定程度而形成胶接键，胶接键可能是次价键或主价键，最后达到热力学平衡的状态。实际的胶接，大多数都要使用胶黏剂，才能使两个固体通过表面结合起来。聚合物处于橡胶态温度以上时（未达熔融态），通过加压紧密接触，使两块处于橡胶态的聚合物，通过界面上分子间的扩散，生成物理结点或分子相互作用引力，这时不需要胶黏剂也可能使聚合物胶接起来。

不过，由于所需要的压力大，时间长，又要消耗热能，而且有许多降低胶接力的影响因素并未排除，使分子间不易实现紧密接触，得到的胶接强度并不理想。金属、无机材料不存在橡胶态，在固态的情况下，即使加压、加热，也不可能达到分子接触，这就更需要依靠胶黏剂来实现胶接。

为形成良好的胶接，首先要求胶黏剂分子和被胶接材分子充分接触。为此，一般要将被胶接体表面的空气或者水蒸气等气体排除，使胶黏剂液体和被胶接材接触，即将气—固界面转换成液—固界面，这种现象叫做润湿，其润湿能力叫做润湿性。

当胶黏剂固化或硬化后，生成的胶接键即被固定下来而保有强度。要获得高强度的胶接接头，首先必要的条件是在界面处要能建立分子级的紧密接触，分子的距离一般应小于

0.5nm。否则界面作用力太小，不能承受稍大的应力。其次，胶黏剂与被粘物界面上，最好能通过分子的扩散作用，形成分子间的缠结，这有利于提高强度。为提高胶接强度，还必须掌握影响强度的一系列因素，并加以控制。图 21.13 为直升机旋翼根部多层胶接示意图。

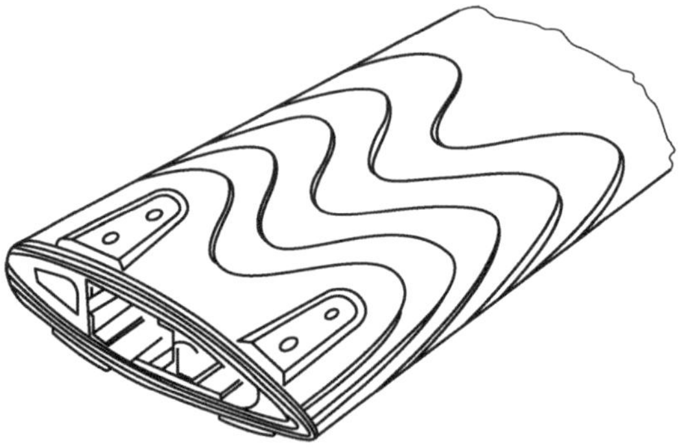

图 21.13　直升机旋翼根部多层胶接示意图

胶接方法与传统的连接方法相比，具有独特的优点，是其他连接方法所无法代替的。在通常情况下，胶接可作为铆接和螺接连接的补充。在特定条件下，可根据设计要求提供所需的功能。胶接具有如下特点：

（1）胶接能最充分地利用被粘材料的强度。由于胶接不需要铆接和螺接连接中的过孔，因此，不会减小材料的有效横截面积；胶接操作温度低，可避免焊接时高温引起的结构热变形和金相组织的变化，或者涂层、退火状态的破坏。因此，胶接能充分利用板材，尤其是高强度材料的全部强度。

（2）胶接能提高接头的疲劳寿命。胶黏剂均匀分布于胶接面上，无螺孔和焊缝，不会产生局部应力集中，提高了接头的疲劳寿命。而且胶接构件中，疲劳裂纹的扩展速度很慢。这一优点使胶接在飞机制造中获得了广泛的应用。例如，美国电搭接将飞机金属物件和设备附件由铆钉、螺钉和塔铁线连接，使之构成一低电阻的电路回路，防止静电干扰、静电起火和雷击。

4．整机装配中的机械安装工艺要求

机械安装的基本工艺要求是指安装时操作应遵循的基本要求。设计文件、工艺流程对此都有明确规定，以下是常规的基本要求：

（1）严格按照设计文件和工艺规程操作，保证实物和装配图一致。

（2）提交装配的所有元器件、材料和零部件均应经检验合格后方可安装，安装前要检查其外观、表面有无伤痕，涂敷有无损伤。

（3）安装时，电子元件、机械安装件的阴线方向、极性、安装位置应当正确，不应歪斜，尤其金属封装的电子元件不要相互接触。当安装处是金属面时，应采用钢垫圈，以减小连接件表面的压强。仅用单一螺母固定的电位器、开关等，应加止动垫圈或内齿垫圈，以防松动。

（4）机械零部件在安装过程中不允许产生裂纹、凹陷、压伤和可能影响产品性能的其他损伤。安装中的机械活动部分，如控制器、开关等必须使其动作平滑、自如，不能有阻滞现象。

（5）用紧固件安装地线焊片时，要去掉安装位置上的涂漆层和氧化层，保证接触良好，用紧固件安装工作于高频率、大功率状态的器件时，不许有尖端毛刺，以防尖端放电。

（6）安装过程中要注意元器件、零部件的安全要求，如安装带有 CMOS 集成块和场效应管的元器件、零部件时，操作人员要戴防静电腕带、腕套，以防止元器件被静电击穿。

（7）安装中需要涂敷润滑剂、紧固漆、黏合剂的地方，应当到位、均匀和适量。

（8）安装时勿将异物掉入机内，安装过程中应随时注意清理紧固件、焊锡渣、导线头以及元件、工具等异物，并注意保护整机面板、机壳或后盖的外观，防止出现划伤、破裂等现象。

21.3.4　整机装配中的面板、机壳装配

电子整机产品都有面板和机壳部件，它们既构成产品的主体骨架，保护产品的机内部件，也决定产品的外观造型，并为产品的使用、维护和运输带来方便。目前面板、机壳的材料已向全塑型发展，塑料面板、机壳在注塑时内部预留有成型孔及各种台阶，可便于印制电路板、机芯、扬声器支架、框架等部件的安装和防护。

1. 面板、机壳的加工

面板、机壳注塑成型后，要经过喷涂→丝印→烫印加工工序后再进行装配。

（1）喷涂。喷涂按其作用可分为装饰性和填补性喷涂两类。喷涂不仅可以满足人们对产品不同色彩的要求，还有助于提高成型塑料制品的性能，弥补产品在注塑成型过程中产生的熔积痕、气印、缩孔、划痕、砂眼等缺陷。塑料面板、机壳的喷涂工艺过程一般为：修补平整→去油污→静电除尘→喷涂→干燥→涂膜质量检验。

（2）丝印。丝印就是在喷涂后的面板、机壳上印刷出产品设计需要的文字、符号和标记，它可用手工方式或半自动机进行。为保证丝印质量，面板、机壳表面应无划痕且经除尘处理；丝网上的文字、符号和标记等图样不走样，网孔干净，易漏油墨；丝印的环境温度控制在 20℃左右。丝印工艺过程为：丝印图形文字的丝网制版→丝印→套色→干燥。

（3）烫印。塑料面板、机壳无论是否经过喷涂，都可以在表面烫印铝箔或铜箔，以装饰面板和机壳的表面。

2. 面板、机壳的装配要求

注塑成型后的面板、机壳，经过喷涂、丝印、烫印等工艺后，成为电子整机产品的一个主要部件。为了满足整机产品的质量要求，塑料面板、机壳在流水线上装配时，必须注意以下几点要求：

（1）用运送车搬运注塑件时，要单层放置。

（2）工位操作人员要戴手套操作，防止注塑件沾染油污、汗渍。

（3）装配前应对面板、机壳进行质量检查，表面不应有明显的划伤、裂缝、变形，表

面涂敷层不应起泡、龟裂和脱落。检验后，将外观不合格的工件做好记录、隔离存放；将合格的工件罩上用绒软布或塑料泡沫做的护罩，轻轻放置在流水线传送带上。

（4）在生产流水线工位上，凡是面板、机壳接触的工作台面，均应放置塑料泡沫垫或橡胶软垫，防止装配过程中划伤工件外表面。搬运面板、机壳要轻拿轻放，不能碰压。

（5）面板、机壳和其他部件的连接装配程序一般是先轻后重、先低后高、先里后外。使用电动旋具紧固自攻螺钉时，旋具与工件应互相垂直，不能发生偏斜。且力矩大小要合适，既要能紧固，又不能力矩过大造成滑牙甚至穿透、损坏部件。面板上装配的各种可动件应操作灵活、可靠。

（6）面板、机壳上的铭牌、装饰板、控制指示、安全标记等应按要求端正牢固地装接或粘接在指定位置。使用胶黏剂时，用量要适当，防止量多溢出。若胶黏剂污染了外壳，要及时用清洁剂擦净。

（7）操作人员使用和放置电烙铁时要小心，不能烫伤面板、外壳。

（8）装配完毕，用“风枪”清洁面板、机壳表面，然后用泡沫塑料袋封口、装箱。

21.3.5 常见的其他装配工艺

目前的整机电子装联过程中，常见的其他装配工艺还有挠性基板、散热器、电源等，本节将对其进行简单的介绍。

1. 挠性电路板的终端技术

挠性电路板的终端处理方法，有利也有弊。没有一项技术可以同时满足所有的需求，而且挠性电路板的连线也有很多种方式。因此，需要彻底地分析终端产品的需求，再确定使用挠性电路板的何种终端技术。要选择具有合适性价比的应用技术组合，必须弄清楚各种终端应用方法的能力指标，以及从装配方面了解各种终端应用技术的使用条件。表 21.2 列出了高密度互联设计的关键注意事项。

表 21.2 高密度互联设计的关键注意事项

关键项目	具体内容
连接目标	什么类型的器件
终端密度	每厘米或每平方厘米的焊接点数/空间中允许设计的连接器数
永久性或非永久性	是否需要可重复插拔的连接器
使用环境条件	使用环境温度、湿度等
使用工艺条件	产品工作时自身的温度
可靠性	综合考虑
成本	材料和人工费用

针对挠性板终端的装配工艺过程，接下来将对其持久性进行分析。如表 21.3 所示，如果产品不需要在功能上插拔某些连接器，那么最好的连接方式就是永久性连接器。因为永

久性连接占用面积小，并且成本低。永久性连接包括：

（1）普通焊接；

（2）通孔引线元件；

（3）普通 SMT 元件；

（4）熔融焊接；

（5）引线键合；

（6）直接键合；

（7）ACM 连接；

（8）倒装芯片键合；

（9）NCP 连接。

针对许多可重复连接需要更换一次性元件，如喷墨打印机的墨盒和一些设备上的生物传感器。这些都需要在挠性电路板上实现超过 1000 次的可重复连接。而开关电路和测试探针，则需要超过 100 万次的可靠性连接接触，集成电路上的平板开关和电子探针就是典型例子。因为在挠性电路板上布线比安装电子元件更具优势，所以挠性电路板更多地采用非永久性连接。

大致有两种方法可以实现高密度挠性电路板的非永久性连接。第一种是提高传统连接终端的连线密度。压接式接片、压接、键盘触点连接，以及 FFC 连接器，都属于这一种类。另一种是新的方法，如各向异性导电橡胶连接、凹点连接、微凸点连接，均属于这一类型。挠性电路板非永久性连接如表 21.3 所示，非永久性连接的性能如表 21.4 所示。

表 21.3　挠性电路板非永久性连接

	连接目标	应用实例
压接式接片	挠性板—挠性板	触摸面板开关
键盘连接	挠性板内部	键盘
FFC 连接器	挠性板—挠性或刚性板	计算机外围设备
面阵列连接	挠性板—刚性板	工业设备
凹点连接	挠性板—挠性板的刚性部分	喷墨打印机
微凸点阵列	挠性板—刚性版或挠性板的刚性部分	板测试机

表 21.4　非永久性连接的性能

	连接密度	重复性（次）	挠性基板上节距
压接式接片	1.27mm/节距	～100	1.27mm
键盘连接	10 个/cm^2	1000 万	200μm
FFC 连接器	0.3mm/节距	～100	150μm
面阵列连接	10 个/cm^2	～500	100μm
凹点连接	10 个/cm^2	～1000	0.5mm
微凸点阵列	10 个/cm^2	～100 万	60μm

2. 散热器的装配

我们知道，在电流流过元器件时要产生热量，特别是一些大功率元器件，如变压器、大功率晶体管、大规模和功放型集成电路等产生的热量很多，这将使整机温度上升。为确保整机的正常运行，必须对这些部件采取一定的散热措施。

散热的方法有自然散热和强迫通风散热两种。自然散热是指利用发热件或整机与周围环境之间的热传导、对流及辐射进行散热。强迫通风散热是指利用风机进行鼓风或抽风，以提高整机内空气流动的速度，达到散热的目的。例如，计算机中 CPU 上安装高速风扇，大功率晶体管加装散热器等。下面只简单介绍晶体管散热器的装配工艺。

常见的晶体管散热器如图 21.14 所示，它一般是使用导热系数较高的铜、铝及合金按照一定的形状加工而成。现在铝型材散热器已标准化，使用时可参阅有关手册。

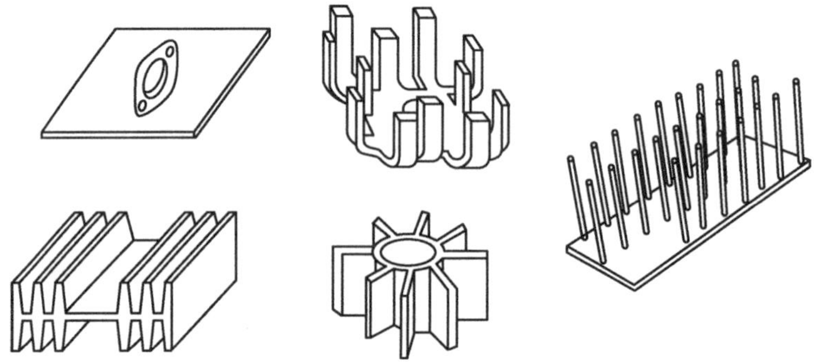

图 21.14　常见的晶体管散热器

散热器的装配要求：

（1）晶体管与散热器之间的紧固件要拧紧，且保证螺钉扭力一致，使晶体管外壳紧贴散热器。

（2）需在晶体管与散热器之间垫绝缘片时，须采用低热阻材料，如硅脂、薄云母片或聚酯薄膜等。为提高散热效果，尽可能不用在管壳下垫绝缘片的方法，而采取在散热器与机架、印制电路板之间绝缘的方法。

（3）安装一只晶体管时，其安装孔应设在散热器基面的中心；安装两只或三只以上时，其安装孔的位置应设定在基面中心线均等位置上。

（4）大批量组装晶体管与散热器时，应使用装配模具。将螺母、散热器、晶体管（或集成电路）、垫片和螺钉依次放入模具内，使用旋具将晶体管（或集成电路）紧固在散热器上，不能松动。

3. 紧固件的装配

在整机装配中，用来使零部件、元器件固定、定位的零件称为紧固零件，简称紧固件。常用的紧固件有螺钉、螺母、螺栓、螺柱、自攻螺钉、垫圈和铆钉等。

螺钉的选用：十字槽螺钉外形美观，紧固强度高，有利于采用自动化装配。面板上尽量少用螺钉，必要时可采用半沉头或沉头螺钉，以保持平面整齐。当要求结构紧凑、连接强度高、外形平滑时，应尽量采用内六角螺钉或螺栓。如果安装部位是易碎零件（如瓷件、胶木件等）或是较软材料（如铝件、塑料件等），应使用大平垫圈。连接件中被拧入件是较软材料（如铝件、塑料件等）或是金属薄板时，可采用自攻螺钉。

拧紧方式：装配螺钉组时，应按顺序分步逐渐拧紧，以免发生结构件变形。拧紧长方形工件的螺钉组时，应从中央开始逐渐向两边对称扩展。拧紧方形工件和圆形工件的螺钉组时，应按交叉顺序进行。选择的螺钉旋具规格要合适，拧紧时旋具应保持垂直于安装孔表面。拧紧或拧松螺母或螺栓时，应尽量选用扳手或套筒，不要用尖嘴钳松紧螺母。拆卸已锈死的螺母、螺栓时，应先用煤油或汽油除锈，并用木槌等进行击打振动，然后再进行拆卸。

螺接工艺要求：紧固后的螺栓外露的螺纹长度一般不能小于 1.5 倍螺距。螺钉连接有效长度一般不能小于 3 倍螺距。沉头螺钉紧固后，其头部应与安装面保持平整。允许稍低于安装面，但不能超过 0.2mm。使用弹簧垫圈时，拧紧程度以弹簧垫圈切口压平为准。软、脆材料表面不能直接用弹簧垫圈，且拧紧时拧力要均匀，压力不能过大。弹簧垫圈应装在螺母与平垫圈之间。安装后，对于固定连接的零部件，不能有间隙和松动，活动连接的零部件，应能在规定方向和范围内活动。各零部件表面涂覆层（电镀或喷漆）不允许破坏。

4．电源的装配

电源是整机的一个重要单元部件。一般的电源具有重量较重、发热量较大等特点。为满足整机要求，电源装配时应注意以下几点：

体积较大、重量较重的元器件（如电源变压器、扼流圈等），应安装在整机的最下部，安装位置可在机壳骨架上。如必须安装在印制板上，也应在印制板两端靠近支撑点处。这样有利于控制整机重心，保持整机平稳。

发热较大的元器件（如大功率变压器、整流管和调整管等），应安装在机壳通风孔附近，以便于对流换热。大功率整流管和调整管应使用散热器，并远离其他发热元件和热敏元件。

某些整机的电源提供多种不同的电压，安装时对各电压生成通道应按要求严格调测，各电压的输出线要保持一定距离。特别要注意电源内带有高压的整机（如电视机），高压端子及高压导线与机壳或机架应充分绝缘，并远离其他导线和地线，以免发生短路。低压和高压电路接地通常称为冷地和热地，应注意用 RC 元件将冷地和热地隔离，防止电流互相串扰。

电源变压器会产生 50Hz 泄漏磁场，对低频放大器有一定影响，会产生交流声。因此，电源部分应与低频放大器隔离或对电源变压器进行屏蔽。

第22章 整机的调试

调试工艺包括调整和测试两个部分，统称为调试。调整主要是指对电路参数的调整，即对整机内可调元器件及与电气指标有关的调谐系统、机械传动部分进行调整，使之达到预定的性能要求；测试是在调整的基础理论上，对整机的各项技术指标进行系统测试，使电子产品各项技术指标符合规定。简而言之，调试是用测量仪表和一定的操作方法按照调试工艺规定对单元电路板和整机的各个可调元器件或零部件进行调整与测试，使产品达到技术文件所规定的技术性能指标。

调试作为整机装配不可或缺的重要组成部分，拥有重要的作用，首先可以实现电子产品功能、保证质量；其次可以发现电子产品设计、工艺缺陷和不足；最后可以为不断提高的性能和品质积累可靠的技术性能参数。而调试方案的制定应从技术要求、生产效率要求和经济要求三个方面综合考虑，才能制定出科学合理、行之有效的调试方案。

22.1 调试工作的内容

调试工作方案是工艺设计人员为某一电子产品的生产而制订的一套调试内容和做法，它是调试人员着手工作的技术依据。具体来说，调试工作的内容有以下几点：

（1）明确电子产品调试的目的和要求；

（2）正确、合理地选择和使用测试仪器仪表；

（3）按照调试工艺对电子产品进行调整和测试；

（4）运用电路和元器件的基础理论知识去分析和排除调试中出现的故障；

（5）对调试数据进行分析和处理；

（6）编写调试工作总结，提出改进意见。

对于简单的小型整机（如稳压直流电源等），在装配完成后，可直接进行整机调试。而结构复杂的整机、通常先对单元电路板进行调试，达到要求后，再进行整机装配，最后进行整机调试。对于大量生产的电子整机，调试工作一般在流水装配线上按照调试工艺卡的规定进行调试。比较复杂的大型设备，可先在生产厂进行部分调试或粗调工作，然后再在总装现场进行最后安装及全面调试。

22.2　调试仪器、仪表的选择与使用

在电子产品生产企业中，电子测量仪器和设备是产品检验和试验必不可少的工具。为了准确得到对产品的各项性能参数的测试结果与标准或技术要求的符合性规定，就必须具备功能齐备的、满足测量精度要求的检验仪器。

通常，检验仪器可以分为两类：一类是通用测量仪器，它有较宽的适用范围、较强的通用性，能对不同产品的一项或多项电性能参数进行测量，如电压表、多用表(万用表)、示波器等；另一类是专用测量仪器，它能对一个或几个产品进行一项或多项电性能参数测试。一般电子测量仪器都具有一种或几种测试功能，要完成电子产品的某一项性能指标的测试，有时还需要用多台测量仪器组成测试系统。

1. 电性能测量仪器和设备

电流表、电压表、欧姆表、功率计、示波器、低频信号发生器、高频信号发生器、失真仪、频率计、频谱分析仪等。

2. 安全性能测量仪器和设备

耐压测量仪、兆欧表、接地电阻测量仪、泄漏电流测量仪等。

对于特定的电子产品的调试，又可分为两种情况：一是小批量多品种，一般是以通用仪器加上专用仪器，即可以完成对产品的调试工作；二是大批量生产，应以专用调试设备为主，主要是提高生产效率。专用调试仪器是为一个或几个电子产品进行调试而专门设计的，其功能单一，可检测产品的一项或几项参数，如电冰箱测漏仪等。通用调试仪器是针对电子设备的一项电参数或多项电参数的测试而设计的，可检测多种产品的电参数，如示波器、函数发生器等。

需要注意的是，在使用电子仪器和设备前，检验人员应该仔细阅读测量仪器的使用和操作说明书，掌握测量仪器的各项功能及使用方法，严格按照规定的测试范围、测试精度、操作程序和步骤、环境条件等要求使用，要注意以下几点：

（1）在标准规定的温度、湿度、大气压等环境条件下使用测量仪；

（2）摆放测量仪器，应该便于操作和观察，并确保其安全和稳定；

（3）测量仪器的测量范围及精度等，应符合检验标准的要求；

（4）测量仪器应定期进行计量检定或校准，测量仪器的准确度、误差应符合检定规程及国家对计量溯源的要求；

（5）在检测开始前和完成后，应该分别检查测量仪器的工作是否正常，以便当测量仪器失效时，及时追回被测样品并及时维修和校准。

22.3　调试工艺

由于无线电电路设计的近似性，电子元器件的离散性和装配工艺的局限性等，装配完的整机须进行不同程度的调试。所以在电子产品的生产过程中，调试工艺的实行是一个非常重要的部分。调试工艺主要分为调试的一般程序、静态调试、动态调试等工艺过程。

22.3.1　调试工作的一般程序

1．调试前的准备工作

（1）技术文件的准备。技术文件是产品调试工作的依据。调试之前应准备好下列文件：产品技术条件和技术说明书、电气原理图、调试工艺文件等。调试人员应仔细阅读调试说明及调试工艺文件，熟悉整机工作原理、技术条件及有关指标，了解各参数的调试方法和步骤。

（2）仪器仪表的放置和使用。按照技术条件的规定，准备好测试所需的各类仪器设备。调试过程中使用的仪器仪表应是经过计量并在有效期之内。但在使用前仍需进行检查，是否符合技术文件规定的要求，尤其是能否满足测试精度的需要。检查合格后，应掌握这些仪器的正确使用方法并能熟练地进行操作。调试前，仪器应整齐地放置在工作台或专用的仪器车上，放置应符合调试工作的要求。

（3）被调试产品的准备。产品装配完毕，并经检查符合要求后，方可送交调试。根据产品的不同，有的可直接进行整机调试，有的则需要进行分机调试，然后再进行总装总调。调试人员在工作前应检查产品的工序卡，查看是否有工序遗漏或签署不完整、无检验合格章等现象，产品可调元件是否连接可靠等。此外，在通电前，应检查设备各电源输入端有无短路现象。

（4）调试场地的准备。调试场地应按要求布置整洁。调试大型机高压部分时，应在机器周围铺设好合乎规定的地板或绝缘胶垫，并将工作场地用拉网围好，必要时可加“高压危险”的警告牌，备好放电棒。调试人员应按安全操作规程做好个人准备，调试用的图纸、文件、工具、备件等都应放在适当的位置上。

2．调试的一般程序

由于电子设备种类繁多，电路复杂，各种设备单元电路的种类及数量也不相同，所以调试程序也不尽相同。但对一般电子产品来说，调试程序为：

（1）通电检查。先置电源开关于“关”位置，检查电源变换开关是否符合要求（是交流220V，还是110V），保险丝是否装入，输入电压是否正确，然后插上电源开关插头，闭合电源开关通电。接通电源后，电源指示灯亮，此时应注意有无放电、打火、冒烟等现象，有无异常气味，手摸电源变压器有无超温，若有这些现象，立即停电检查。另外，还应检查各种保险开关、控制系统是否起作用，各种风冷、水冷系统能否正常工作。

（2）电源调试。电子设备中大都具有电源电路，调试工作首先进行电源部分调试，才能顺利进行其他项目的调试。电源调试通常分两个步骤：

① 电源空载粗调。电源电路的调试，通常先在空载状态下进行，切断该电源的一切负载进行调试。其目的是避免因电源电路未经调试而加载，引起部分电子元器件的损坏。调试时，插上电源部分的印制电路板，测量有无稳定的直流电压输出，其值是否符合设计要求或调节取样电位器时达到预定的设计值。测量电源各级的直流工作点和电压波形，检查工作状态是否正常，有无自激振荡等。

② 电源加负载时的细调：在粗调正常的情况下，加上额定负载，再测量各项性能指

标，观察是否符合额定的设计要求，当达到要求的最佳值时，选定有关调试元件，锁定有关电位器等调整元件，使电源电路具有加载时所需的最佳功能状态。有时为了确保负载电路的安全，在加载调试之前，先在等效负载下对电源电路进行调试，以防匆忙接入负载电路可能会受到冲击。

③ 分级分板调试。电源电路调好后，可进行其他电路调试，这些电路通常按单元电路的顺序，根据调试的需要及方便，由前到后或从后到前依次插入各部件或印制电路板，方便进行调试。首先检查和调整静态工作点，然后进行各参数的调整，直到各部分电路均符合技术文件规定的各项指标为止。注意在调整高频部件时，为了防止工业干扰和强电磁场的干扰，调整工作最好在屏蔽室进行。

④ 整机调整。各部件调整好之后，把所有的部件及印制电路板全部插上，进行整机调整，检查各部分连接有无影响，以及机械结构对电气性能的影响等。整机电路调整好之后，测试整机总的消耗电流和功率。

⑤ 整机性能指标的测试。经过调整和测试，确定并紧固各调整元件。在对整机装调质量进一步检查后，对设备进行全参数测试，各项参数的测试结果均应符合技术文件规定的各项技术指标。

⑥ 环境试验。有些电子设备在调试完成之后，需要进行环境试验，以考验在相应环境下正常工作的能力。环境试验有温度、湿度、气压、振动、冲击和其他环境试验，应严格按技术文件规定执行。

⑦ 整机通电老练。大多数的电子设备在测试完成之后，均进行整机通电老练试验，目的是提高电子设备工作的可靠性。通电老练应按产品技术条件的规定进行。

⑧ 参数复调。经整机通电老练后，整机各项技术性能指标会有一定程度的变化，通常还需要进行参数复调，使交付使用的设备具有最佳的技术状态。

22.3.2　静态测试与调整

晶体管、集成电路等有源器件都必须在一定的静态工作点上工作，才能表现出更好的动态特性，所以在动态调试与整机调试之前必须对各功能电路的静态工作点进行测量与调整，使其符合原设计要求，这样才可以大大降低动态调试与整机调试时的故障率，提高调试效率。

1. 静态测试内容

（1）供电电源静态电压测试电源电压是各级电路静态工作点是否正常的前提，若电源电压偏高或偏低都不能测量出准确的静态工作点。电源电压若可能有较大的起伏（如彩电的电源开关），最好先不要接入电路，测量其空载和接入假负载时的电压，待电源电压输出正常后再接入电路。

（2）测试单元电路静态工作总电流通过测量分块电路静态工作电流，可以尽早知道单元电路工作状态，若电流偏大，则说明电路有短路或漏电。若电流偏小，则电路有可能出现开路，只有尽早测量该电流，才能减小元件损坏。此时的电流只能作参考，单元电路各静态工作点调试完后，还要再测量一次。

（3）三极管静态电压、电流测试首先要测量三极管的三个极对地的电压，即 U_b、U_c、U_e，或测量 U_{be}、U_{ce} 电压，判断三极管是否在规定的状态（放大、饱和、截止）内工作。例如，测量出 U_c=0V、U_b=0.68V、U_e=0V，则说明三极管处于饱和导通状态，该状态是否与设计相同，若不相同，则要细心分析这些数据，并对基极偏置进行适当的调整。其次，再测量三极管集电极静态电流，测量方法有两种：

① 直接测量法。把集电极焊接铜皮断开，然后串入万用表，用电流挡测量其电流。

② 间接测量法。通过测量三极管集电极电阻或发射极电阻电压，然后根据欧姆定律，计算出集电极静态电流。

2. 集成电路静态工作点的测试

（1）集成电路各引脚静态对地电压的测量。集成电路内的晶体管、电阻、电容都封装在一起，无法进行调整。一般情况下，集成电路各引脚对地电压基本上反映了其内部工作状态是否正常。在排除外围元件损坏（或插错元件、短路）的情况下，只要将所测电压与正常电压进行比较，即可作出正确判断。

（2）集成电路静态工作电流的测量。有时集成电路虽然工作正常，但发热严重，说明其功耗偏大，是静态工作电流不正常的表现，所以要测量其静态工作电流。测量时可断开集成电路供电引脚铜皮，串入万用表，使用电流挡来测量。若是双电源供电(正负电源)，则必须分别测量。

3. 电路调整的方法

进行电路测试的时候，可能需要对某些元件的参数加以调整，调整方法如下。

1）选择法

通过替换元件来选择合适的电路参数（性能或技术指标）。电路原理图中，在这种元件的参数旁边通常标注有“*”号，表示需要在调整中才能准确地选定。因为反复替换元件很不方便，一般总是先接入可调元件，待调整确定了合适的元件参数后，再换上与选定参数值相同的固定元件。

2）调节可调元件

在电路中已经装有调整元件，如电位器、微调电容或微调电感等。其优点是调节方便，而且电路工作一段时间后，如果状态发生变化，也可以随时调整，但可调元件的可靠性差，体积也比固定元件大。两种方法都适用于静态调整和动态调整。

22.3.3　动态测试与调整

动态测试与调整是保证电路各项参数、性能、指标的重要步骤。其测试与调整的项目内容包括动态工作电压、波形的形状及其幅值和频率、动态输出功率、相位关系、频带、放大倍数、动态范围等。

1. 测试电路动态工作电压

测试内容包括三极管 b、e、c 极和集成电路各引脚对地的动态工作电压，动态电压与静态电压同样是判断电路是否正常工作的重要依据。例如，有些振荡电路，当电路起振时测量 U_{be}直流电压，万用表指针会出现反偏现象，利用这一点可以判断振荡电路是否起振。

2. 测量电路重要波形

无论在调试还是在排除故障的过程中，波形的测试与调整都是一个相当重要的技术。各种整机电路中都可能有波形产生或波形处理变换的电路。为了判断电路各种过程是否正常，是否符合技术要求，常需要观察各被测电路的输入、输出波形，并加以分析。对于不符合技术要求的，则要通过调整电路元件的参数，使之达到预定的技术要求。在脉冲电路的波形变换中，这种测试更为重要。大多数情况下观察的波形都是电压波形，有时为了观察电流波形，则可通过测量其限流电阻的电压，再转成电流的方法来测量。用示波器观察波形时，示波器上限频率应高于测试波形的频率。对于脉冲波形，示波器的上升时间还必须满足要求。观察波形的时候可能会出现以下几种不正常的情况，只要细心分析波形，总会找出排除的办法。

（1）测量点无波形：这种情况应重点检查电源、静态工作点、测试电路的连线等。

（2）波形失真：波形失真或波形不符合设计要求，必须根据波形特点而采取相应的处理方法。功率放大器输出的波形应为正弦波，否则就是波形失真。

（3）波形幅度过大或过小这种情况主要与电路增益控制元件有关，只要细心测量有关增益控制元件即可排除故障。

（4）电压波形频率不准确这种情况与振荡电路的选频元件有关，一般都设有可调电感（如空心电感线圈、中周等）或可调电容器来改变其频率，只要作适当调整就能得到准确频率。

（5）波形时有时无这种情况可能是元件或引线接触不良而引起的。如果是振荡电路，另一种原因则是电路处于临界状态，对此必须通过调整静态工作点或一些反馈元件才能排除故障。

（6）有杂波混入这种情况首先要排除外来的干扰，即要做好各项屏蔽措施，若仍未能排除，则可能是电路自激引起的，因此只能通过加大消振电容的方法来排除故障，如加大电路的输入输出端对地电容、三极管 bc 间电容、集成电路消振电容（相位补偿电容）等。

3. 频率特性的测试与调整

频率特性是电子电路的一项重要技术指标。电视机接收图像质量的好坏主要取决于高频调谐器及中放通道频率特性。所谓频率特性是指一个电路对于不同频率、相同幅度的输入信号（通常是电压）在输出端产生的响应。测试电路频率特性的方法一般有两种，即信号源与电压表测量法和扫频仪测量法。

（1）信号源与电压表测量法是在电路输入端加入按一定频率间隔的等幅正弦波，并且加入一个正弦波就测量一次输出电压。功率放大器常用这种方法测量其频率特性。

（2）用扫频仪测量频率特性把扫频仪的输入端和输出端分别与被测电路的输入端和输出端相连，在扫频仪的显示屏上就可看出电路对各点频率的响应幅度曲线。采用扫频仪测试频率特性，具有测试简便、迅速、直观、易于调整等特点，常用于各种中频特性调试、带通调试等。例如，收音机的 AM465kHz 和 FM10.7MHz 中频特性常使用扫频仪（或中频特性测试仪）来调试。

22.4 调试中查找和排除故障

在电子产品调试过程中，由于元器件的离散性和工艺性等因素，难免碰到一些故障，使得被调部件或整机的指标达不到规定值或者调整指定元件根本不起作用。为迅速准确判断和处理故障，首先要进行细致的观察、分析和检查，确定故障部位后再进行排除。

22.4.1 调试中故障查找

1．观察法

通过看、听、摸、嗅等人体感觉来判断电子线路的故障。这种检测方法主要针对比较明显的故障。

（1）通过看发现故障所在——通过人的眼睛去观察是否有故障出现，包括以下情况：保险管、熔断电阻是否烧断，电阻器是否有烧坏变色，电解电容器是否有漏液和爆裂的现象。印制电路板的铜箔有无翘起，焊盘是否开裂而断路。机内线路板上是否有金属类导电物而导致元器件的引线间短路，机内的各种连接导线、排线有没有脱落、断线和过流烧毁的痕迹等，机内的传动零件是否有异位、断裂、磨损严重的现象。例如，传动机构齿轮的齿牙是否有断裂、损坏，皮带是否太松，皮带轮的沟槽是否磨损等；机内印制板上的元器件引线之间、集成电路各引脚之间是否有短路，焊点是否有松动、脱焊等现象；塑封晶体管有无开裂、散热器安装有无松动；插头座接触是否良好、开关簧片有无变形；查看电池是否漏液、电池夹的弹簧有无生锈或接触不良的现象；对于显示器件，可观察其播放的图像是否正常，如无图像或图像变形、字符缺笔少划，显像管尾部有蓝光闪烁等。

（2）通过摸发现故障所在——通过人的手去触摸元器件是否温升过高或无温升等现象，从中发现问题的一种检测方法。但要注意安全，只有在确定电子产品的底板不带电的情况下才能采用此种方法。以下一些情况可能会出现故障：用手触摸一般集成电路塑封包装时，一般都没有温升或很低的温升；用手触摸大功率晶体管、功放集成电路和电源集成电路时有一定的温度，但手放在上面应以不烫手为正常；用手触摸电源变压器时仍还是冷冰冰的毫无温升或温升不明显，应考虑其负载是否有正常的耗能或存在故障；用手触摸电阻器、电容器时，其表面温度应能使手有所感觉，但不感到不适。

（3）通过听觉发现故障所在——用耳朵去听电子产品的箱体内是否有异常的声音出现。当听到电子产品的内部有“劈啪、劈啪”声音时，表明机内有打火现象；听到设备有失真现象产生时，表明功放电路或发音设备（喇叭）有故障；听到传动装置有碰撞、冲击及不规律的摩擦声出现，表明有机械故障。

（4）通过闻发现故障所在——用鼻子去闻电子产品在通电工作时，是否有不正常的气味散发出来，以此来判断故障的部位和性质。

2. 测量法

用各种测量仪器或仪表对电路中的参数进行测量，判断与技术要求中的指标是否相符合。

1）电阻检测法

电阻检测法是指利用万用表的电阻挡（欧姆挡），测量所怀疑的元器件的阻值，或元器件的引线脚与共用地端之间的阻值，并与正常值进行比较，从中发现故障所在的检测方法。

（1）用电阻检测法检测元器件的好坏。用电阻检测法可检测电阻器、电容器、电感器、晶体三极管、变压器、传声器、开关件等的好坏。用电阻检测法可粗略地判断晶体管 β 值，用电阻检测法可以判断故障大概发生在哪一单元电路，用电阻检测法可粗略地判断集成电路的好坏。

（2）在线电阻的测量。在路电阻的测量是指元器件的引线脚仍在焊点上，没有脱开印制电路板时，用欧姆挡检测引线脚之间阻值大小的方法。用该方法可以大致判断元器件是否开路或短路。

（3）离线电阻值的测量是指将电路中元器件引线的一端或两端从电路板上拆焊下来，然后再对元器件进行测量的方法。此方法能比较准确地判断元器件的好坏。

2）电压检测法

电压检测法是指用万用表的电压挡测量电路电压、元器件的工作电压并与正常值进行比较，以判断故障所在的检测方法。最常用的是直流电压检测法。

（1）直流电压的测量。通过直流电压的测量可判断各单元电路静态工作的情况；可确定整机工作电压是否正常；可判断电路所提供的偏置电压是否正常；可以判断集成电路本身及其外围电路是否工作正常；可判断电池的好坏；通过测量电路关键点的直流电压，可大致判断故障所在的范围。

（2）交流电压的测量。交流电压的测量一般是对输入到电子产品中的市电电压的测量，以及经过变压器或开关电源输出的交流电压的测量。

3）电流检测法

电流检测法是指用万用表的电流挡去检测电子电路的整机电流、单元电路的电流、某一回路的电流、晶体管的集电极电流以及集成电路的工作电流等，并与其正常值进行比较，从中发现故障所在的检测方法。检测电流时需要将万用表串入电路。电流检测法比较适用于由于电流过大而出现烧坏保险管、烧坏晶体管，使晶体管发热、电阻器过热以及变压器过热等故障的检测。

4）示波器/逻辑状态检测法

示波器/逻辑状态检测法是指用示波器/逻辑分析仪测量出电路中关键点波形的形状、幅度、宽度及相位，并与维修资料给出的标准波形进行比较，从中发现故障所在。应用示波器检测法的同时再与信号源配合使用，就可以进行跟踪测量，即按照信号的流程逐级跟踪测量信号，当前面测试点的信号正常时，而后面测试信号不正常时，说明故障就发生在前后两个测试点之间的电路中。

3. 代替检测法

代替检测法就是用好的元器件去替代所怀疑的元器件的检测方法，如果故障被排除，表明所怀疑的元器件就为故障件。代换检测法使用时必须有的放矢，绝不能盲目地乱换元器件，如果频繁使用，则可能造成人为故障并使故障扩大化。

（1）怀疑电容器、电阻器、电感有开路或失效及参数下降时，只要拿一只与原型号相同或相近的并在所怀疑的器件上一试，就能确定元器件是否失效。但对于短路故障的器件，此种做法无效果。

（2）怀疑晶体管是击穿短路故障时，可采用代替检测法。

（3）怀疑高频调谐器、偏转线圈、变压器、光电耦合器等元器件有故障，可采用代替检测法。

（4）怀疑某单元电路有故障时，也可用相同功能的电路进行代换。

22.4.2　调试中的故障排除

电子产品的故障有两类：一类是刚刚装配好而尚未通电调试的故障；另一类是正常工作过一段时期后出现的故障。排除故障的一般程序可以概括为四个步骤：第一，调查研究是排除故障的第一步，应该仔细地摸清情况，掌握第一手资料；第二，进一步对产品进行有计划的检查，并作详细记录，根据记录进行分析和判断；第三，查出故障原因，修复损坏的元件和线路。第四，对电路进行一次全面的调整和测定。目前，整机调试中故障的排除方法有以下几种。

1. 断电观察法

在断电的情况下，打开产品外壳进行观察。用直观的办法和使用万用表电阻挡检查有无断线、脱焊、短路、接触不良，检查绝缘情况、保险丝通断、变压器好坏、元器件情况等。如果电路中有改动过的地方，还应该判断这部分的元器件和接线是否正确。查找故障，应该首先采用断电观察法。因为很多故障的发生往往是由于工艺上的原因，特别是刚装配好还未经过调试的产品或者装配工艺质量很差的产品。而这种故障原因大多数单凭眼睛观察就能发现。盲目地通电检查有时反而会扩大故障范围。

2. 通电观察法

当采用断电观察法不能发现问题时，可以采用通电观察的方法。打开产品外壳，接通电源进行表面观察。通过观察，有时可以直接发现故障的原因。例如，是否有冒烟、烧断、烧焦、跳火、发热的现象。如遇到这些情况，必须立即切断电源分析原因，再确定检修部位。如果一时观察不清，可重复开机几次；但每次时间不要长，以免扩大故障。必要时，断开可疑的部位再行试验，观察故障是否消除。

3. 波形观察法

用示波器检查整机各级电路的输入和输出波形是否正常，是检修波形变换电路、振荡器、脉冲电路的常用方法。这种方法对于发现寄生振荡、寄生调制或外界干扰及噪声等引起的故障，具有独到之处。

4. 信号替代法

利用不同的信号源加入待修产品有关单元的输入端，替代整机工作时该级的正常输入信号，以判断各级电路的工作情况是否正常，从而可以迅速确定产生故障的原因和所在单元。检测的次序是：从产品的输出端单元电路开始，逐步移向最前面的单元。这种方法适用于各单元电路是开环连接的情况，缺点是需要各种信号源，还必须考虑各级电路之间的阻抗匹配问题。

5. 信号寻迹法

用单一频率的信号源加在整机的输入单元的入口，然后使用示波器或万用表等测试仪器，从前向后逐级观测各级电路的输出电压波形或幅度。

6. 部件替代与整机比较法

利用性能良好的部件来替代整机可能产生故障的部分，如果替代后整机工作正常了，说明故障就出在被替代的那个部分里。这种方法检查简便，不需要特殊的测试仪器，但用来替代的部件应该尽量是不需要焊接的可插接件。也可以用正常的同样整机，与待修的产品进行比较，还可以把待修产品中可疑部件插换到正常的产品中进行比较。

7. 分割测试法

逐级断开各级电路的隔离元件或逐块拔掉各块印制电路板，使整机分割成多个相对独立的单元电路，测试其对故障现象的影响。例如，从电源电路上切断它的负载并通电观察，然后逐级接通各级电路测试，这是判断电源本身故障还是某级负载电路故障的常用方法。

8. 测量直流工作点法

根据电路的原理图，测量各点的直流工作电位并判断电路的工作状态是否正常，是检修电子产品的基本方法。

9. 测试电路元件法

把可能引起电路故障的元器件从整机中拆下来，使用测试设备，如万用表、晶体管图示仪、集成电路测试仪、万用电桥等对其性能进行测量。

10. 变动可调元件法

在检修电子产品时，如果电路中有可调元件，适当调整它们的参数以观测对故障现象的影响。注意，在决定调节这些可调元件的参数以前，一定要对其原来的位置做好记录，以便一旦发现故障原因不是出在这里时，还能恢复到原先的位置上。

在故障处理过程汇总时，还应注意以下几个事项：

（1）在焊接时不要带点操作；

（2）不可随意用细铜线或大容量熔断丝代替小容量熔断丝；

（3）在进行故障处理时，要注意安全用电，防止产生事故；

（4）测量集成电路各引脚工作电压时，应防止引脚间短路；

（5）更换晶体管、集成电路或点解电容器时，应仔细核对管教，防止接错；

（6）不要随意拨动高频部分的导线走向，一旦拨动应仔细进行高频调整，不可随意调整电路中的微调元件。

22.5　调试工艺中的安全措施

调试过程中，为了保护调试人员的人身安全，防止测量仪器设备和被测电路及产品的损坏，除应严格遵守一般安全规程外，还必须注意调试工作中制定的安全措施。

目前，我国电气设备调试工作管理方面还存在较大的问题，大多只是流入形式化，体现出了重结果、轻过程的弊端，缺乏完整的安全管理制度。现实生活中，大部分企业事故控制不采取预防措施，而是采用事后补偿机制，这种制度的执行对于调试工作来说安全隐患诸多，导致调试过程中事故屡见不鲜，造成的人员伤亡与经济损失居高不下。

新的安全形势对电气设备的调试工作的安全理念已然提出了新的要求，以防为主，防治结合，树立以人为本的重要思想，将安全工作作为生产任务的重中之重，提高从事人员的身心健康，加快电气事业快速健康的发展。

（1）加强人员培训，提高人员素质人员的培训包括专业技能的培训和安全教育的培训，人员上岗前，企业应结合实际情况与电气设备的具体性能有计划、有部署、有针对性地对其进行岗前培训，并对培训结果进行考核检查，合格者方可持证上岗。

（2）从技术上做好安全保障方案的编制是工作顺利进行的重要保障，作为企业，必须认识到方案对工作的促进作用，对于电气设备的调试工作而言，企业应结合实际情况编制科学的可实施性安全技术方案，对于特殊或是存在较大安全隐患的部位，还应编制专项安全技术方案，并由企业内部层层审批修改，加盖公章后上报监理工程师审批，通过后方可实施，并对现场操作人员进行交底工作，签字确认形成正式文件。

只有通过人员及技术上的并行举措，才能有效地做好整机调试过程中的安全防护，具体的措施如下。

1. 供电安全措施

（1）调试检测场所应安装漏电保护开关和过载保护装置；

（2）调试检测场所的总电源开关，应安装在明显且易于操作的位置，并设置有相应的指示灯；

（3）在调试检测场所最好装备隔离变压器。

2. 仪器设备安全措施

（1）所有的测试仪器、设备要定期检查，仪器外壳及可触及的部分不应带电。

（2）各种仪器设备必须使用三芯插头，电源线采用双重绝缘的三芯专用线，长度一般不超过 2m，若是金属外壳，必须保证外壳良好接地。

（3）更换仪器设备的熔断丝时，必须安全断开电源线；更换的熔断丝必须与原熔断丝同规格，不得更换大容量熔断丝，更不能直接用导线代替。

（4）带有风扇的仪器设备，如通电后风扇不转或有故障，应停止使用。

（5）电源及信号源等输出信号的仪器，在工作时，其输出端不能短路；输出端所借负载不能长时间过载；发生输出电压明显下跌时，应立即断开负载。

（6）功耗较大（≥500W）的仪器设备在断电后，不得立即再通电，应冷却一段时间（一般 3～10min）后再开机。

3. 操作安全

（1）操作环境要保持整洁，工作台及工作场地应铺绝缘胶垫。

（2）高压电路或大型电路产品通电检测时，必须有 2 人以上才能进行。

（3）三个必须牢记的安全操作观念：

① 断开电源开关不等于断开了电源；

② 不通电不等于不带电；

③ 电气设备和材料的安全工作寿命是有限的。

（4）调试工作结束或离开工作场所前，应关掉调试用仪器设备等电器的电源，并拉开总闸。

第23章 整机检验、防护与包装

23.1 检验

产品检验是现代电子系统生产过程中必不可少的质量控制手段，主要起到对产品生产的过程控制、质量把关、判定产品的合格性等作用。产品的检验应执行自检、互检和专制检验相结合的“三检”制度。

检验通过观察和判断，适当时结合测量、试验对电子产品进行符合性评价。

整机检验就是按整机技术要求规定的内容进行观察、测量、试验，并将得到的结果与规定的要求进行比较，以确定整机各项指标的合格情况。整机检验包括外观检验和性能检验。

23.1.1 检验分类

整机产品的检验过程分为全检和抽检。

全检是指对所有产品 100%进行逐个检验。根据检验结果对被检的单件产品作出合格与否的判定。

抽检是从交检批次中随机抽出部分样品进行检验，根据检验结果，判定该批次产品的质量水平，从而得出该产品是否合格的结论。

23.1.2 检验过程

检验一般分为来料检验、过程检验、整机检验三个阶段。

来料检验是指元器件、原材料、零部件、外协件等入库前的检验。一般采取抽检的检验方式。

过程检验是对生产过程中的一个或多个工序、或者半成品、成品的检验，主要包括焊接检验、单元电路板调试检验、整机组装后系统联调检验等，过程检验一般采取全检的检验方式。

电子产品的整机检验采取多级、多重的检验方式，同时对整机产品进行逐一验证。一般入库采取全检、出库采取抽检的方式。

23.1.3　外观检验

外观检验：产品是否整洁，面板、机壳表面的涂敷层及装饰件、标志、铭牌等是否齐全，有无损伤；产品的各种连接装置是否连接完好，是否符合规定要求；装置机动结构是否运转正常；控制开关是否操作正确、控制到位等。

外观检验是指用视查法对整机的外观、防护、包装、附件等进行检验的过程。视查法可以是目视检查，也可以是借用辅助工具帮助检查人员完成无法通过直接目视检查的方式。

（1）外观：产品外观是否整洁，面板、机壳表面的涂敷层及装饰件、标志、铭牌等是否齐全、清晰，无损伤、无污染，产品的各种连接装置是否连接完好、是否符合规定要求。

（2）包装：要求产品包装完好、无损伤、无污染；标志清晰完好。

（3）附件：附件、连接件等齐全、完好且符合要求。

23.1.4　性能检验

性能检验是指对整机的电性能、环境适应性能和机械性能等方面进行测试检查。

1. 电性能检验

电性能检验用于确定产品是否达到国家或行业的技术标准。检验一般只对主要指标进行测试，如安全性能测试、通用性能测试、使用性能测试等。

2. 环境适应性检验

环境适应性检验用于考核产品的质量是否稳定。操作时对产品常采用抽样检验，但对新产品或有重大改进的老产品都必须进行全检方式。环境适应性检验的极限条件主要包括高低温、温度变化、湿热、温度冲击、振动、冲击等。

（1）高温试验：用以检查高温环境对电子产品的影响，确定产品在高温条件下工作和存储的适应性。

（2）温度试验：用以检查低温环境对电子产品的影响，确定产品在低温条件下工作和存储的适应性。

（3）温度变化试验：用以检查温度变化环境对电子产品的影响，确定产品在温度变化条件下工作和存储的适应性。

（4）恒定湿热试验：用以检查湿热环境对电子产品的影响，确定产品在恒定湿热条件下工作和存储的适应性。

（5）盐雾试验：利用盐雾试验设备创造的人工模拟自然条件下的盐雾环境，来检验产品耐腐蚀性的试验。适用于产品金属结构件和保护性涂层的防护性。

（6）霉菌试验：在长霉条件下评定产品工作和储存的适应性，检验产品抗霉菌的能力和在有利于霉菌生长的条件下，产品是否受到霉菌的有害影响。

（7）低气压试验：用于确定元器件、设备或产品在低气压条件下储存、运输或工作的适应性。该项试验一般与高低温进行综合试验检验。

（8）风压试验：利用风洞进行风压试验，检验安装在户外的大型电子设备或部件（如雷达天线、微波天线、卫星天线等）承受风压时的适应性和评定其结构的合理性。

3．机械性能检验

机械性能检验包括面板操作机构及旋钮按键等操作的灵活性、可靠性、整机机械结构及部件的安装紧固性检验。

（1）振动试验：是指评定产品在预期的使用环境中抗震能力而对受震动的试验，来确定产品在工作和存储状态的适应性。

（2）冲击试验：是指产品在特定的脉冲波形下模拟实际遭受到的冲击，来确定产品结构和性能是否完好。

23.1.5 整机产品的老化

整机产品老化是产品测试的一项重要指标，是提高产品质量和竞争性的重要生产流程。

产品老化是指模拟产品在实际使用条件中涉及的各种因素对产品产生老化的情况进行相应条件加强实验的过程，以检查验证产品的可靠性、稳定性。

老化测试系统一般由箱体、控制系统、风循环系统、加热系统、时间控制系统、测试负载等组成。按照不同产品的需求定制而成，通过老化测试，可以检查出生产过程中的不良品或不良件，在生产过程中及时发现问题，并为解决问题提供有效的验证手段。

老化测试系统必须保证产品所需的温度、电源质量、负载量、工作时间及操作人员的安全等要求，因此老化系统是生产工艺过程控制的一个重要环节。老化系统设计应当遵循以下原则。

1．实用性、稳定性和先进性

采用先进成熟的技术和设备，满足产品当前需求，并兼顾未来可能产品的需求，尽可能地采用最稳定、最实用的组件和材料。

2．安全、可靠性

在老化过程中一旦出现异常应有双报警系统（声、光），对涉及人身安全的，应有紧急响应处置装置，做到最大限度地保护产品、周边环境设备和人身安全。

3．灵活性和可扩展性

在满足现有产品要求的前提下，尽可能地提供一定扩展空间，具有良好的灵活性和可扩展性。

4. 工程的可分期性

在老化系统设计中，结合产品生产线建设规划和进度划分不同的模块化结构，根据产品生产线建设进程，完成与之相适应的模块化结构，实现无缝结合，节约成品、缩短建设周期。

5. 经济性和投资保护性

使资金的产出投入达到最大，以较低的成本和人员投入维持系统运行，并达到产品的要求。

6. 可管理性和维护性

随着产品产量和性能要求的提高，对老化系统的需求也不断提高，相应的管理任务也日益繁重。所以在设计过程中，必须考虑到系统的可管理性和维护性。例如，负载数量的可调节性。电力系统可扩充性、系统控制模块化以及人员的人性化管理。

23.2　整机的防护

整机产品采取防护措施的意义是为了减少产品受外界环境等因素的影响，提高产品整机的工作可靠性、延长产品的工作寿命，因此对产品进行必要的防护是非常重要的。

23.2.1　影响电子产品的因素

影响电子产品的主要外界环境因素包括温度、湿度、霉菌、盐雾等。

1. 温度的影响

环境温度的变化会造成材料的物理性能的变化，元器件电性能参数的变化，电子产品整机性能的变化等。

2. 湿度的影响

潮湿是霉菌和盐雾滋生的基础条件，在潮湿的环境下会产生化学或生物反应，降低材料的机械强度和耐压强度，从而造成元器件性能的变化（电阻值下降等），甚至造成漏电或短路故障。

3. 霉菌的影响

霉菌会降低和破坏材料的绝缘电阻、耐压强度和机械强度，严重时可使材料发生质变，影响整机产品的可靠性和耐久性，对人身也会产生毒害。

4. 盐雾的影响

盐雾的危害主要是对金属和金属镀层产生强烈的腐蚀，使其表面产生锈蚀现象，在产品内部的器件表面形成固体结晶体，导致其绝缘性能下降，出现短路、漏电的现象。盐雾还会侵蚀结构件镀层，渗入到结构件内部逐渐侵蚀，加速机械的磨损，降低结构强度，缩短使用寿命，对人身安全产生危害。

23.2.2 整机产品的防护要求

为了提高整机的防护能力，在产品设计和生产过程中需要注意几项要求：

（1）采取以整体防护结构为主，辅以关键部位的特殊防护；

（2）金属零件均应进行表面处理，提高防护能力；

（3）非金属材料应尽量选择热固性和低吸湿性的材料；

（4）不同材质的材料在结合时要充分考虑热膨胀系数、电化腐蚀等因素的影响；

（5）生产过程的质量控制；

（6）整机装配的防护。

23.2.3 抗振措施

整机系统的振动特性主要受三个参数影响：质量、刚度和阻尼。对电子设备的振动和冲击隔离来说，抗振系统的质量一般是指电子系统的主体质量，而刚度和阻尼则由设备的支撑装置提供。用于减弱振动和冲击的支撑装置称为隔振器或减振器。采用减振器进行隔离是减弱振动和冲击对设备干扰的一种主要措施。因此，正确设计与选择减振器和合理应用阻尼技术是隔离减振系统结构设计的关键。

在宽频带的振动环境中，尤其是干扰频率在共振较长时，减振器将引起系统产生过大的相对位移并在设备上产生较大的加速度，此时减振器起到了相反的作用。在这种情况下，增加减振器的阻尼可以减小系统共振时的响应振幅，但不适当的增加阻尼会导致系统在隔振区的隔振效率下降。因此，减振器中的阻尼增加量值应根据设备的环境条件、系统所允许的最大相对位移和设备允许的最大加速度综合衡量来选取。

在 GJB 150.16A—2009《振动试验》的规定中，由于陆上运输环境比海上更为严重，而且所有海上运输的前后都要经过陆上运输，因此以陆上运输来作为基本运输环境。所有车载、船载电子设备的振动试验一般都按车载“卡车”类试验严酷等级进行。

机载电子设备处于宽频带随机激励环境下，主要激励的频率范围可达 0～2000Hz，各频率点的加速度功率谱密度也不尽相同，一般都能覆盖电子设备的多个固有频率引起的共振。由于振动频带较宽，要使减振器的谐振频率偏离激励频带比较困难，这时减振器的阻尼比就起到关键作用。阻尼越大，对高频的衰减越小，对共振的抑制作用就越低。此外，由于电子设备活动空间的限制和必须吸收冲击能量能力的限制，减振器的固有频率不能选得过低。影响和引起飞机振动的因素很多，主要是发动机的噪声引起的振动和飞行时外部启动扰流引起的振动。不同的飞机或同一飞机的不同部位有不同的随机振动频谱，离发动机越近，频率越高、加速度越大。

机载的小型电子设备一般采用带减振器的独立支架配合定位销，通过防松自锁螺母进行固定。大型机柜一般在底部和顶部使用螺钉锁紧并配有橡胶减振垫。

23.2.4　减少接触故障的工艺可靠性设计

1. 在电子设备中接触故障的常见问题

（1）印制板通孔插装联接器安装问题；

（2）盲配型连接器对接问题；

（3）电缆组件与面板插座装配问题。

2. 印制板通孔插装联接器安装问题

（1）在设计电路板连接器插针开孔尺寸时，应参照连接器规格书推荐的开孔尺寸，并在图纸上标注成孔孔径。如果不标注，印制板在制作时会按照钻孔孔径加工，会导致器件无法装配。

（2）在多层板设计时，对焊接的通孔器件，开孔尺寸与插针的间隙控制在 0.2～0.3mm。

（3）选用的连接器建议带定位孔，避免安装时出现位置偏差。

3. 盲配型连接器对接问题

（1）盲配连接器多安装在壳体上，因此在壳体加工尺寸工差和安装孔开孔尺寸上要充分考虑盲配连接器的对接的冗余量；

（2）多级组件装配时存在工差的叠加效应，组件的安装孔位的位置工差对盲配同样有影响；

（3）盲配的连接器安装时应有定位销或定位孔。

4. 电缆组件与面板插座装配问题

（1）连接器锁紧部件的不匹配，机载产品的连接器建议选择带防松脱螺钉的锁紧装置，不建议使用卡扣紧固方式的；

（2）对线径较大的电缆组件，装配空间应预留足够的余量，便于线束折弯和拆卸；

（3）大线径电源电缆组件接触件端子无法安装到插座孔位，因为电缆组件在装配时，尾部附件紧固线束的作用力传递到接触件，使接触件偏离中心轴，无法正常插拔，所以在电缆组件装配时，应控制尾部线束的紧固力，避免上述问题发生。

23.2.5　温度环境的防护设计

（1）加强散热、通风措施。耐温性能差的元器件远离冷、热源。利用热管效应，将发热件置于易散热的位置，将设备的壳体作为发热件的散热器。大功率的元器件散热器采用热导效率高的材料，如铜。

（2）选用低温下不发生冷脆的材料作为结构件，如不锈钢、铜、铝、银等。

（3）使用耐低温的润滑油、脂。导线绝缘层要选用天然橡胶、硅橡胶、氟硅橡胶等耐热性好、冷脆温度低的材料。

（4）防振材料要有较好的高、低温性能。

（5）尽可能采用密封结构，采用热的良导体为结构件。设备的壳体应有足够的热容量。配合部件尽可能采用膨胀系数相同的材料，活动件之间留有足够的膨胀间隙。

（6）不允许有虚焊、假焊。

23.2.6　低气压环境防护措施

（1）低气压环境对电子设备的影响有：

① 使用密封件的壳体发生漏气、漏液现象；

② 密封容器发生形变、破损或破裂；

③ 装备因热传导降低而发生过热现象；

④ 润滑剂蒸发，导致机械部件磨损、损坏；

⑤ 绝缘性能降低、产生电弧或电晕放电，造成设备失灵或损坏。

（2）低气压环境的防护措施：

① 在壳体、密封件的材料选取上应满足应用环境的要求，充分考虑在低气压条件下工作可靠性，密封方式的可靠性；

② 发热器件的热设计处理应有冗余度，以适应低气压环境工作；

③ 低气压会导致液体的沸点降低，在选择润滑剂或其他保护剂时除了工作温度满足要求外，要充分考虑低气压环境下的挥发性；

④ 电弧、放电现象常发生在继电器、开关等器件上，在选择器件时应优先选用密封型器件。

（3）在气压变化的自然环境中，常常伴随温度、湿度的变化，在电子设备的整体防护上要综合考虑：

① 材料表面的防护；

② 对发热设备和液冷管网应进行隔热保护，在液冷管网接口或折弯处下方的电子设备应进行防潮保护，避免凝露滴落现象。

23.2.7　防潮湿

安装在室外的电子设备一般都会有防雨淋的一般防水设计。但小型机箱、单元分机系统由于内部有电源、功率管、开关等敏感型器件，在结构设计中需要考虑防潮处理，最常用的是密封。

（1）小型壳体一般采用橡胶密封条或密封绳进行密封防护，密封条按照壳体的密封槽尺寸，开模压制成型，安装时略微高出壳体，盖板通过紧固螺钉压实密封条，起到整体密封作用。密封条的压缩量一般应大于20%。

（2）一些设备的操作面板有机械开关按键或 LED 指示灯，对这些器件进行防潮密封设计，一般是在其外部增加橡胶保护罩。

（3）在结构件一些通孔位置需要进行密封防护的一般采用 O 型密封圈。

（4）对于电缆组件的防潮处理一般采用连接器灌胶密封处理。灌注的胶一般使用环氧胶或硅橡胶，胶要具有很好的流动性，保证胶能充分填充。对连接器有尾部紧固附件的可从尾部灌封，没有附件的可制作灌封模具进行灌封成型。导线在增加屏蔽层的同时，也需要穿保护套管并热缩，防止水汽侵入。

（5）对于电缆组件一般防潮处理还可以使用带热熔胶的保护套对连接器和导线的结合部位进行热缩保护。

23.2.8　防霉菌

霉菌的防护首先要了解霉菌生长繁殖的环境条件。霉菌易在潮湿的自然环境下生成，如我国的东南部沿海、长江中下游、四川盆地等地区。霉菌会降低和破坏材料的绝缘电阻、耐压强度和机械强度，严重时可使材料发生质变，影响整机产品的可靠性和耐久性，对人身也会产生毒害。

（1）生产调试过程中，保持设备内部干燥清洁。

（2）在设计设备构件时，根据工作环境的要求，选择具有防霉特性的材料，如热固性塑料、热塑性塑料、氯丁橡胶等。

（3）对不具有防霉特性的材料进行表面防霉涂敷处理，如浸渍漆用的酸性硫柳汞，电缆保护的环烷酸铜等。

23.2.9　防腐蚀

当电子设备经历潮湿或其他恶劣气候环境时，腐蚀会缩短设备的使用寿命，甚至直接导致失效。

1．正确使用耐腐蚀的材料

（1）环境因素和腐蚀介质是选材必须明确的条件；

（2）根据对保护程度的要求选择材料；

（3）在选材的同时，还应考虑与之相适应的防护措施；

（4）注意不同材质之间的兼容性，排除相互之间发生化学反应或电化腐蚀等；

（5）选定的材料还应考虑加工工艺，注意加工后是否会降低材料的耐腐蚀性。

2．金属材料的选取和防腐处理

在自然环境中，电子设备的结构材料通常以钢铁（铸铁、普通碳钢、低合金钢等）、铝合金、铜为主，并进行适当的表面处理，以增强其耐腐蚀性：

（1）碳钢、低合金钢、铸铁一般采用金属镀层或油漆涂敷加以保护；

（2）不锈钢一般采用氧化处理，来增加其耐腐蚀性；

（3）铝及铝合金一般采用电化学氧化处理或化学氧化处理，铸铝合金采用油漆涂层加以保护；

（4）铜及铜合金在大气中容易变色氧化，会影响其导电性，可采用酸洗、钝化处理、金属镀层或油漆保护；

（5）镁合金一般采用阳极氧化或化学氧化处理并涂敷油漆保护。

3. 金属表面的常见镀层

1）镀锌层

镀锌层是钢铁常用的保护性镀层，属阳极性镀层，处理工艺有电镀法、热镀锌法、渗镀锌法和喷镀锌法。一般防护性镀层控制在10μm，在恶劣环境下可提高到20μm，但镀层会变脆，且不能点焊。为了提高电镀层的耐腐蚀性，一般需要进行钝化处理。

2）镀镉层

在一般自然环境下，镀镉层的防护性不如镀锌层好，但在海洋环境下，镀镉层的防护性优于镀锌层。

3）镀镍层

镀镍层是钢铁的阴极性镀层，可以通过电镀、化学镀等方法获得。镀镍不能单层作为防护，一般在铜表面采用多层镀镍，或与铜、铬镀层形成组合镀层使用，来提高整体防护性。

4）镀铬层

铬在自然环境下钝化而呈现惰性。镀铬层具有极好的抗腐蚀、抗变色的能力，硬度高、耐磨性好等特点。镀铬层为阴极性镀层，镀铬层同样要与铜、镍组合多层防护，才能提高整体防护性。

5）铝和铝合金的化学氧化

使铝和铝合金表面生成稳定的氧化膜、磷酸盐膜或铬酸盐膜的过程为化学氧化。氧化膜的厚度一般在 0.5～4μm，质软不耐磨，耐腐蚀性差，不能单独使用，但吸附性好，一般作为油漆底层。在特定溶液内氧化膜具有良好的导电性，称作化学导电氧化处理。

6）铝和铝合金的阳极氧化

阳极氧化是指将铝和铝合金作为阳极，在电解液中利用电解的方法，使其表面形成一种比较稳定的氧化膜。阳极氧化可以大大提高其耐腐蚀性和耐磨性，在电子设备中广泛使用。

4. 机箱、机柜的防护

电子设备的机箱或机柜是设备的保护壳，因此它的耐腐蚀性和可靠性十分重要。对其的主要防护是在表面喷涂保护涂料，以达到防腐蚀、防潮湿的目的。

涂料的种类繁多，性能迥异，使用范围也不同。电子机箱、机柜多采用以下几种涂料。

1）氨基树脂烘漆

漆膜坚韧、机械强度高。具有优良的抗大气腐蚀性，电绝缘性能良好，此类涂层一般需经烘烤才能固化，是金属制品采用的装饰涂料。

2）丙烯酸漆

色泽优良，保光、保色性好。具有突出的抗大气腐蚀和防潮湿、耐盐雾、抗霉菌性能。且耐热性好，适用于沿海和潮湿地区。

3）聚氨酯清漆

漆膜坚硬耐磨，光亮丰满，有优异的耐化学腐蚀性能，耐热性和附着力好，可用于高温高湿和海洋气候条件。通常在机箱、机柜喷完漆或完成装配后再喷涂，可达到很好的防护效果。在印制板电路上也常用作“三防”漆使用。

4）环氧树脂漆

附着力极强，耐化学腐蚀性能好，电绝缘性能良好，一般作为底漆使用。

5．单元分机的内部的防护

除了在机箱、机柜的外部防护外，在分机系统内部的防护措施也必不可少：

（1）对镀金焊盘的印制板，在焊接前需要进行搪锡去金；

（2）对插装非焊接的镀金部件，在镀金引脚或端子上涂敷 DJB-823 保护剂；

（3）印制板在完成器件贴装焊接、调试后，对其进行聚氨酯清漆的喷涂防护，个别需要单独隔离的模块（如塑封膜块、开关等器件）进行防护隔离。

23.3　整机的包装

整机产品经过调试、检验后即可进行打包包装。包装的主要目的是方便运输、储存和装卸，它对产品起到了保护作用，还可起到介绍产品、宣传企业的作用。现代企业都非常重视产品的包装，一些著名企业的产品包装都有自己的特色，反映出企业的形象和市场形象。对于进入流通领域中的电子整机产品来说，包装是必不可少的一道工序。

23.3.1　包装的种类

产品的包装是产品生产过程中的重要组成部分。进行合理包装是保证产品在流通过程中避免机械物理损伤，确保其质量而采取的必要措施。常见的包装有以下三种。

（1）运输包装。运输包装即产品的外包装，它的主要作用是便于产品的储存和运输。

（2）销售包装。销售包装即产品的内包装，其作用不仅是保护产品，便于消费者使用和携带，而且还要起到美化产品和广告宣传的作用。

（3）中包装。中包装起到计量、分隔和保护产品的作用，是运输包装的组成部分。但也有随同产品一起上货架与消费者见面的，这类中包装则应视为销售包装。

23.3.2　包装的原则

包装要符合科学、经济、美观、适销的原则。产品的外包装、内包装和中包装是相互影响、不可分割的一个整体。产品包装有如下原则：

包装是一个体系。它的范围包括原材料的提供、加工、容器制造、辅件供应以及为完成整件包装所涉及的各有关生产、服务部门。包装是生产经营系统的一个组成部分。

包装既是一门科学，又是一门艺术。产品是包装的中心，包装要与产品的质量相匹配。

包装具有保护产品、激发购买力、为消费者提供便利三大功能。经济包装以最低的成本为目的。只有能扩大产品销售的包装成本，才符合经济原则。

包装必须标准化。它可以节约包装费用和运输费用。产品包装必须根据市场动态和客户的爱好，在变化的环境中不断改进和提高。

23.3.3　包装的要求

1. 对产品的要求

在进行包装前，合格的产品应按照有关规定进行外表面处理（消除油污、指纹、汗渍等）。在包装过程中保证外表不被损伤或污染。

2. 包装与防护

合适的包装应能承受合理的堆压和撞击。产品外包装的强度要与内装产品相适应。应合理压缩包装体积。在包装时要考虑到人力的搬运和集装箱的运输，力求轻而小。

防尘：包装应具备防尘条件，使用发泡塑料纸或聚乙烯吹塑薄膜等与产品外表面不发生化学反应的材料，进行整体防尘，防尘袋应封口。

防湿：包装件应具备一般防湿条件，以防止流通过程中临时降雨或大气中湿气对产品的影响。

缓冲：包装应具有足够的缓冲能力，以保证产品在流通过程中受到冲击、振动等外力时，免受机械损伤。

3. 装箱及注意事项

（1）装箱时，应清除包装箱内异物和尘土；

（2）装入箱内的产品不得倒置；

（3）装入箱内的产品、附件和衬垫以及使用说明书、装箱明细表、装箱单等内装物必须齐全，且不得在箱内任意移动。

23.3.4　包装的封口和捆扎

当采用纸包装箱时，用U形钉或胶带将包装箱下封口封合。当确认产品、衬垫、附件和使用说明书等全部装入箱内，并在相应位置固定后，用U形钉或胶带将包装箱的上封口封合。必要时，对包装件选择适用规格的打包带进行捆扎。

23.3.5　包装的标志

设计包装标志应注意以下几点：

（1）包装上的标志应与包装箱大小协调一致；

（2）文字标志的书写方式由左到右，由上到下，数字采用阿拉伯数字，汉字用规范字；

（3）标志颜色一般以红、蓝、黑三种颜色为主；

（4）标志方法可以印刷、粘贴、打印等；

（5）标志内容主要包括产品名称及型号、商品名称及注册商标图案、产品主体颜色、包装件重量（kg）、包装件最大外部尺寸（单位为 mm）、内装产品的数量（台等）、出厂日期、生产厂名称、储运标志（向上、怕湿、小心轻放、堆码层数等）等。

参考文献

[1] 李晓麟．整机装联工艺与技术［M］．北京：电子工业出版社，2010．

[2] 樊融融．现代电子装联工艺过程控制［M］．北京：电子工业出版社，2010．

[3] 李晓麟．多芯电缆装焊工艺与技术［M］．北京：电子工业出版社，2010．

[4] 贾忠中．SMT 核心工艺解析与案例分析［M］．北京：电子工业出版社，2010．

[5] 王天曦，李鸿儒．电子技术工艺基础［M］．北京：清华大学出版社，2000．

[6] 宋金华，彭利标．电子产品与工艺［M］．西安：西安电子科技大学出版社，2001．

[7] 航天电子电气产品安装通用技术要求：QJ165A—95．

[8] 线扎制作工艺细则：QJ1722—89．

[9] 航天电子电气产品再流焊接技术要求：QJ3173—2003．

[10] 射频同轴电缆组件的制备、装配和安装：QJ3136—2001．

[11] 印制电路组件装焊工艺要求：SJ20882—2003．

反侵权盗版声明

电子工业出版社依法对本作品享有专有出版权。任何未经权利人书面许可，复制、销售或通过信息网络传播本作品的行为，歪曲、篡改、剽窃本作品的行为，均违反《中华人民共和国著作权法》，其行为人应承担相应的民事责任和行政责任，构成犯罪的，将被依法追究刑事责任。

为了维护市场秩序，保护权利人的合法权益，我社将依法查处和打击侵权盗版的单位和个人。欢迎社会各界人士积极举报侵权盗版行为，本社将奖励举报有功人员，并保证举报人的信息不被泄露。

举报电话：（010）88254396；（010）88258888

传　　真：（010）88254397

E-mail：　dbqq@phei.com.cn

通信地址：北京市万寿路173信箱

电子工业出版社总编办公室

邮　　编：100036